Die Besten der Besten
The Best of the Best

Catalogs of the International Youth Library 3

Picture, children's, and youth books from 110 countries or languages. Edited by Walter Scherf as a publication of the International Youth Library
2nd enlarged Edition

Verlag Dokumentation München 1976

The Best of the Be

Kataloge der Internationalen Jugendbibliothek 3

Bilder-, Kinder- und Jugendbücher aus 110 Ländern oder
Sprachen. Herausgegeben von Walter Scherf als
Veröffentlichung der Internationalen Jugendbibliothek
2., erweiterte Auflage

Verlag Dokumentation München 1976

Die Besten der Besten

CIP-Kurztitelaufnahme der Deutschen Bibliothek

Die Besten der Besten : Bilder-, Kinder- u.
Jugendbücher aus 110 Ländern oder Sprachen /
hrsg. von Walter Scherf als Veröff. d. Internat.
Jugendbibliothek.
   (Kataloge der Internationalen Jugend-
   bibliothek ; 3)
   ISBN 3-7940-3253-5

NE: Scherf , Walter [Hrsg.] ; Internationale
Jugendbibliothek ‹München›

© 1976 by Verlag Dokumentation Saur KG, München
  Druck: BELTZ Offsetdruck, Hemsbach/Bergstr.
  Printed in West Germany
  ISBN 3-7940-3253-5

INHALT / CONTENTS

Walter Scherf: Einführung 9
Walter Scherf: Introduction 15
Abkürzungen und bibliografische Begriffe
Abbreviations and bibliographical terms 21

A	Österreich / Austria	Deutsch / German	. . .	23
AUS	Australien / Australia	Englisch / English	. . .	27
B	Belgien / Belgium	Französisch / French	. .	33
Bd	Belgien / Belgium	Deutsch / German	. . .	36
Bv	Belgien / Belgium	Niederländisch / Dutch	. .	37
BG	Bulgarien / Bulgaria	Bulgarisch / Bulgarian	. .	40
BR	Brasilien / Brazil	Portugiesisch / Portuguese	.	43
BRG	Guyana / Guyane	Englisch / English	. . .	48
BUR	Birma / Burma	Birmesisch / Burmese	. .	49
CA	Kanada / Canada	Englisch / English	. . .	50
CAf	Kanada / Canada	Französisch / French	. .	53
CH	Schweiz / Switzerland	Deutsch / German	. . .	57
CHf	Schweiz / Switzerland	Französisch / French	. .	61
CHlad	Schweiz / Switzerland	Engadinisch / Ladinish	. .	64
CHsurm	Schweiz / Switzerland	Oberhalbsteinisch Surmiran		66
CHsurs	Schweiz / Switzerland	Vorderrheinisch / Surselvish		67
CHsuts	Schweiz / Switzerland	Hinterrheinisch / Sutselvish		70
CL	Ceylon / Ceylon	Singhalesisch / Singhalese	.	71
CO	Kolumbien / Colombia	Spanisch / Spanish	. . .	72
CS	Tschechoslowakei / Czechoslovakia .	Tschechisch / Czech	. . .	74
CSs	Tschechoslowakei / Czechoslovakia .	Slowakisch / Slovak	. . .	79
D	Bundesrepublik Deutschland German Federal Republic . . .	Deutsch / German	. . .	83
Dp	Bundesrepublik Deutschland German Federal Republic . . .	Niederdeutsch Low German	. . .	90
DDR	Deutsche Demokratische Republik German Democratic Republic . .	Deutsch / German	. . .	93
DDRp	Deutsche Demokratische Republik German Democratic Republic . .	Niederdeutsch Low German	. . .	97
DDRs	Deutsche Demokratische Republik German Democratic Republic . .	Sorbisch / Sorbian	. . .	99
DK	Dänemark / Denmark	Dänisch / Danish	. . .	102
DKfa	Dänemark / Denmark	Färingisch / Faroese	. . .	107
DKgr	Dänemark / Denmark	Grönländisch / Greenlandish		109
E	Spanien / Spain	Spanisch / Spanish	. . .	110

Eg	Spanien / Spain	*Galicisch / Galician*	116
Ek	Spanien / Spain	*Katalanisch / Catalan*	118
EAKe	Kenia / Kenya	*Englisch / English*	124
EAU	Uganda / Uganda	*Lu-Ganda / Luganda*	125
EC	Ekuador / Ecuador	*Spanisch / Spanish*	126
EIR	Irland / Ireland	*Irisch / Irish*	129
EIRe	Irland / Ireland	*Englisch / English*	131
ELS	El Salvador / El Salvador	*Spanisch / Spanish*	133
ET	Ägypten / Egypt	*Arabisch / Arabic*	134
F	Frankreich / France	*Französisch / French*	135
Fp	Frankreich / France	*Provençalisch / Provençal*	141
GB	Grossbritannien / Great Britain	*Englisch / English*	142
GBw	Grossbritannien / Great Britain	*Walisisch / Welsh*	148
GHe	Ghana / Ghana	*Englisch / English*	150
GR	Griechenland / Greece	*Griechisch / Greek*	152
H	Ungarn / Hungary	*Ungarisch / Hungarian*	157
HK	Hong Kong / Hong Kong	*Chinesisch / Chinese*	162
HKJ	Haschemitisches Königreich Jordanien / Hashemite Kingdom of Jordan	*Arabisch / Arabic*	163
I	Italien / Italy	*Italienisch / Italian*	164
Ifr	Italien / Italy	*Friaulisch / Friulian*	169
IL	Israel / Israel	*Hebräisch / Hebrew*	171
IND	Indien / India	*Hindi / Hindi*	176
INDe	Indien / India	*Englisch / English*	178
IR	Persien / Persia	*Persisch / Persian*	179
IRK	Irak / Iraq	*Arabisch / Arabic*	184
IS	Island / Iceland	*Isländisch / Icelandic*	185
JA	Jamaika / Jamaica	*Englisch / English*	189
JAP	Japan / Japan	*Japanisch / Japanese*	190
K	Republik Korea / Republic Korea	*Koreanisch / Korean*	195
L	Luxemburg / Luxembourg	*Deutsch / German*	198
M	Malta / Malta	*Maltesisch / Maltese*	202
N	Norwegen / Norway	*Norwegisch / Norwegian*	204
Nn	Norwegen / Norway	*Neunorwegisch / New Norwegian*	208
NIG	Niger / Niger	*Französisch / French*	210
NL	Niederlande / Netherlands	*Niederländisch / Dutch*	211
NLfri	Niederlande / Netherlands	*Friesisch / Frisian*	214
NZ	Neuseeland / New Zealand	*Englisch / English*	216
P	Portugal / Portugal	*Portugiesisch / Portuguese*	219
PAKe	Pakistan / Pakistan	*Englisch / English*	224
PE	Peru / Peru	*Spanisch / Spanish*	225
PL	Polen / Poland	*Polnisch / Polish*	229
PTM	Malaysia / Malaysia	*Malaiisch / Malay*	234
R	Rumänien / Rumania	*Rumänisch / Rumanian*	235
Rd	Rumänien / Rumania	*Deutsch / German*	240

Rh	Rumänien / Rumania	*Ungarisch / Hungarian*	244
RA	Argentinien / Argentina	*Spanisch / Spanish*	246
RCH	Chile / Chile	*Spanisch / Spanish*	250
RI	Indonesien / Indonesia	*Malaiisch / Malay*	253
RM	Madagaskar / Madagascar	*Madagassisch / Madagascan*	255
S	Schweden / Sweden	*Schwedisch / Swedish*	256
SF	Finnland / Finland	*Finnisch / Finnish*	263
SFs	Finnland / Finland	*Schwedisch / Swedish*	267
SFsa	Finnland / Finland	*Samisch / Lappish*	269
SGPe	Singapur / Singapore	*Englisch / English*	270
SNf	Senegal / Senegal	*Französisch / French*	271
SU	Sowjetunion / Soviet Union	*Russisch / Russian*	272
SUbe	Sowjetunion / Soviet Union	*Weissrussisch White Russian*	278
SUest	Sowjetunion / Soviet Union	*Estnisch / Estonian*	279
SUla	Sowjetunion / Soviet Union	*Lettisch / Latvian*	281
SUli	Sowjetunion / Soviet Union	*Litauisch / Lithuanian*	283
SUr	Sowjetunion / Soviet Union	*Rumänisch / Rumanian*	286
SUu	Sowjetunion / Soviet Union	*Ukrainisch / Ukrainian*	287
SUD	Sudan / Sudan	*Arabisch / Arabic*	289
SYR	Syrien / Syria	*Arabisch / Arabic*	290
T	Thailand / Thailand	*Thai / Thai*	291
TR	Türkei / Turkey	*Türkisch / Turkish*	293
TT	Trinidad und Tobago / Trinidad and Tobago	*Englisch / English*	296
U	Uruguay / Uruguay	*Spanisch / Spanish*	297
USA	Vereinigte Staaten von Amerika United States of America	*Englisch / English*	300
VN	Vietnam / Vietnam	*Vietnamesisch / Vietnamese*	308
WANe	Nigeria / Nigeria	*Englisch / English*	310
YU	Jugoslawien / Yugoslavia	*Serbokroatisch / Serbo- croatian*	313
YUm	Jugoslawien / Yugoslavia	*Mazedonisch / Macedonian*	321
YUs	Jugoslawien / Yugoslavia	*Slowenisch / Slovenian*	323
YV	Venezuela / Venezuela	*Spanisch / Spanish*	327
Z	Zambia / Sambia	*Englisch / English*	330
ZA	Südafrikanische Republik South African Republic	*Afrikaans / Afrikaans*	331
ZAb	Südafrikanische Republik South African Republic	*Bantu / Bantu*	334

Register	335
Index	339
Redaktioneller Hinweis / Editorial note	344
Zu den Umschlagbildern / A note on the illustrated covers	344

Marie Wabbes in: La baleine de Sugey (B)

EINFÜHRUNG

Während eines UNESCO-Seminars in Dänemark trug Margot Nilson von der schwedischen Schulbehörde in Stockholm den überzeugenden Gedanken vor, dass Einwanderer-, Gastarbeiter- und Minoritätskinder in der Schulbibliothek die besten Bücher in ihren Muttersprachen finden sollten. Nur wer in seiner Besonderheit geachtet und anerkannt wird, kann sich frei und sinnvoll innerhalb einer Gesellschaft entwickeln, in die er — als Kind ohne eigenes Hinzutun — versetzt worden ist. Das Kind muss, zumindest zeitweilig, mit den neuen Verhältnissen fertigwerden. Das kann es nur mithilfe der fremden Sprache. Und die fremde Sprache öffnet sich ihm nur, wenn die Majorität der Gleichaltrigen ihm entgegenkommt und seine Fremd- und spätere Zweisprachigkeit achtet. Das Kind kann nur dann seinen Weg gehen, wenn seine Fremdsprachigkeit nicht als Zeichen des Aus- und Abgeschlossenseins betrachtet wird, wenn Fremd- und Zweisprachigkeit vielmehr als besonderer Reichtum, als Zugang zu einer anderen Kultur begriffen wird.

Fremdsprachliche Kinderbücher erfüllen mithin einen doppelten Zweck: die Majorität von der grundsätzlichen Gleichrangigkeit, ja von dem von der Majorität bisher nicht entdeckten Wert der Kulturen und Sprachen ausserhalb der eigenen Begrenzung zu überzeugen — und die Minorität in ihrer muttersprachlichen Besonderheit zu schützen und zu bestätigen. Wenn etwas Schutz bedarf im Leben, so ist es, körperlich ebenso wie seelisch, die Kindheit. Maurice Sendak sagt: ,,Unsere Welt ist eine schreckliche Welt, und stets waren es die Kinder, die zuerst, am meisten und am härtesten gelitten haben." Nur demjenigen Erwachsenen wird es gelingen, seine Probleme des persönlichen und gesellschaftlichen Lebens zu bewältigen, der sich auf seine eigene Kindheit stützen kann.

Das waren die Überlegungen, die uns zu einer besonderen Unternehmung führten. Aber das weltweite Ausmass, in das uns diese Unternehmung führte, haben wir damals nicht geahnt. Mit der ermutigenden Hilfe unserer Freunde und Korrespondenten in den einzelnen Ländern (oft waren es frühere Stipendiaten der Internationalen Jugendbibliothek) wurden Auswahllisten bester Kinder- und Jugendbücher für fünfzehn Sprachen erarbeitet und der Schulbehörde in Stockholm übergeben. Der Erfolg war ausserordentlich. Nicht nur, dass Schweden in den Schulbibliotheks-Systemen von 140 Städten diese Aktion, wie Margot Nilson mitteilte, dann auch tatsächlich durchführte — ,,UNESCO-Bulletin for Libraries" berichtete sehr bald darüber und eine Flut von Anfragen aus allen Enden der Welt belehrte uns, dass wir bei einer verhältnismässig kleinen Auswahl nicht stehen bleiben durften. Der Bedarf an Grundbestandslisten für fremdsprachliche Bestände ist ausserordentlich gross.

Nach zwei weiteren Arbeitsjahren hatten wir schliesslich Grundbestände für 57 Sprachen bzw Länder aufgestellt. Die Listen waren oft drei-, viermal zwischen unseren Korrespondenten und der IJB hin- und hergeschickt worden. Einmal waren die Illustratoren nicht zu ermitteln, dann fehlten wieder die Verlagsnamen, die Titelübersetzungen stellten sich als irreführend heraus, bei den Bilderbüchern versagten oft genug die Nationalbibliografien ganz, und was die Auswahlprinzipien betraf, so waren die Partner keineswegs stets der gleichen Meinung. Was sind „beste" Kinderbücher? Als Beste, so meinen wir jedenfalls in der IJB, sollte man nur solche Titel auswählen, die literarisch, und, was die Illustration betrifft, künstlerisch bleibenden Wert besitzen. Ausserdem sollten Text und Bild aber auch psychologisch angemessen sein. Damit schliessen beide Kriterien selbstverständlich jedes Buch aus, das zu Klischees erstarrte gesellschaftliche Verhaltensmuster weiterträgt oder Tendenzen, die dem Grundgedanken unserer ganzen Arbeit widersprechen. Grundgedanke aber ist: der inneren Verständigung national und gesellschaftlich, traditionell oder aktuell unterschiedlich lebender Gruppen zu dienen. Es war eine überaus mühevolle Arbeit, die keineswegs bisher zu einem rundum befriedigenden Ergebnis geführt hat. Wir schickten die Erstauflage des Katalogs „The Best of the Best" hinaus und hofften auf freimütige Kritik, die uns die Weiterentwicklung ermöglichen sollte. Es kam jedoch anders, als wir es erwartet hatten. Der Katalog war innerhalb von wenigen Monaten vergriffen. Zahlreiche Rezensionen erschienen erst, nachdem kein einziges Exemplar mehr zu kaufen war. Damit standen wir arbeitstechnisch vor einer unlösbaren Aufgabe, zumal die Kinderbücherei-Kommission der IFLA uns einlud, zum UNESCO-Jahr des Buches unsere Auswahl während des Kongresses in Budapest auszustellen. Der Katalog „The Best of the Best" war als unser Beitrag zum UNESCO-Jahr des Buches gedacht. Schliesslich ist die IJB ein „associated project of UNESCO". Aber mit einer so rasch notwendig werdenden Revision hatten wir nicht gerechnet.

Ohne die rasche und tatkräftige Hilfe von Aase Bredsdorff, Kopenhagen, der damaligen Vorsitzenden der Kinderbücherei-Kommission der IFLA, wäre es der IJB nicht möglich gewesen, innerhalb eines halben Jahres vollständig überarbeitete Listen zu erstellen und die neuesten Ausgaben der Bücher zu beschaffen — zumindest was die beiden ersten Altersgruppen betrifft. Doch es gelang, und am 28.8.1972 wurde die Ausstellung in der Akademie der Wissenschaften in Budapest eröffnet; ein vervielfältigter Katalog lag neben den Büchern. Die Ausstellung wanderte von Budapest weiter und wurde auch in anderen grösseren Städten gezeigt. Ausserdem leistete die IJB ihren Beitrag zu einem Katalog bester Kinderbücher, den die UNESCO zum Jahr des Buches herausgab.

Dennoch verging mehr als ein Jahr, bis das endgültige Manuskript der zweiten Auflage vorlag. Das hatte drei recht unterschiedliche Gründe. Erstens liess es uns keine Ruhe, dass noch immer einzelne Länder fehlten (zB Island, Kolumbien oder Thailand) und dass wir die kleineren Sprachgebiete bisher nicht berücksichtigt hatten (zB Galego in Nordwestspanien, das Maltesische oder die deutschsprachige Kinderliteratur in Rumänien). Ausserdem mussten einige Kapitel von Grund auf neu erstellt werden (zB Japan). Zweites warfen uns einige Kritiker vor, dass wir die Erst- und Letzterscheinungsjahre nicht angegeben hatten. Und drittens verlangten die Bibliothekare in Skandinavien und in der Bundesrepublik Deutschland, da sie innerhalb kurzer Zeit einen breiten Grundbestand für Gastarbeiterkinder aus Südeuropa aufzubauen hatten, dass die IJB die Listen erweiterte und mit Inhaltsangaben (in Englisch, Deutsch und in der Originalsprache) ausstattete.

In den beiden letzten Jahren haben die Mitarbeiter der IJB allzu deutlich gelernt, was es heisst, internationales Grundlagenmaterial von annähernd vergleichbarer Qualität zu beschaffen und den Versuch zu unternehmen, den oft sprunghaft angewachsenen Informationsbedarf einigermassen zufriedenstellend zu decken. Vieles lässt sich nicht erzwingen. Auch die zweite Auflage hat ihre Lücken. Wir mussten auf zahlreiche noch allzu unfertige Länder- und Sprachlisten verzichten (zB auf China, Armenien, Georgien; auf jiddische Listen, und vor allem auch auf ausreichende Listen einer ganzen Reihe arabischer Länder).

Was die Erscheinungsjahre betrifft, so steht das Ergebnis in keinem Verhältnis zur investierten bibliografischen Arbeit (und zur Korrespondenz, die wir mit einzelnen Nationalbibliotheken, Verlagen usw geführt haben). Der Mangel an Bibliografien und vor allem an solchen Bibliografien, die Kinderbücher mit verzeichnen, wird erst demjenigen bewusst, der auf die Jagd nach konkreten Fakten geht. Auch ist es uns sehr deutlich geworden, dass die Angabe des Letzterscheinungsjahres für die meisten Länder keinen anderen Sinn hat als den: Dieser Titel ist wirklich im Jahre soundso erschienen. Ob er noch im Handel ist, weiss oft nicht einmal der Verleger. Und ob der Titel seitdem abermals aufgelegt worden ist, weiss nur der Verleger. Obendrein zählt man in den meisten englischsprachigen Ländern die unveränderten Neuauflagen nicht, teilt sie gar nicht mit und in „Books in print" steht möglicherweise noch 1936, obgleich längst ein Dutzend Fortdrucke erschienen sind.

Was schliesslich die dazwischengeschobene Aktion der annotierten Kataloge aus Südeuropa betrifft, so sind mittlerweile mehrere Seminare durchgeführt worden. Auch das Loughborough-Seminar übernahm das Problem 1974 als Hauptthema und eine besondere Arbeitsgruppe des Deutschen Bibliotheksverbandes entwickelte ein eigenes Förderungsprojekt. 6 von den 12 in der IJB in Arbeit befindlichen Südeuropa-Katalogen sind bereits erschienen. Jeder Katalog ist mit einer Einführung über die Geschichte und den Stand der jeweiligen Nationalliteratur versehen und bringt auch ein Verzeichnis der Sekundärliteratur. Die Kataloge sollen später zu einem Gesamtwerk vereinigt werden.

Wir hoffen, dass damit die Verzögerungen erklärt sind. Sie liegen ausschliesslich in der Sache selbst begründet und in dem Bestreben, den akut aufgetretenen Bedarf, jetzt auch vor allem in den australischen Bibliotheken, zu decken.

Nach der rasch vergriffenen Erstauflage und der 1972 für Budapest eingeschobenen Teilveröffentlichung legt die IJB nun endlich die erweiterte zweite Auflage vor. Abermals bitten wir vor allen anderen diejenigen um freimütige Kritik, die mit den Einzelkapiteln der „Besten der Besten" in der täglichen Praxis arbeiten: in den Schulen, den öffentlichen Bibliotheken, den Jugendgruppen, Kinderlagern, Heimen und Kindergärten — und nicht zuletzt auch in den Werkbüchereien. Jeden Korrektur- und Ergänzungsvorschlag werden wir ernsthaft prüfen, jeden Bericht aus der Praxis beachten. Für zahlreiche Länder bzw Sprachen sind bereits Ergänzungslisten erarbeitet worden; sie und die annotierten südeuropäischen Kataloge senden wir gern jedem Interessierten zu. Ausserdem können für die grösseren Sprachgebiete jährlich Novitätsauswahlen angefordert werden (in die wir besonders beachtenswerte Übersetzungen, Neubearbeitungen und vor allen Dingen auch künstlerisch herausragende Neu-Illustrationen mit aufnehmen).

Wie bereits angedeutet: Die erweiterte dritte Auflage ist ebenfalls schon in Angriff genommen. Wir hoffen, dass dann auch die arabischen Kinderliteraturen zum Zuge kommen und die verschiedenen Sprachen Indiens und des Kaukasus. Aber die Grenzen sind so gut wie erreicht. Es hat keinen Sinn, nach ,,besten'' Büchern zu fahnden und nach ,,Grundbeständen'', wenn es in einem Land keine wirklichen Kenner seiner nationalen Literatur gibt und wenn keine Verlage vorhanden sind, die dafür sorgen, dass ein gutes Buch für längere Zeit auf dem Markt bleibt. Was nützt es dem Bibliothekar in Dänemark oder Neuseeland, wenn er hier eine Liste von zehn Titeln findet, von denen er auch nicht einen einzigen beschaffen kann? Dann hat dieses Kapitel nur noch die Funktion, nachzuweisen, was es irgendwann einmal in begrenztem Umfang und vielleicht nur in einer einzigen Buchhandlung der Welt oder in einem Büro eines Erziehungsministeriums irgendwo in Afrika gegeben hat. Es genügt eben nicht, einen Text zu drucken und ihn in einer einmaligen Verkaufsaktion unter die Leute zu bringen. Für unser Projekt ist dieser Text jedenfalls verloren. Und das ist leider die Situation in einer Reihe von Entwicklungsländern. Wir wissen uns keinen Rat in dieser Frage. Die IJB besitzt als zentrale internationale Studienbibliothek auf dem Gebiet der Kinder- und Jugendliteratur zZ (1975) 230.000 Bände in mehr als achtzig nach Sprachen und Ländern gegliederten Sektionen; 12.000 Bände stellen die Verleger der Welt jährlich kostenfrei zur Fortführung unserer verschiedenen Arbeiten zur Verfügung — ein Grossteil afrikanischer und asiatischer Produktion erreicht uns jedoch nicht und wird uns möglicherweise auch nie erreichen. Die Verleger, sofern es überhaupt echte Verleger und nicht für den Tagesbedarf arbeitende Buchhändler sind, versprechen sich vom internationalen Austausch nicht genug. Ein Aufkaufen an Ort und Stelle wäre nur möglich, wenn es Kenner der örtlichen Kinderliteratur gäbe, und wenn diese Kenner am internationalen Austausch interessiert wären. Und genau diese Lage spiegelt sich in den Lücken des hiermit vorgelegten Auswahlkatalogs wieder.

In der kommenden dritten Auflage, so hoffen wir, werden noch einige weitere Revisionen und Ergänzungen erfolgen. Allerdings wird der Versuch, Vollständigkeit zu erreichen, stets eine Utopie bleiben. Schon jetzt sind die Qualitätsunterschiede der einzelnen Auswahlen bedeutend — wenn auch verständlich für denjenigen, der das Bemühen kleiner Sprachgruppen, und politisch abgesonderter Bevölkerungen, um ihre literarische Existenz richtig einzuschätzen vermag. Was wir oft leichtfertig internationalen Standard nennen, ist ein Ergebnis Jahrhunderte alter Buchkultur, zu der sich eine Reihe Nationen entwickeln konnte. Andere Nationen hatten nicht das Glück und vermögen am Ende auch heute erst unter grössten Schwierigkeiten in die ökonomische Internationalität des Übersetzungs-Austausches oder der Koproduktion einzutreten. Aber die Papierqualität, das muss sich der Buchmittler in den Ländern mit hohem Lebensstandard stets vor Augen halten, sagt nichts über den Wert der Texte aus.

Dass als erster Schritt die Titel Wort für Wort ins Englische und Deutsche übersetzt wurden, soll eine weitere Titelübersetzung ermöglichen, zB in eine romanische, slawische oder skandinavische Sprache — falls nationale Bibliotheksorganisationen etwa einzelne Basislisten zum praktischen Ausbau ihrer Bestände verwenden möchten. Als nächsten Schritt wollen die Mitarbeiter der IJB, über die südeuropäischen Kataloge hinaus, Annotationen folgen lassen. Doch das gleichmässig für die vielen Länder und Sprachen zu tun, um die es hier geht, erfordert eine sehr langwierige und zeitraubende Arbeit. Vielleicht ist sie nur in Einzelveröffentlichungen nach Regionen oder Sprachfamilien Schritt für Schritt zu schaffen. Abkürzungen wie Bd = Band, Jll. = Illustrator, Hrsg. = Herausgeber, Red. = Redakteur oder Bearbeiter, d.i. = das ist, u.a. = und andere Autoren oder Illustratoren, verstehen sich von selbst. Eigennamen sind kursiv gesetzt. Die letzte Ziffer bezeichnet das Letzt-Erscheinungsjahr des im Katalog aufgeführten Titels; sie bezieht sich also auch auf Illustration und Verlag. Das zuerst angegebene Jahr ist das Originalerscheinungsjahr des Textes in Buchform; der Originaltitel, der Originalverleger oder der erste Illustrator werden nicht angegeben. Ist nur ein einziges Erscheinungsjahr genannt, so wurde uns nur diese einzige Ausgabe bekannt; fehlt das Jahr ganz, so steht es weder im Buch noch gibt die entsprechende Nationalbibliografie Auskunft. Und noch einmal muss betont werden: Niemand, weder unsere Korrespondenten noch die Mitarbeiter der IJB, können dafür einstehen, daß jeder Titel im Handel erreichbar ist. In den sozialistischen Ländern sind dafür meist nicht die Verlage selbst, sondern besondere Export- und Verteilungsorganisationen zuständig. Gerade die Klassiker und die herausragenden Neuerscheinungen sind in diesen Ländern oft im Handumdrehen vergriffen. Macht sich der Bedarf deutlich bemerkbar, so werden diese Titel auch wieder aufgelegt. Aber man muss Geduld haben und beharrlich seine Bestellungen beim Importeur wiederholen.

Ein letztes Wort an die Verleger, die uns diese und andere Auswahlarbeiten erst ermöglicht haben und denen wir sehr zu Dank verpflichtet sind für die ständige Unterstützung mit Büchern und Informationen: Die Grundbestandslisten sind Kauflisten für Bibliotheken. Es steht sogar eine vervielfältigte Adressenliste von Exporteuren und Importeuren zur Verfügung. Sie kann in der IJB angefordert werden (die revidierte und erweiterte Druckfassung wird ebenfalls demnächst verfügbar sein). Der Katalog ,,The Best of the Best'' ist also nur bedingt als ein Übersetzungs-Vorschlagskatalog zu betrachten. Unsere eigentlichen Übersetzungsvorschläge sind andernorts in Listen unter dem Titel ,,Weisse Raben'' zusammengefasst worden. Diese Listen werden einzeln herausgegeben und individuell mit Anmerkungen und oft auch ausführlichen Gutachten versehen. Sie bilden die Grundlage unserer jährlichen Ausstellung auf der Internationalen Kinderbuchmesse in Bologna. Eine Drucklegung des mittlerweile gesammelten Materials ist aber bisher aus arbeitstechnischen Gründen noch nicht möglich gewesen. Als Ergänzung zu den ,,Weissen Raben'' ist auch ein internationaler Nachweis von Übersetzern und Illustratoren im Aufbau begriffen. Und biografische Informationen über Autoren und Illustratoren wurden ebenfalls zusammengestellt.

Doch das sind unsere Übersetzungsvorschläge — bei dem Katalog „The Best of the Best" handelt es sich dagegen um eine Auswahl für die Leser selber, die ihre wertvollste muttersprachliche Literatur mitten in einer anderssprachlichen Umgebung finden sollen. Es wurde gelegentlich auch Mundart mit aufgenommen.

Wir reden heute gern von Chancengleichheit für alle. Es ist Zeit, dass jeder auf seinem Gebiet einen praktischen Anfang macht. Literarische Fairness ist eine wirksame Hilfe zur gesellschaftlichen Integrierung (die das Gegenteil von Gleichmacherei ist). Allen den zahlreichen Korrespondenten, Stipendiaten und Mitarbeitern der Internationalen Jugendbibliothek, die, von dieser Idee überzeugt, so tatkräftig am Zustandekommen des ersten Grundlagen-Verzeichnisses und seiner erweiterten Fassung beigetragen haben, der IFLA-Subkommission für das Kinderbüchereiwesen, den nationalen Sektionen von IBBY, Margot Nilson als Initiator insbesondere und nicht zuletzt auch den beiden von der Sache so sehr überzeugten Verlegern in den Vereinigten Staaten und in der Bundesrepublik Deutschland, sage ich hiermit von ganzem Herzen Dank. Und zugleich bitte ich alle Kenner und Freunde der Kinderliteratur, unmittelbar nach Erscheinen dieses Nachschlagewerkes wiederum an die notwendige Revision und an den so wünschenswerten weiteren Ausbau heranzugehen.

Walter Scherf
Direktor der Internationalen
Jugendbibliothek (IJB)

Reidar Johan Berle in J.-M. Bruheim: Reinsbukken Kauto frå Kautokeino (N)

INTRODUCTION

During an UNESCO seminar in Denmark, Margot Nilson, an official of the Swedish school authority, presented a most persuasive idea: that children of immigrants, of guest workers and from other minority groups should be able to find in their school library a collection of the best children's books in their mother tongue. A child can only freely and substantially develop when his individuality is approved and appreciated by the society into which he is transplanted — often enough against his own will. He must come to terms with the new environment, in any case temporarily. The only way is through what for him is a foreign language. But this foreign language will only open itself to him when the majority of children in his age group are prepared to meet him more than half-way, when they accept his exceptional status, his foreign tongue and his different behavior, and don't consider these to be reasons for his exclusion or even disqualification but as offering a special richness, an access to another culture.

Foreign languages children's books have a double purpose. They convince the majority that other languages and cultures, though different, are essentially of equal rank, demonstrating the still undiscovered importance and value of human ways of life outside one's own limitations. For the minority, the function of these books is to confirm and even to protect its language and its individuality. If anything needs protection in life, both physically and mentally, it is childhood. Maurice Sendak states "This is a terrible world and children have always suffered first, most and hardest".

Only he who can look back to his childhood for support will be able to master the problems of personal and social life as an adult.

These were our thoughts when we began the project, hardly realizing at the time how world-wide its scope would become. With the enthusiastic help of our friends and correspondents in the individual countries (many were former stipendiaries of the IYL), lists of the best children's and youth books in 15 languages were selected and forwarded to the school authority in Stockholm. The success was extraordinary. Not only were all the books on the list provided for school libraries in 140 Swedish towns, but a report in the Unesco Bulletin for libraries led to a flood of enquiries from all corners of the earth. We learned very quickly that the project could not end with our relatively small selection.

The demand for basic bibliographies of foreign language collections turned out to be extremely high.

After two more years of work we had gathered basic lists for 57 languages or countries. Often, the lists went back and forth three of four times between our correspondents and the IYL. On some occasions the required details of the illustrators were not available, or there was no publisher's imprint; perhaps the translation of the title made no sense, or often enough the national bibliographies did not consider picture books worth including. As regards the selection of titles, our correspondents were often far from approving IYL's criteria for selection.

What after all are "best" children's books? One should only choose those titles which have a lasting literary and, where illustrators are involved, artistic value. They should also be adequate psychologically. Of course both these criteria automatically exclude books reflecting patterns of behavior which have frozen into clichés, or which contradict the basic idea of our work: to promote deeper understanding of groups which, nationally or sociologically, by tradition or actually, follow different ways of life.

It has been a particulary difficult and by no means finalized work.

We sent out the first edition of the catalog "The Best of the Best" hoping that positive criticism and suggestions would constitute the basis for further development of the project. What actually came out of it, by far exceeded our expectations. With the catalog being out of print within a few months, a number of critical reviews appeared at a time when not a single issue of the catalog was obtainable any more. When the subsection for children's libraries of the IFLA (International Federation of Library Associations) suggested that we present our selection during a congress in Budapest on the occasion of the UNESCO-proclaimed Year of the Book, we faced seemingly unsolvable technical problems. The catalog "The Best of the Best" was conceived as our contribution to the UNESCO Year of the Book. After all the IYL is an associated project of UNESCO, but we were not at all prepared for the sudden demand for a revised catalog.

Without the immediate support and the cooperation of Aase Bredsdorff, at that time president of the subsection for children's libraries of the IFLA, the development of completely revised and updated lists within only half a year and the provision of the latest editions available of the books — at least for the first two age groups — would have been far beyond our possibilities. Yet, our efforts were honored with success, and the exhibit was opened at the Academy of Sciences in Budapest on August, 28th, 1972. Our mimeographed catalog supplemented the book exhibit. After Budapest the exhibit travelled to other large cities. The material gathered so far by the IYL also found inclusion in a bibliography of best children's books issued by UNESCO on the occasion of the Year of the Book.

In spite of a tremendous amount of preparatory work already done, more than another year elapsed before the second edition could be presented. There were three rather different reasons. First of all, we were concerned about still having excluded some countries (for example Iceland, Colombia or Thailand) and also having neglected smaller language groups (for example Gallego in the Northwestern part of Spain, Maltese, or the German language children's literature of Rumania). Moreover, a few chapters had to be completely rewritten (for example Japan). Secondly, some critics strongly urged the inclusion of details about first and last editions. And thirdly, librarians from Scandinavia and the Federal Republic of Germany inspired expansions of lists and summaries in English, German and the original language as a guidance for building up basic collections for children of guest workers from Southern Europe.

During these last two years the staff members of the IYL began to realize how difficult it is to provide basic material of comparable quality on an international level and to come up to the requirements of steadily accelerating informational needs on the largest possible scale. However, there are limits. The second edition, like the first, cannot be free of gaps. We have had to drop a number of lists of countries and languages still too incomplete to be included, for example lists from China, Armenia, Georgia (U.S.S.R.), lists in Yiddish and especially inadequate lists from many Arab countries.

As to the problem of the years of publication, we can only stress the fact that the result does in no way equal the amount of bibliographic search work invested (let alone the communication by letters with several national libraries, publishing houses etc.). Only he who has actually been involved with meticulously hunting bibliographic data is aware of the deficiencies in bibliographies, especially in those dealing with children's books. For most countries, we learned, the date indicated for the last edition only serves the purpose of telling that a particular book actually appeared in the year given. Sometimes not even the publisher knows whether the title still is for sale. And only he knows whether the title has been reprinted or not. In most English-speaking countries unaltered reprints are not listed with the new year, which means that "Books in print" would give the year 1936 for a book that has a dozen reprints since then.

Several seminars have been held to speed up action on the annotated lists from Southern Europe. The Loughborough Seminar of 1974, too, took it as a major topic of consideration, and a special study group within the German Library Association was established to promote the project. Six out of twelve catalogs on Southern Europe have already been published. Each catalog incorporates history and present state of the respective national literature adding a list of professional literature for suggested further study. These catalogs will be combined for publication as a separate work at a later date.

We hope to have given sufficient explanation for the delay and believe it can be justified by our effort to handle the topic as precisely as possible and to take into consideration those countries, in which our project — as in Australia — attracted particular and instantaneous attention.

After the overwhelming success of the first edition and the 1972 interim publication for Budapest, the IYL finally introduces the enlarged second edition. The further development of the project will again depend greatly on positive criticism and suggestions from those actually using the lists in school or public libraries, with youth groups, in camps, or in factory libraries. Every correction or suggestion will be given earnest consideration and reports concerning daily professional use will be carefully studied. We can already announce that supplements to the lists presented here have been prepared; they will be sent to those interested on request. This also applies to the annotated lists for Southern Europe. In addition for the larger language groups, an annual selected list of the newest publications can be ordered. These lists also include noteworthy translations, newly edited classics, and new illustrated editions of artistic merit.

As already mentioned: work on expanding the future edition through the addition of new languages has begun. We hope to incorporate children's literature of more Arab countries and the various languages of India and the Caucasus. However, the maximum will soon be reached. There is little sense in searching for „best" books if no national literary criticism has been established or if no publishers have been found who can ensure that good titles remain on the book market for a longer period of time. Of what use is a list of ten titles to a librarian in Denmark or in New Zealand if he realizes that he cannot provide a single one of these books? Then this chapter is reduced to stating simply what was available at a certain time, in a limited quantity, and, perhaps, in only one bookstore all over the world or in an office of the Ministry of Education somewhere in Africa. It is not enough to publish an edition and make one major sales campaign. This means for us, that particular titles are of no practical use for our project. And, alas, this is the situation in a large number of developing countries. We can provide no solution for this problem.

The IYL, as a central international study library in the field of children's and youth literature, has an inventory (1975) of 230.000 volumes in 80 languages, shelved according to language and country. Publishers throughout the world provide us with approximately 12.000 volumes each year without cost to help further our various projects. Unfortunately a large part of African and Asian children's book production is not received. These publishers, if they are genuine publishers, don't expect much from international exchange and collaboration. To buy the books within the country would only be possible if there were a knowledgeable person who could do the selection and who would be interested in international collaboration. It is exactly this situation which is reflected in the gaps in the selection catalog presented here. We hope that in a third edition necessary revisions can be made and a few more languages included. To attempt absolute completeness is utopian. Already the difference in quality of the individual lists is an obvious one, but it is an acceptable deficiency to those who appreciate the efforts of smaller language groups or of politically secluded minorities to further their literary development. What we lightly term "international standards" are the result of centuries of literary culture which a number of nations have been able to develop. Other nations have not had such good fortune, in both senses of the term. It is only with the greatest difficulty that they are today attempting their first steps in international co-production or translation. One should remember, incidentally, that the quality of the paper used tells nothing about the quality of the text.

We have given a word-for-word translation of the original title in English and German in order to aid translation into other languages (e.g. Romance, Slavic or the Scandinavian languages) for those national library organizations who wish to use the basic lists for enlarging their international holdings systematically. In a future edition there should be annotations besides those of the catalogs for Southern Europe, but to do this for the many languages involved will require long and tedious work. It may very well be realized only gradually through separate regional or language group publications. Abbreviations are explained below.

Proper names are printed in *italics*. The last date following each title is the last year of publication for this particular edition (for these illustrations, for this place of publication, and for this publisher). The year given first indicates the original first edition of the text; the original title, the original publisher or the first illustrator are not specified. If we were notified of only one edition, only one year was entered; no reference to year means that neither the book itself nor the respective national bibliography could provide us with the required information. And we want to emphasize once again: We cannot guarantee that every title listed is currently available. In many of the socialist countries, the classics and popular new titles often go out of print quickly. When there is a demand a new edition is published, but one must be patient and send repeated reminders to the bookseller.

A final word goes to the publishers who made the book selection possible and who have continously supported our project with books and information. We are very thankful for their great help.

The catalog is now a buying list for libraries and we have also a duplicated list giving the adresses of book importers and exporters which can be obtained from the IYL on request (a revised and enlarged printed list will be available before long). As a suggestion list for suitable translations, this catalog can be used only with reservations.

Our recommendations of titles suitable for translation appear in selected lists under the title "White Ravens", where each entry contains full publishing data and an extensive annotation. They form the basis of our exhibit at the annual International Children's Book Fair at Bologna. For technical reasons a printing of all material collected so far has not yet been possible. In addition, an international directory of illustrators and translators is in preparation.

Also, biographical data on authors and illustrators have been assembled. But to return to the catalog presented here: It is a selection for the young reader, a catalog of the best books in his mother tongue which he should find in another language environment; occasionally we have included books in dialect.

Today we like to talk about a fair chance for everyone. It is time that each of us within his special field puts this idea into practice. A literary fair chance is a real help in communal integration and integration is the contrary of levelling.

In conclusion I wish to express my deep appreciation and thanks to the countless correspondents, the stipendiaries and the staff of the IYL, who, convinced of the worth of the project, spared no effort in compiling the first basic list and the enlarged version. Thanks were also due to the subsection for children's libraries of the IFLA (International Federation of Library Associations), to the various national sections of the IBBY (International Board on Books for Young People), to Margot Nilson herself, and, not least, to the German and American publishers of the catalog. Lastly I would request that, following publication, all those using the catalog will further co-operate in revising where necessary and assist in the development of future editions.

Walter Scherf
Director of the
International Youth Library (IYL)

Hans Berg in K. Berg: savautigdlit (DKgr)

Abkürzungen und bibliografische Begriffe
Abbreviations and bibliographical terms

Bd = Band	volume
Bearb. = Bearbeiter	adapted by
d.i. = das ist	that is
enthält	containing
Fotos	photographs
H. = Heft	booklet
Hrsg. = Herausgeber	editor
Jll. = Jllustrationen	illustrations
Kindermalerei	children's paintings
Lautmalerei	onomatopoeia
Luxusausgabe	luxury edition
o.p. = vergriffen	out of print
ohne Text	without text
Pseud. = Pseudonym	pseudonym
Red. = Redaktion	editor
Text	text
u.a. = und andere	and others
um	about
und	and
Version	version

In deutscher Sprache / In German language

3 – 6

Aichinger, Helga	Heute bin ich ein Käfer. (Today I am a beetle.) Jll.: Helga Aichinger. Bad Goisern: Neugebauer Press 1971.
Heller, Friedrich Carl	Traumbuch für Kinder. (Dream book for children.) Jll.: Walter Schmögner. Frankfurt a.M.: Insel Verlag 1970; 1971.
Hofbauer, Friedl	Der Brummkreisel. (The humming top.) Jll.: Frizzi Weidner. Wien, München: Verlag für Jugend und Volk 1969.
Hofbauer, Friedl	Die Wippschaukel. (The see-saw.) Ill.: Frizzi Weidner. Wien: Verlag für Jugend und Volk 1966.
Kaufmann, Angelika	Ein Pferd erzählt. (A horse narrates.) Jll.: Angelika Kaufmann. Bad Goisern: Neugebauer Press 1971.
Lobe, Mira	Das kleine Ich bin ich. (The little I am I.) Jll.: Susi Weigel. Wien, München: Verlag Jungbrunnen 1972.
Recheis, Käthe	Kleiner Bruder Watomi. (Little brother *Watomi.*) Jll.: Monika Laimgruber. Wien, Freiburg i.Br., Basel: Herder 1974.
Reinl, Edda	Die fremde Feder. (The strange feather.) Jll.: Edda Reinl. Bad Goisern: Neugebauer Press 1970.
Reinl, Edda	Wie ein König und sein Volk glücklich wurden. (How a king and his people became happy.) Jll.: Edda Reinl. Bad Goisern: Neugebauer Press 1973.
Zotter, Gerri (Hrsg.)	Das Sprachbastelbuch. (Wordcraft book.) Jll.: Gerri Zotter. Wien, München: Verlag für Jugend und Volk 1975.

7 – 9

Bamberger, Richard	Mein zweites grosses Märchenbuch. (My 2nd big book of fairy tales.) Jll.: Emanuela Wallenta. Wien, München: Verlag für Jugend und Volk 1962;1964.
Busta, Christine	Die Sternenmühle. (The starry mill.) Jll.: Johannes Grüger. Salzburg, Wien, Freilassing: O. Müller 1959;1970.
Ferra-Mikura, Vera	Lustig singt die Regentonne. (Gladly sings the rainbarrel.) Jll.: Romulus Candea. Wien, München: Verlag Jungbrunnen 1964.

Ferra-Mikura, Vera	Opa Heidelbeer gähnt nicht mehr. (Grandfather *Bilberry* does no longer yawn.) Jll.: Romulus Candea. Wien, München: Verlag Jungbrunnen 1968.	A
Ferra-Mikura, Vera	Sigismund hat einen Zaun. (*Sigismund* has a fence.) Jll.: Elisabeth Mikura. Wien, München: Verlag Jungbrunnen 1973.	
Goertz, Hartmann	Kinderlieder, Kinderreime. (Children's songs, children's rhymes.) Jll.: Beate Dorfinger. Wien, Heidelberg: Ueberreuter 1973.	
Lobe, Mira	Das Städtchen Drumherum. (The little town *Round About.*) Jll.: Susi Weigel. Wien, München: Verlag Jungbrunnen 1970.	
Schmögner, Walter	Das Drachenbuch. (The dragon book.) Jll.: Walter Schmögner. Frankfurt a.M.: Insel Verlag 1969;1972.	
Schmögner, Walter	Das Guten Tag Buch. (The good morning book.) Jll.: Walter Schmögner. Frankfurt a.M.: Insel Verlag 1974.	

10 – 12

Braumann, Franz	Die tausendjährige Spur. (The trace of 1000 years.) Innsbruck, Wien, München: Tyrolia-Verlag 1966.
Bruckner, Karl	Die Strolche von Neapel. (The rowdies from Naples.) Jll.: Emanuela Walenta. Wien, München: Verlag Jungbrunnen 1955;1964.
Dolezol, Theodor	Delphine. Menschen des Meeres. (Dolphins. Men of the sea.) Fotos. Wien, Heidelberg: Ueberreuter 1973.
Ellert, Gerhart (d.i. Gertrud Schmirger)	Alexander der Grosse und sein Weltreich. *(Alexander* the Great and his empire.) Wien, Heidelberg: Ueberreuter 1968.
Fuchs, Peter	Ambasira. *(Ambasira.)* Ill.: Hella Soyka. Wien, München: Verlag für Jugend und Volk 1964.
Haiding, Karl	Österreichs Märchenschatz. (Austria's treasure of fairy tales.) Jll.: Willi Bahner. Graz: Verlag für Sammler 1953;1969.
Haiding, Karl	Österreichs Sagenschatz. (Austria's treasure of legends.) Jll.: Hedwig Zum Tobel. Wien: Molden 1965.
Haushofer, Marlen	Müssen Tiere draussenbleiben? (Must animals stay out-of-doors?) Jll.: Gertraud Eben. Wien, München: Verlag für Jugend und Volk 1967;1969.
Lechner, Auguste	Dolomitensagen. (Legends of the *Dolomites.)* Jll.: Hans Vonmetz. Innsbruck, Wien, München: Tyrolia-Verlag 1969; 1971.
Lechner, Auguste	Herr Dietrich reitet. (Sir *Dietrich* rides.) Jll.: Hans Vonmetz. Innsbruck, Wien, München: Tyrolia-Verlag 1964;1967.

| Lillegg, Erica | Vevi. *(Vevi.)* Jll.: Dorothea Stefula. München: Ellermann 1955;1969. | **A** |

Nöstlinger, Christine — Wir pfeifen auf den Gurkenkönig. (We whistle at the King of cucumbers.) Jll.: Werner Maurer. Weinheim a.d.Bergstrasse, Basel: Beltz & Gelberg 1972.

Recheis, Käthe — Nikel, der Fuchs. *(Nikel* the fox.) Jll.: Engelbert Handlbauer. Wien, Freiburg i.Br., Basel: Herder 1968;1970.

Schreiber, Georg — Die Tyrannen von Athen. (The tyrants from Athens.) Jll.: Wilfried Zeller-Zellenberg. Wien, München: Verlag Jungbrunnen 1967.

Sealsfield, Charles (d.i. Karl Anton Postl) — Tokeah oder Die Weisse Rose. *(Tokeah* or The *White Rose.)* Jll.: Friedrich Siegel. Wien: Kremayr & Scheriau 1966.

Tauschinski, Oskar Jan — Der Spiegel im Brunnen. (The mirror in the well.) Jll.: Helga Lauth. Wien, München: Verlag Jungbrunnen 1974.

Wippersberg, W. J.-M. — Fluchtversuch. (Attempt to escape.) Jll.: László Varvasovszky. Innsbruck: Obelisk Verlag 1973.

Zingerle, Ignaz Vinzent, Edler von Summersberg / Zingerle, Joseph, Edler von Summersberg — Märchen aus Tirol. (Fairy tales from Tyrol.) Jll.: Elsiabeth Weingartner. Innsbruck, Wien, München: Tyrolia-Verlag 1961;1967.

13 – 15

Bruckner, Winfried — Die Pfoten des Feuers. (The paws of fire.) Wien, München: Verlag Jungbrunnen 1965.

Bruckner, Winfried — Die toten Engel. (The dead angels.) Wien, München: Verlag Jungbrunnen 1963.

Habeck, Fritz — Schwarzer Hund im goldenen Feld. (Black dog in the golden field.) Wien, München: Verlag für Jugend und Volk 1973.

Habeck, Fritz — Taten und Abenteuer des Doktor Faustus, erzählt von einem Magister der hohen Schule. (The deeds and adventures of Doctor *Faustus,* told by a master of the high school.) Jll.: Haimo Lauth. Wien, München: Verlag für Jugend und Volk 1970;1971.

Hofbauer, Friedl — Die Kirschkernkette. (The cherry-stone chain.) Wien, Heidelberg: Ueberreuter 1974.

Lang, Othmar Franz — Warum zeigst du der Welt das Licht? (Why do you show the light to the world?) Zürich, Köln: Benziger 1974.

Lang, Othmar Franz — Die Stunde des Verteidigers. (The hour of the defender.) Wien, München: Österreichischer Bundesverlag 1966.

Recheis, Käthe	Fallensteller am Bibersee. (Traps at the beaver lake.) Jll.: Herwig Schubert. Wien, Freiburg i.Br., Basel: Herder 1972.	**A**
Tichy, Herbert	Der weisse Sahib. (The white Sahib.) Wien, München: Österreichischer Bundesverlag 1966.	
Weiss, Walter	Der Tod der Tupilaks. Ein Grönlandbuch. (The *Tupilaks'* death. A Book about Greenland.) Fotos. Wien, München: Verlag für Jugend und Volk 1973.	

Edda Reinl in: Wie ein König und sein Volk glücklich wurden . . .

3 – 6

Greenwood, Ted	Joseph and Lulu and the Prindiville House pigeons. *(Joseph* und *Lulu* und die Tauben vom *Prindville*-Haus.) Jll.: Ted Greenwood. Sydney: Angus and Robertson 1972.
Greenwood, Ted	Obstreperous. (Lärmend.) Jll.: Ted Greenwood. Sydney: Angus and Robertson 1970.
Greenwood, Ted	V.I.P. Very important plant. (Sehr wichtige Pflanze.) Jll.: Ted Greenwood. Sydney: Angus and Robertson 1971.
MacIntyre, Elisabeth	Katherine. *(Katharina.)* Jll.: Elisabeth MacIntyre. Sydney: Angus and Robertson 1946;1963.
Parr, Letitia	Green is for growing. (Grün steht für Wachsen.) Jll.: John Watts. Sydney: Angus and Robertson 1968.
Parr, Letitia	When sea and sky are blue. (Wenn Meer und Himmel blau sind.) Jll.: John Watts. Sydney: Angus and Robertson 1970.
Paterson, Andrew Barton	Mulga Bill's bicycle. *(Mulga Bills* Fahrrad.) Jll.: Deborah Niland, Kilmeny Niland. Sydney: Collins 1973.
Paterson, Andrew Barton	Waltzing Matilda. (Die Walzer tanzende *Mathilda.)* Jll.: Desmond Digby. Sydney: Collins 1970.
Pender, Lydia	Barnaby and the rocket. *(Barnabas* und die Rakete.) Jll.: Judy Cowell. Sydney: Collins 1972.
Pender, Lydia	Sharpur the carpet snake. *(Sharpur,* die Teppich-Schlange.) Jll.: Virginia Pender. London, New York, Toronto: Abelard-Schuman 1967.
Roughsey, Dick	Giant devil dingo. (Riesenteufel Dingo.) Jll.: Dick Roughsey. Sydney: Collins 1973.
Southall, Ivan	Sly old wardrobe. (Schlauer alter Kleiderschrank.) Jll.: Ted Greenwood. Melbourne: Cheshire 1968;1969.
Thiele, Colin Milton	Gloop the bunyip. *(Gloop das* Bunyip.) Jll.: Nyorie Bungey. Adelaide: Rigby 1962;1970.
Wagner, Jenny	The bunyip of Berkeley's Creek. (Das Bunyip vom *Berkeley*-Bach.) Jll.: Ron Brooks. Melbourne: Longman Young 1973.
Wesley-Smith, Peter	The ombley-gombley. (Das *Ombley-Gombley.)* Jll.: David Fielding. Sydney: Angus and Robertson 1970.
Woodberry, Joan	The cider duck. (Die Apfelwein-Ente.) Jll.: Molly Stephens. Melbourne: Macmillan 1969.

Dennis, Clarence Michael James	A book for kids. (Ein Buch für die Kleinen.) Jll.: Clarence Michael James Dennis. Sydney: Angus und Robertson 1921; 1970.
Gough, Irene	The golden lamb. (Das goldene Lamm.) Jll.: Joy Murray. Melbourne: Heinemann 1966;1968.
Lindsay, Norman Alfred William	The magic pudding. (Der Zauberpudding.) Jll.: Norman Alfred William Lindsay. Sydney: Angus and Robertson 1918; 1970.
Macarthur-Onslow, Annette	Minnie. *(Minnie.)* Jll.: Annette Macarthur-Onslow. Sydney: Ure Smith 1971.
Macarthur-Onslow, Annette	Uhu. *(Uhu.)* Jll.: Annette Macarthur-Onslow. Sydney: Ure Smith 1969.
MacIntyre, Elisabeth	Ninji's magic. *(Ninjis* Zauber.) Jll.: Mamoru Funai. Sydney: Angus and Robertson 1967;1968.
Mattingley, Christobel	Emu kite. (Emu-Drache.) Jll.: Gavin Rowe. London: Hamish Hamilton 1972.
Mattingley, Christobel	Queen of the wheat castles. (Königin der Weizen-Burgen.) Jll.: Gavin Rowe. Leicester: Brockhampton 1973.
Mattingley, Christobel	The windmill at Magpie Creek. (Die Windmühle am Elster-Flüsschen.) Jll.: Gavin Rowe. London: Brockhampton 1971.
Mattingley, Christobel	Worm weather. (Wurm-Wetter.) Jll.: Carolyn Dinan. London: Hamish Hamilton 1971.
Phipson, Joan	A lamb in the family. (Ein Lamm in der Familie.) Jll.: Lynette Hemmant. London: Hamish Hamilton 1966.
Phipson, Joan	Polly's tiger. *(Pollys* Tiger.) Jll.: Gavin Rowe. London: Hamish Hamilton 1973; New York: Dutton 1974.
Robinson, Roland Edward	Wandjina. Children of the dreamtime. *(Wandjina.* Kinder der Traumzeit.) Jll.: Roderick Shaw. Milton: Jacaranda Press 1968.
Sammon, Stella	The lucky stone. (Der glückliche Stein.) Jll.: Margaret Paice. London: Methuen 1969.
Saxby, Joyce	Chosen for children. 100 poems. (Ausgewählt für Kinder. 100 Gedichte.) Jll.: Astra Lacis-Dick. Sydney: Angus and Robertson 1967;1968.
Southall, Ivan	Head in the clouds. (Kopf in den Wolken.) Jll.: Richard Kennedy. London: Angus and Robertson 1972.
Thiele, Colin Milton	Magpie Island. (Elster-Insel.) Jll.: Roger Haldane. Adelaide: Rigby 1974.
Thiele, Colin Milton	Storm boy. (Sturmjunge.) Jll.: John Bailey. Adelaide: Rigby 1964;1971.

Bates, Daisy	Tales told to Kabbarli. (Geschichten, *Kabbarli* erzählt.) Jll.: Harold Thomas. Bearb.: Barbara Ker Wilson. Sydney: Angus and Robertson 1972.
Brinsmead, Hesba Fay Hungerford	Longtime passing. (Eine lange Zeit vergeht.) Sidney: Angus and Robertson 1971.
Chauncy, Nancen Beryl	Tangara. Let us set off again. *(Tangara.* Lasst uns wieder aufbrechen.) Jll.: Brian Wildsmith. London: Oxford University Press 1960;1961.
Clark, Mavis Thorpe	The min-min. (Das *Min-Min* = ein Geist.) Jll.: Genevieve Melrose. Melbourne: Lansdowne 1966;1967.
Davison, Frank Dalby	Children of the dark people. (Kinder des dunklen Volkes.) Jll.: Pixie O'Harris. Sydney: Angus and Robertson 1936;1967.
Dobson, Rosemary	Songs for all seasons. 100 poems for young people. (Lieder für alle Jahreszeiten. 100 Gedichte für junge Leute.) Jll.: Margaret Horder. Sydney: Angus and Robertson 1967.
Donkin, Nance	House by the water. (Haus am Wasser.) Jll.: Astra Lacis-Dick. London: Angus and Robertson 1969;1970.
Donkin, Nance	Johnny Neptune. *(Johnny Neptune.)* Sydney: Angus and Robertson 1971;1972.
Evers, Leonard Herbert	The Racketty Street gang. (Die Bande von der *Racketty*-Strasse.) Leicester: Brockhampton 1961;1969.
Fatchen, Max	The river kings. (Die Flusskönige.) Jll.: Clyde Pearson. London: Methuen 1966.
Fatchen, Max	The spirit wind. (Der Geist-Wind.) Jll.: Trevor Stubley. London: Methuen 1973.
Marshall, James Vance (d.i. Donald Gorden Payne)	The children. (Die Kinder.) London: Michael Joseph 1959.
Norman, Lilith	Climb a lonely hill. (Erklettere einen einsamen Berg.) Sydney: Collins 1970.
Norman, Lilith	The flame takers. (Die Flammen-Träger.) Sydney: Collins 1973.
Ottley, Reginald Leslie	By the sandhills of Yamboorah. (Bei den Sandbergen von *Yamboorah.)* Jll.: Clyde Pearson. London: Deutsch 1965; 1971.
Ottley, Reginald Leslie	Rain comes to Yamboorah. (Regen kommt nach *Yamboorah.)* Jll.: Robert Hales. London: Deutsch 1967.
Ottley, Reginald Leslie	The roan colt of Yamboorah. (Das rötlichgraue Füllen von *Yamboorah.)* Jll.: David Parry. London: Deutsch 1966;1971.

| Park, Ruth | Callie's castle. *(Callies* Schloss.) Jll.: Kilmeny Niland. Sydney: Angus and Robertson 1974. | **AUS** |

Park, Ruth — The sixpenny island. (Die Sechs-Penny-Insel.)
Jll.: David Cox. Sydney: Ure Smith 1968. o.p.

Phipson, Joan Margaret — Bass & Billy Martin. *(Bass & Billy Martin.)*
Jll.: Ron Brooks. Melbourne: Macmillan 1972.

Phipson, Joan Margaret — The family conspiracy. (Die Familien-Verschwörung.)
Jll.: Margaret Horder. Sydney: Angus and Robertson 1962;
Harmondsworth, Middlesex: Kestrel Books 1974.

Shelley, Noreen — The family at the lookout. (Die Familie am Ausblick.)
Jll.: Robert Micklewright. London: Oxford University Press 1973.

Southall, Ivan — Ash road. *(Eschenweg.)* Jll.: Clem Seale.
Sydney: Angus and Robertson 1965;1969.

Southall, Ivan — Hills End. (Bergend.) Jll.: James Phillips.
Sydney: Angus and Robertson 1962;1970.

Southall, Ivan — Let the balloon go. (Lass den Ballon los.)
Jll.: Ian Ribbons. Sydney: Hicks Smith 1968;1969.

Southall, Ivan — Over the top. (Über den Gipfel.) Jll.: Ian Ribbons.
London: Methuen 1972.

Spence, Eleanor — Lillipilly Hill. *(Lillipilly*-Berg.) Jll.: Susan Einzig.
London: Oxford University Press 1960;1963.

Stow, Randolph — Midnite. *(Mitternacht.)* Jll.: Ralph Steadman.
Melbourne: Cheshire 1967;1969.

Tennant, Kylie — All the proud tribesmen. (Alle die stolzen Stammesangehörigen.) Jll.: Clem Seale. London: Macmillan 1959;1965.

Thiele, Colin Milton — The sun on the stubble. (Die Sonne auf den Stoppeln.)
Adelaide: Rigby 1961;1972.

Walker, Kath — Stradbroke dreamtime. *(Stradbroke*-Traumzeit.)
Jll.: Dennis Schapel. Sydney: Angus and Robertson 1972.

Woodberry, Joan — Come back, Peter. (Komm zurück, *Peter.)* Jll.: George
Tetlow. Adelaide: Rigby 1968;1969; London: Longman Young Books 1970.

Wrightson, Patricia — I own the racecourse! (Die Rennbahn gehört mir!)
Jll.: Margaret Horder. London: Hutchinson 1968;1975.

Wrightson, Patricia — The nargun and the stars. (Der Nargun und die Sterne.)
Richmond, Victoria: Hutchinson 1973.

Wrightson, Patricia — An older kind of magic. (Eine ältere Art von Zauber.)
Jll.: Noela Young. London: Hutchinson 1972;1973.

Wrightson, Patricia — The rocks of honey. (Die Honig-Steine.) Jll.: Margaret
Horder. Sydney: Angus and Robertson 1960.

Balderson, Margaret	When jays fly to Bárbmo. (Wenn die Häher nach *Bárbmo* fliegen.) Jll.: Victor G. Ambrus (d.i. Gyösö László Ambrus). London: Oxford University Press 1968;1970.
Brinsmead, Hesba Fay Hungerford	Beat of the city. (Puls der Stadt.) Jll.: William Papas. London: Oxford University Press 1966.
Brinsmead, Hesba Fay Hungerford	Pastures of the blue crane. (Die Weiden des blauen Kranichs.) Jll.: Annette Macarthur-Onslow. London: Oxford University Press 1964;1970.
Chauncy, Nancen Beryl	Mathinna's people. *(Mathinnas* Volk.) Jll.: Victor G. Ambrus (d.i. Gyösö László Ambrus). London: Oxford University Press 1967.
Couper, John Mill	Looking for a wave. (Auf eine Woge warten.) London: Bodley Head 1973.
Couper, John Mill	The thundering good today. (Das grossartig gute Heute.) London: Bodley Head 1970.
Ingram, Anne Bower (Hrsg.)	Shudders and shakes. Ghostly tales from Australia. (Schaudern und Zittern. Gespenster-Erzählungen aus Australien.) Sydney: Collins 1972.
Ingram, Anne Bower	Too true. (Zu wahr.) Sydney: Collins 1974.
Marshall, Alan	I can jump puddles. (Ich kann über Pfützen springen.) Jll.: Alison Forbes. London: Secker and Warburg 1956;1974.
Martin, David	The Chinese boy. (Der Chinesenjunge.) Hornsby, New South Wales: Hodder and Stoughton; Leicester: Brockhampton Press 1973.
Martin, David	Frank and Francesca. *(Frank* und *Franziska.)* Glasgow: Blackie 1972.
Martin, David	Hughie. *(Hughie.)* London: Blackie 1972.
Parker, Katherine Langloh	Australian legendary tales. (Australische sagenhafte Erzählungen.) Jll.: Elizabeth Durack. Hrsg.: Henrietta Drake-Brockman. Sydney: Angus and Robertson 1896;1967.
Slater, Pat	An eagle for Pidgin. (Ein Adler für *Pidgin.)* Jll.: Peter Slater. Milton: Jacaranda 1970.
Southall, Ivan	Bread and honey. (Brot und Honig.) Sydney: Angus and Robertson 1970;1971.
Southall, Ivan	Josh. *(Josh.)* Sydney: Angus and Robertson 1971; New York: Macmillan 1972.
Southall, Ivan	Matt and Jo. *(Matt* und *Jo.)* Sydney: Angus and Robertson 1973.

Thiele, Colin Milton	Blue fin. (Blaue Flosse.) Jll.: Roger Haldane. Adelaide: Rigby 1969;1971.	**AUS**
Thiele, Colin Milton	The fire in the stone. (Das Feuer im Stein.) Adelaide: Rigby 1973.	
Wilson, Barbara Ker	Australian kaleidoscope. (Australisches Kaleidoskop.) Jll.: Margery Gill. Sydney: Collins 1968.	
Wright, Judith	Range the mountains high. (Hoch in die Berge reisen.) Melbourne: Lansdowne 1962;1971.	
Wrightson, Patricia	The feather star. (Der gefiederte Stern.) London: Hutchinson 1962; New York: Harcourt, Brace and World 1963.	

Roger Haldane in C. Thiele: Magpie Island

In französischer Sprache / In French language

3 — 6

Carême, Maurice
Pierres de lune. (Mondsteine; Moon stones.)
Jll.: Philippe Thomas. Bruxelles: Éd. ABC Jeunesse;
Paris: Éd. L'École des loisirs 1966.

Danblon, Tamara
Papa, fais moi peur! (Papa, mach mir angst; Papa, scare me.)
Jll.: Anton. Marcinelle: Dupuis 1973.

Deletaille,
Albertine
Chat lune. (Mondkatze; Moon cat.)
Jll.: Albertine Deletaille. Paris: Flammarion 1954.

Filloux,
Henriette
Les baleines. (Die Walfische; The whales.) Jll.: Iliane Roels.
Bruxelles: Éd. ABC Jeunesse; Paris: Éd. L'École des loisirs
1970.

Tenaille, Marie
L'arbre de Léonard. (Der Baum des *Léonard;* The tree of
Léonard.) Jll.: Suzanne Boland. Tournai: Casterman 1973.

Wynants, Miche
La girafe du roi Charles X. (Die Giraffe des Königs *Karl* X.;
The girafe of King *Charles* X.) Jll.: Miche Wynants.
Bruges: Desclée de Brouwer 1961.

7 — 9

Boland, Suzanne
Capitaine Pat. (Kapitän *Pat;* Captain *Pat.)* Jll.: Josette
Boland. Bruges: Desclée de Brouwer 1953;1963.

Carême, Maurice
The lanterne magique. (Die magische Laterne; The magical
lantern.) Paris: Bourrelier, Colin 1947;1960.

Coran, Pierre
Patte blanche. (Die weisse Pfote; The white paw.)
Erbisoeul: Éd. de Cyclope 1972.

Haulot, Arthur
Douchka, la chatte. *(Douschka,* die Katze; *Doushka,* the
cat.) Jll.: Elisabeth Ivanovsky. Bruxelles: De Meyère 1970.

Le Paillot, Jean
(d.i. Georges
Van Hout)
Caroline déménage. *(Karoline* zieht um; *Caroline* moves
house.) Jll.: Florence (d.i. Marie Wabbes). Bruxelles: Éd.
ABC Jeunesse; Paris: Éd. L'École des loisirs 1969.

Mornier, Diane de
La petite arche. (Die kleine Arche; The little ark.)
Jll.: Elisabeth Ivanovsky. Bruxelles: Éd. La Renaissance
du Livre 1965.

Vermeulen, Marcel
Olivier le page. *(Olivier,* der Page; *Olivier* the page.)
Jll.: Marie Wabbes. Bruxelles: Éd. ABC Jeunesse;
Paris: Éd. L'École des loisirs 1965.

Wabbes, Marie — La baleine de Sugey. (Der Walfisch von *Sugey;* The wahle of *Sugey.)* Jll.: Marie Wabbes. Liège, Paris: Dessain et Tolra 1972.

10 – 12

Adine, France — Noël en Flandre. (Weihnachten in Flandern; Christmas in Flanders.) Jll.: Elisabeth Ivanovsky. Bruxelles: Éd. La Renaissance du Livre 1948. o.p.

Argel, Cécile de — Pampelune, chien trouvé. *(Pampelune,* der gefundene Hund; *Pampelune,* the found dog.) Jll.: Pierre Le Guen. Paris: Éd. G. P. 1966.

Bastia, France (d.i. France Van Buylaere) — Une autruche dans le ciel. (Ein Strauss am Himmel; An oistrich in heaven.) Jll.: Yolande Baurin. Gembloux: Duculot 1971.

Carême, Maurice — Contes pour Caprine. (Märchen für *Caprine;* Fairy tales for *Caprine.)* Jll.: Rita Van Bilsen. Gembloux: Duculot 1946; 1975.

Cernaut, Jean — Zone interdite. (Verbotene Zone; Forbidden zone.) Jll.: Guy Dor. Paris: Éd. La Farandole 1964;1973.

Cornelus, Henri — Miadoux. *(Miadoux.)* Jll.: Odette Collon. Bruxelles: Éd. La Renaissance du Livre 1957.

Frère, Maud — Vacances secrètes. (Geheime Ferien; Secret holidays.) Jll.: Tibor Csernus. Paris: Gallimard 1956;1968.

Hervyns, Gine Victor — Natalino. *(Natalino.)* Jll.: Colette Fovel. Bruxelles: Éd. La Renaissance du Livre 1962.

Leclercq, Gine Victor — Va comme le vent. (Schnell wie der Wind; Quick as the wind.) Jll.: Véra Braun. Paris: Bourrelier 1960.

Loiseau, Yvette — Le mur du froid. (Die Kältemauer; The wall of coldness.) Jll.: Ivon Le Gall. Paris: Hachette 1971.

Martin, Monique — Le petit ange à Bruxelles. (Der kleine Engel in Brüssel; The little angel of Brussels.) Jll.: Monique Martin. Bruxelles: Blanchart 1970.

Pirotte, Huguette — Le perroquet d'Américo. (Der Papagei des *Américo;* *Americo's parrot.)* Jll.: Bernard Ducurant. Paris: Éd. de l'Amitié, Rageot 1971.

13 – 15

Arvel, Alain — Thierry, tête de fer. *(Thierry,* der Eisenkopf; *Thierry* iron head.) Jll.: Michel Gourlier. Paris: Spes 1955.

Carême, Maurice — Brabant. (Brabant.) Jll.: Henri Malfait, Willem Van Overstraeten. Bruxelles: Éd. de l'Arcade 1967.

Claude, Robert / Sarot, Louis	Un caillou dans le soulier. (Ein Kieselstein im Schuh; A pebble in the shoe.) Tournai: Casterman 1967.	**B**
Delstanches, Christian/ Vierset, Hubert	Tu n'es pas mort à Stalingrad. (Du bist in Stalingrad nicht gestorben; You did not die in Stalingrad.) Gembloux: Duculot 1973.	
Hausman, René	Bestiaire insolite. (Ungewöhnliche Tiere; Strange animals.) Jll.: René Hausman. Marcinelle: Dupuis 1972.	
Lacq, Gil	Yermak, le conquérant. *(Jermak,* der Eroberer; *Yermak,* the conquerer.) Jll.: Jean Retailleau. Paris: Éd. G. P. 1969.	
Lambert, Fernand	La corde était coupée. (Das Seil war abgeschnitten; The rope was cut.) Paris: Laffont 1971.	
Lambert, Fernand	La guerre des gouffres. (Der Schluchtenkrieg; The war of the caves.) Paris: Laffont 1970.	
Namêche, Lucien	Contes du blé vert. (Erzählungen vom grünen Weizen; Stories of the green wheat.) Jll.: O. Kentgen-Gilson, Dryson. Bruxelles: De Meyère 1969.	
Pirotte, Huguette	L'enfer des orchidées. (Die Orchideen-Hölle; The hell of the orchids.) Gembloux: Duculot 1973.	
Raemdonck, Jean-Paul	Á L'Étoile de mer. (Auf dem "Stern des Meeres"; On the Star of the Sea.) Gembloux: Duculot 1973.	
Rosny, Joseph (d.i. Joseph Henri Honoré Boex)	La guerre du feu. (Der Feuerkrieg; The fire war.) Jll. Paris: Gautier-Languereau 1911;1965.	
Thoorens, Léon	La petite Plantin. (Der kleine *Plantin;* Little *Plantin.*) Verviers: Gérard 1961.	
Weyergans, Frans	La vie du Dr Tom Dooley. (Das Leben des Dr *Tom Dooley;* The life of Dr *Tom Dooley.)* Tournai: Casterman 1967.	

In deutscher Sprache / In German language

10 – 12

Dietl, Annelies | Der bunte Kreisel. Ein lustiges Buch für fröhliche Kinder. (The colourful top. An amusing book for gay children.) Jll.: Monika Achtelik. Eupen: Markus-Verlag 1969.

13 – 15

Dietl, Eduard | Clowns. (Clowns.) Fotos; Jll.: Achim Werner. Eupen: Markus-Verlag 1967.

Gaebert, Hans-Walter | Der Kampf um das Wasser. Die Geschichte unseres kostbarsten Rohstoffes. (The battle for the water. The history of our most precious raw material.) Jll., Fotos. Eupen: Markus-Verlag 1974.

Koenigswaldt, Hans | Es werde Licht . . . Die Entstehung der Erde und des Menschen. (Let there be light . . . The creation of the earth and men.) Jll., Fotos. Eupen: Markus-Verlag 1972.

Koenigswaldt, Hans | Lebendige Vergangenheit. Ruhmestaten grosser Archäologen. (The living past. Glorious deeds of great archeologists.) Jll., Fotos. Eupen: Markus-Verlag 1973.

Omm, Peter / Avena Rolf | Mut zum Erfolg. Leistungen mit drei goldenen Sternen. (Courage to succeed. 3 golden-starred achievements.) Jll., Fotos. Eupen: Markus-Verlag 1975.

In niederländischer Sprache / In Dutch language

3 – 6

Berger, Lina	Mijn eerste woordenboek. (Mein erstes Wörterbuch; My first dictionary.) Jll.: Simonne Baudoin. Doornik: Casterman 1956;1960.
Carême, Maurice	Vrouwtje Framboos. (Frauchen *Framboos;* Little wife *Framboos.)* Jll.: Marie Wabbes. Brugge: Angelet en Branton 1970;1971.
Galand, Paul	Hoe wonen deze dieren. – Dieren in het veld. (Wie wohnen diese Tiere. – Tiere im Feld; How do these animals live. – Animals in the field.) Jll.: Ghislaine Joos. Brugge: Angelet en Branton 1972.
Galand, Paul	Dieren in het water. (Tiere im Wasser; Animals in the water.) Jll.: Ghislaine Joos. Brugge: Angelet en Branton 1972.
Galand, Paul	Dieren in het bos. (Tiere im Wald; Animals in the wood.) Jll.: Ghislaine Joos. Brugge: Angelet en Branton 1972.
Galand, Paul	Dieren bij je thuis. (Tiere bei dir zu Hause; Animals in your home.) Jll.: Ghislaine Joos. Brugge: Angelet en Branton 1972.
Jespers, Hendrik	Koekeloere haan. *(Koekeloere,* der Hahn; *Koekeloere,* the cock.) Jll.: Gerbrand Jespers. Antwerpen: Standaard 1967.
Jespers, Hendrik	Liesje Vierkant, Pietje Rond. *(Lieselchen Quadrat* und *Peterchen Rund; Betty Square* and *Peter Round.)* Jll.: Gerbrand Jespers. Antwerpen: Standaard 1967.
Vanhalewijn, Mariette	De wijze poes van Janneke. *(Jannekes* kluge Katze; *Janneke's* clever cat.) Jll.: Jaklien Moerman. Tielt: Lannoo 1971;1972.
Vermeulen, Lo	Piet en An. *(Peter* und *Anna; Peter* and *Ann.)* Jll.: Henri Branton. Antwerpen: De Sikkel 1962;1966.

7 – 9

Jespers, Hendrik	De vuurvogel. (Der Feuervogel; The fire bird.) Jll.: Gerbrand Jespers. Antwerpen: Standaard 1967.
Lie (d.i. Lieve Weynants-Schatteman)	Prins Oeki-Loeki en Esmeralda. *(Prinz Oeki-Loeki* und *Esmeralda;* Prince *Oeki-Loeki* and *Esmeralda.)* Jll.: Lie (d.i. Lieve Weynants-Schatteman). Tielt: Lannoo 1970.

Matthijs, Marcel	Koen de trol. *(Koen,* der Troll; *Koen,* the hobglobin.) JIl.: André Deroo. Antwerpen: De Sikkel 1967.
Singh, Lieve	De nachtegaal van de duizend verhalen. (Die Nachtigall der 1000 Erzählungen; The nightingale of the 1000 tales.) Lier: Van In 1969.
Staes, Guido	De laatsten van het regiment. (Die Letzten des Regiments; The last of the regiment.) JIl.: Herman Denkens. Hasselt: Heideland 1969.
Staes, Guido	Tjilp en Wiebeltje. *(Tjilp* und *Wiebeltje; Tjilp* and *Wiebeltje.)* JIl.: Ghis. Tielt: Lannoo 1972.
Vanhalewijn, Mariette	Simon in het vergeten straatje. *(Simon* in dem vergessenen Gässchen; *Simon* in the forgotten alley.) JIl.: Jaklien Moerman. Tielt: Lannoo 1971;1972.

10 – 12

Briels, Jo	Venetië bedreigd! *(Venedig* ist bedroht; *Venice* is menaced!) Lier: Van In 1970.
Claes, Ernest	De Witte. (Der Weisse; The White.) JIl.: Felix Timmermans. Brussel: D.A.P.—Reinaert 1920;1972.
Cleemput, Gerda van	Serafientje. *(Serafinchen;* Little *Serafin.)* JIl.: Mon van Dijck. Averbode: Altiora 1970.
Conscience, Hendrik	De leeuw van Vlaanderen. (Der Löwe von *Flandern;* The lion of *Flanders.)* JIl.: Edward Dujardin. Brussel: D.A.P.— Reinaert 1838;1971.
Lie (d.i. Lieve Weynants-Schatteman)	Het meisje Sandrien. (Das Mädchen *Sandrien;* The girl *Sandrien.)* JIl.: Lie (d.i. Lieve Weynants-Schatteman.) Lier: Van In 1969.
Moenssens, Godelieve	Sprookjes. (Märchen; Fairy tales.) JIl.: Paula VandeWalle. Brecht: De Roerdomp 1969;1970.
Nerum, Albert van	Reintje, Roodbaardje en Geelstaartje. *(Reineke, Rotbärtchen* und *Gelbschwänzchen; Reynard, Redbeard* and *Yellow Tail.)* JIl.: Ivo Queeckers. Antwerpen: De Branding 1957.
Soetaert, Mirjam	Sprookjes en legenden uit Vietnam. (Märchen und Sagen aus *Vietnam;* Tales and legends from *Vietnam.)* JIl.: Ruud Nelissen. Schelle: De Goudvink 1970.
Staes, Guido	Het meisje met de zonnehoed. (Das Mädchen mit dem Sonnenhut; The girl with the sun hat.) JIl.: Herman Denkens. Hasselt: Heideland 1968.
Waegemans, Yvonne	Wang de wijze. *(Wang* der Weise; *Wang* the wise.) JIl.: Henri Branton. Hasselt: Heideland-Orbis 1972.
Willems, Lieve	Samen een verkeersboek maken. (Zusammen ein Buch über den Verkehr machen; Let's make a book about traffic together.) JIl.: Herman Denkens. Tielt: Lannoo 1971;1972.

Albe (d.i. Renaat Antoon Joosten)	De jonge Odysseus. (Der junge *Odysseus;* The young *Odysseus.)* Jll.: Paul Voet. Hasselt: Heideland-Orbis 1967.
Bovee, Jules	Jeugdomnibus van sagen en legenden. (Sammlung von Sagen und Legenden für die Jugend; A collection of tales and legends for the young.) Jll.: Wim van Beers, Stef van Stiphout. Antwerpen: Standaard 1971;1972.
Camp, Gaston van	Livia van Rome. *(Livia* aus *Rom; Livia* from *Rome.)* Jll.: Stef van Stiphout. Antwerpen: Standaard 1972.
Camp, Gaston van	Twee jongens voor één wolvinnetje. (2 Jungen für eine Wölfin; 2 boys for one shewolf.) Jll.: Stef van Stiphout. Antwerpen: Standaard 1968.
Hemeldonck, Emiel van	Avonturen van een scheepsjongen. (Die Abenteuer eines Schiffsjungen; The adventures of a cabin-boy.) Jll.: Lode Mols. Averbode: Altiora 1970.
Hemeldonck, Emiel van	Het spookschip. (Das Gespensterschiff; The ghost ship.) Jll.: Mon van Dijck. Averbode: Altiora 1970.
Marcke, Leen van (d.i. Madeleine Suzanne Eugenie Peeters-van Marcke)	Jeugdomnibus. (Geschichten-Sammlung für die Jugend; Story collection for the youth.) Jll.: May Néama. Hoorn: Kinheim 1968;1972.
Meyer, Maurits de	Het Vlaamse sprookjesboek. (Das flämische Märchenbuch; The book of Flemish fairy tales.) Jll.: Lutgart de Meyer. Antwerpen: Standaard 1951;1973.
Nerum, Albert van	Gevederde slang. *(Gefiederte Schlange; Feathered Snake.)* Jll.: Hilde Maes. Antwerpen: Standaard 1963;1971.
Nerum, Luk van	Gunnar en het bergmeisje. *(Gunnar* und das Bergmädchen; *Gunnar* and the mountain girl.) Jll.: Stef van Stiphout. Antwerpen: Standaard 1971.
Struelens, René	Jeugdomnibus. (Geschichten-Sammlung für die Jugend; Story collection for the youth.) Jll.: Stef van Stiphout. Antwerpen: Standaard 1973.
Struelens, René	Naalden voor de farao. *(Naalden* vor dem Pharao; *Naalden* before the Pharaoh.) Jll.: Stef van Stiphout. Antwerpen: Standaard 1971.
Struelens, René	Vlucht langs de Anapoer. (Flucht entlang der *Anapoer;* Flight along the *Anapoer.)* Jll.: Stef van Stiphout. Antwerpen: Standaard 1971.
Verleyen, Cyriel	De boodschap van de onzichtbare. (Die Botschaft des Unsichtbaren; The message of the invisible.) Lier: Van In 1973.

BULGARIEN / BULGARIA

In bulgarischer Sprache / In Bulgarian language

3 – 6

Bosev, Asen	Ne pravete kato tjah, da ne stavate za smjah. (Macht es nicht wie sie, damit ihr nicht zum Spott werdet; Do not imitate them, or you may become the laughing-stock.) Jll.: Cvetan Cekov-Karandaš. Sofija: Bŭlgarski pisatel 1953;1970.
Čičo, Stojan (d.i. Popov, Stojan)/ Kalčev, Con'o	Prozorče kŭm minaloto. (Ein Fensterchen zur Vergangenheit; A small window to the past.) Jll.: Vladimir Korenev. Sofija: Bŭlgarski chudožnik 1973.
Gabe, Dora	Za nas malkite. (Für uns, die Kleinen; For us, the small.) Jll.: Kančo Kanev. Sofija: Bŭlgarski pisatel 1954;1973.
Gabe, Dora	Za vsički dečica. (Für alle Kinderlein; For all the small children.) Jll.: Mana Parpulova. Sofija: Bŭlgarski pisatel 1969;1973.
Mileva, Leda	Cvetni prikazki. (Blumenmärchen; Tales of flowers.) Jll.: Borislav Stoev. Sofija: Bŭlgarski pisatel 1969.
Ognjanova, Elena	Djado, baba i vnuče. (Opa, Oma und das Enkelchen; Granddad, Grandma and the grandchild.) Jll.: Mara Parapulova. Sofija: Bŭlgarski pisatel 1971.
Ran Bosilek (d.i. Genčo Stančev Negencov)	Patilansko carstvo. (Das Reich des Knaben *Patilan;* The kingdom of the boy *Patilan.*) Jll.: Stojan Anastasov. Sofija: Bŭlgarski chudožnik 1927;1972.
Vazov; Ivan	Sinijat sinčec. (Die blaue Kornblume; Blue cornflower.) Jll.: Mira Jovčeva. Sofija: Narodna mladež 1883;1970.

7 – 9

Angelov, Cvetan	Pisana rakla. Stichove za deca. (Die bunte Kiste. Gedichte für Kinder; The motley chest. Poems for children.) Jll.: Nikolaj Stojanov. Sofija: Bŭlgarski pisatel 1972.
Gabe, Dora	Prez našite očički. (Durch unsere Äuglein; Through our eyes.) Jll.: Neva Tuzsuzova. Sofija: Narodna mladež 1962.
Kalina-Malina (d.i. Rajna Radeva-Mitova)	Naj-blizkijat prijatel na Kolja. *(Koljas bester Freund; Kolja's* closest friend.) Jll.: Georgi Trifonov. Sofija: Bŭlgarski pisatel 1972.

Karalijčev, Angel	Bŭlgarski narodni prikazki. (Bulgarische Volksmärchen; Bulgarian folk tales.) Jll.: Aleksandŭr Denkov. Sofija: Narodna mladež 1948;1971.	**BG**
Konstantinov, Konstantin	Prikazki za tebe. (Märchen für dich; Stories for you.) Jll.: Ivan K'osev. Sofija: Narodna mladež 1972.	
Mileva, Leda	Po pŭtečkita na dŭgata. (Auf dem Weg des Regenbogens; On the rainbow's road.) Jll.: Todor Dinov. Sofija: Narodna mladež 1964.	
Minkov, Svetoslav	Prikazki. (Märchen; Tales.) Jll.: Asen Starejšinski. Sofija: Bŭlgarski pisatel 1971.	
Ran Bosilek (d.i. Genčo Stančev Negencov)	Kose bose. (Barfüssige Amsel, Barefooted blackbird.) Jll.: Ivan Kirkov. Sofija: Narodna mladež 1923;1971.	
Ran Bosilek (d.i. Genčo Stančev Negencov)	Nerodena moma. (Das ungeborene Mädchen; The unborn maid.) Jll.: Georgi Atanasov. Sofija: Narodna mladež 1933;1970.	
Srebrov, Zdravko	Malka povest za ptičeto, semkata i mladata kruška. (Kleine Erzählung vom Vögelchen, Kern und jungen Birnbaum; The little tale of the small-bird, the kernel, and the young pear-tree.) Jll.: Borislav Stoev. Sofija: Narodna mladež 1963.	
Stanev, Emilijan	Černiška. (*Černiška* = Fuchs.) Jll.: Ivan K'osev. Sofija: Narodna mladež 1950;1967.	

10 – 12

Angelov, Cvetan	Zlatni detski dni. (Die goldenen Tage der Kindheit; The golden days of childhood.) Jll.: Stojan Anastasov. Sofija: Narodna mladež 1960;1972.
Bosev, Asen	Izbrani proizvedenija. (Gesammelte Werke; Collected works.) Jll.: Aleksandŭr Popilov. Sofija: Bŭlgarski pisatel 1963.
Dičev, Stefan	Rali. *(Rali.)* Jll.: Liljana Dičeva. Varna: Dŭržavne izdatel'stvo 1969.
Elin Pelin (d.i. Dimitŭr Jvanov)	Jan Bibijan. *(Jan Bibijan.)* Jll.: Radoslav Marinov. Sofija: Narodna mladež 1933;1969.
Kalčev, Kamen	Loši momčeta. (Böse Buben; Naughty boys.) Jll.: Ivan Gazdov. Sofija: Narodna mladež 1973.
Karaslavov, Georgi	Orlov kamŭk. (Der Stein des Adlers; The eagle's stone.) Jll.: Nikola Mirčev. Sofija: Narodna mladež 1946;1974.
Radičkov, Jordan	Nie, vrabčetata. (Wir, die Spätzchen; We, the sparrows.) Jll.: Jordan Radičkov. Sofija: Narodna mladež 1970.

Zidarov, Nikolaj   Detski nebesa. (Das Himmelreich der Kinder; The   **BG**
                    children's kingdom of heaven.) Jll.: Ljubomir Zidarov.
                    Sofija: Narodna kultura 1967.

13 – 15

Daskalov,   Moite učenici. (Meine Schüler; My students.)
 Stojan Cekov   Jll.: Todor Panajotov. Sofija: Narodna mladež 1970.

Daskalov,   Pŭrva družba. (Die erste Freundschaft; The first friend-
 Stojan Cekov   ship.) Jll.: Milka Pejkova, Georgi Kovačev. Sofija: Narodna
                    kultura 1957;1967.

Davidkov, Ivan   Dalečnite brodove. (Weite Furten; Distant fords.)
                    Jll.: Stan'o Zelev. Sofija: Narodna mladež 1973.

Gabe, Dora   Majka Paraškeva. (Mutter *Paraškeva;* Mother *Paraškeva.)*
                    Mit Fotos. Sofija: Narodna mladež 1971;1972.

Jovkov, Jordan   Staroplaninski legendi. (Legenden aus den Bergen des
                    Balkans; Legends from the Balkan Mountains.)
                    Sofija: Bŭlgarski pisatel 1956.

Kalčev, Kamen   Pri izvor na života. (An der Lebensquelle; At the well of
                    life.) Sofija: Bŭlgarski pisatel 1966.

Pavlov, Anastas   Kapitanŭt. (Der Kapitän; The captain.)
                    Jll.: Ljuben Dimanov. Sofija: Narodna mladež 1967.

Vazov, Ivan   Roden kraj. (Die Heimat; Country homeland.)
                    Jll.: Christo Nejkov, Boris Angelušev.
                    Sofija: Narodna mladež 1955.

Ivan Kirkov in Ran Bosilek: Kose bose

In portugiesischer Sprache / In Portuguese language

3 — 6

Albuquerque, Irene	Uma vez um homem, uma vez um gato. (Es war einmal ein Mann, es war einmal eine Katze; Once a man, once a cat.) Jll.: Eliardo França. Rio de Janeiro: Conquista 1974.
Ayala, Walmir	A pomba da paz. (Die Friedenstaube; The pigeon of peace.) Jll.: Gian Calvi. São Paulo: Melhoramentos 1974.
Benedetti, Lúcia	Noé e o homem teimoso. *(Noah* und der starrköpfige Mann; *Noah* and the stubborn man.) Jll.: Rodrigues. Petrópolis: Vozes 1967;1968. o.p.
Franca, Edgard	Quem. (Wer; Who.) Jll.: Vera Rodrigues Mattos. Rio de Janeiro: Cadernos Didáticos 1968;1974.
França, Eliardo	O cavalinho de vento. (Das Windpferdchen; The wind's little horse.) Jll.: Eliardo França. Rio de Janeiro: Conquista 1972.
França, Eliardo	O rei de quase tudo. (Der König von fast allen Dingen; The king of almost everything.) Jll.: Eliardo França. Rio de Janeiro: Orientação Cultural 1974.
Mazzetti, Maria	Entrou por uma porta e saiu pela outra. (In eine Tür hinein und aus der anderen heraus; It came in through one door and went out the other.) Jll.: Evilimar Macena de Oliveira. Rio de Janeiro: Cadernos Didáticos 1972.
Mazzetti, Maria	Rente que nem pão quente. (So nahe wie möglich; As near as possible.) Jll.: Maria Amélia Dutra Serpa. Rio de Janeiro: Ao Livro Técnico 1969.
Saldanha, Paula Werneck	Tuc-tuc. *(Tuc-tuc.)* Jll.: Paula Werneck Saldanha. Rio de Janeiro: Primor 1972.
Santos, João Felício dos	Zag, Zeg, Zig no espaço. *(Zag, Zeg, Zig* in der Atmosphäre; *Zag, Zeg, Zig* in the space.) Jll.: Gian Calvi. Rio de Janeiro: Expressão e Cultura 1967.
Yolanda, Regina	O Papa-Tudo. (Ein gefrässiger Mensch; The glutton.) Jll.: Regina Yolanda. Rio de Janeiro: Primor 1972.
Yolanda, Regina	O siri Patola. (Der Krebs *Patola;* The crab *Patola.*) Jll.: Regina Yolanda. Rio de Janeiro: Ao Livro Técnico 1969.
Ziraldo (d.i. Alves Pinto)	Flicts. *(Flicts.)* Jll.: Ziraldo (d.i. Alves Pinto). Rio de Janeiro: Expressão e Cultura 1969;1970.

Almeida, Fernanda Lopes de	A fada que tinha idéias. (Die Fee hat Einfälle; The fairy who had ideas.) Jll.: Elvira Vigna. Rio de Janeiro: Bonde 1971.
Almeida, Fernanda Lopes de	Soprinho. (Ein kurzer Hauch; A light breath.) Jll.: Liana Paola Rabioglio. São Paulo: Melhoramentos 1971;1974.
Dupré, Maria José Fleury Monteiro	O cachorrinho Samba. (Das Hündchen Samba; The little dog Samba.) Jll.: Nico Rosso. São Paulo: Ática 1945;1975.
Dupré, Maria José Fleury Monteiro	A mina de ouro. (Die Goldmine; The golden mine.) Jll.: Nico Rosso. São Paulo: Ática 1946;1975.
Figueiredo, Guilherme	Pedrinho e Teteca. (Peterchen und Teteca; Little Peter and Teteca.) Jll.: Miguel Mascarenhas. Rio de Janeiro: Expressão e Cultura 1968.
Fontes, Ofélia/ Fontes, Narbal	O espírito do sol. (Der Sonnengeist; The spirit of the sun.) Jll.: Oswaldo Storni. São Paulo: Melhoramentos 1946;1968.
Giacomo, Maria Thereza Cunha de	Rique-Roque, o ratinho sonhador. (Rique-Roque, die träumende Maus; Rique-Roque, the dreaming mouse.) Jll.: Darcy Penteado. São Paulo: Melhoramentos 1956;1974.
Lobato, José Bento Monteiro	Caçadas de Pedrinho. (Peterchens Jagden; Pedrinho's hunting.) Jll.: Manuel Victor Filho. São Paulo: Brasiliense 1946;1975.
Lobato, José Bento Monteiro	O saci. (Der Satte; The surfeited.) Jll.: Manuel Victor Filho. São Paulo: Brasiliense 1921;1975.
Machado, Maria Clara	O cavalinho azul. (Das blaue Pferdchen; The little blue horse.) Jll.: Maria Louise Nery. Rio de Janeiro: Bruguera 1969; 1973.
Machado, Maria Clara	Pluft, o fantasminha. (Pluft, das kleine Gespenst; Pluft, the little ghost.) Jll.: Anna Letycia. Rio de Janeiro: Bruguera 1970.
Meireles, Cecília	Poesias. Ou isto ou aquilo e inéditos. (Gedichte. Dies oder das und Unveröffentlichtes; Poems. This or that and unpublished works.) Jll.: Rosa Frisoni. São Paulo: Melhoramentos 1964;1972.
Sales, Herberto	O sobradinho dos pardais. (Die Villa der Spatzen; The chalet of the sparrows.) Jll.: Gioconda Uliana Campos. São Paulo: Melhoramentos 1969;1974.
Salvi, Nina (d.i. Noêmia de Salvo Souza)	Ana Lúcia no país das fadas. (Ana Lucia im Feenland; Ana Lucia in fairyland.) Jll.: Gioconda Uliana Campos. São Paulo: Melhoramentos 1953;1971.

Almeida, Lúcia Machado de	Aventuras de Xisto. *(Xistos* Abenteuer; *Xisto's* adventures.) Jll.: Lila Galvão Figueiredo. São Paulo: Brasiliense 1968;1975.
Barros jr, Francisco de	Três garotos em férias no rio Tietê. (3 Jungen in Ferien beim Fluss *Tietê;* 3 boys in vacation by the river *Tietê.*) Jll.: Oswaldo Storni. São Paulo: Melhoramentos 1951;1973.
Corrêa, Viriato	Cazuza. *(Cazuza.)* Jll.: Renato Silva. São Paulo: Nacional 1938;1974.
Dornelles, Leny Werneck	O velho que foi embora. (Der alte Mann der davonging; The old man who went away.) Jll.: Regina Yolanda. Rio de Janeiro: Expressão e Cultura 1974.
Fontes, Ofélia	Heróis da comunidade mundial. (Helden der Welt; Heroes of the world community.) Jll.: Anilceu Cosendey. Rio de Janeiro: Expressão e Cultura 1972.
Fontes, Ofélia/ Fontes, Narbal	O gigante de botas. (Der Riese in Stiefeln; The giant in boots.) Jll.: Milton Rodrigues Alves. São Paulo: Ática 1974.
Jardim, Luís	O boi Aruá. **(**Der Ochse *Aruá;* The ox *Aruá.)* Jll.: Luís Jardim. Rio de Janeiro: Olympio 1940;1975.
Jordão, Vera Pachece	Uma noite no jardim zoológico. (Eine Nacht im Zoo; One night at the zoo.) Jll.: Maria Louise Nery. Rio de Janeiro: Olympio 1971.
Lobato, José Bento Monteiro	A chave do tamanho. (Der verzauberte Schlüssel; The enchanted key.) Jll.: André Le Blanc. São Paulo: Brasiliense 1942;1973.
Lobato, José Bento Monteiro	Reinaçoes de Narizinho. *(Königreiche* von *Narizinho;* Kingdoms of *Narizinho.)* Jll.: Manuel Victor Filho. São Paulo: Brasiliense 1921; 1973.
Lobato, José Bento Monteiro	Viagem ao céu. (Reise in den Himmel; Trip to the sky.) Jll.: Manuel Victor Filho. São Paulo: Brasiliense 1945;1975.
Marins, Francisco	A aldeia sagrada. (Das heilige Dorf; The holy village.) Jll.: Oswaldo Storni. São Paulo: Melhoramentos 1953;1974.
Mott, Odette de Barros	Aventuras do escoteiro Bila. (Abenteuer des Pfadfinders *Bila;* Adventures of the boy scout *Bila.)* Jll.: Flávio Tâmbalo. São Paulo: Brasiliense 1964;1975.
Nunes, Lygia Bojunga	Os colegas. (Die Kameraden; The comrades.) Jll.: Gian Calvi. Rio de Janeiro: Sabiá 1975.

Maria Louise Nery in M. C. Machado: O cavalinho azul

Acauan, Antônio	Uma aventura no tempo de Nassau. (Ein Abenteuer in der Zeit *Nassaus;* An adventure in the time of *Nassau.)* Jll.: Juvenal da Silva Ramos. São Paulo: Melhoramentos 1969. o.p.
César, Camilla Cerqueira	Tonzeca, o calhembeque. (*Tonzeca,* das Auto; *Tonzeca,* the car.) Jll.: Marie Heloisa Penteado. São Paulo: Melhoramentos 1972;1975.
Leal, Isa Silveira	O menino de Palmarés. (Der Junge aus *Palmares;* The boy from *Palmares.)* Jll.: Tom Lucas. São Paulo: Brasiliense 1968;1975.
Lima, Edy Maria Dutra da Costa	A vaca voadora. (Die fliegende Kuh; The flying cow.) Jll.: Jayme Cortez. São Paulo: Melhoramentos 1972;1974.
Lisboa, Henriqueta	Poemas para a infância. (Gedichte für Kinder; Poems for children.) Rio de Janeiro: Ouro 1971.
Lobato, José Bento Monteiro	O minotauro. (Der Minotaurus; The minotaur.) Jll.: Manuel Victor Filho. São Paulo: Brasiliense 1939;1973.
Marins, Francisco	Viagem ao mundo desconhecido. (Reise in die unbekannte Welt; Trip to the unknown world.) Jll.: Oswaldo Storni. São Paulo: Melhoramentos 1951;1974.
Miramontes, Haroldo Prestes	O medalhão de ouro. (Die goldene Medaille; The golden medal.) Jll.: Gioconda Uliana Campos. São Paulo: Melhoramentos 1969.
Morley, Helena (d.i. Alice Caldeira Brant)	Minha vida de menina. (Mein Leben als Mädchen; My life as a girl.) Rio de Janeiro: Olympio 1941;1973.
Mott, Odette de Barros	Justino, o retirante. *(Justino,* der stille Mensch; *Justino,* the quiet man.) Jll.: Lila Galvão Figueiredo. São Paulo: Brasiliense 1970;1974.
Ribeiro, Jannart Moutinho	O circo. (Der Zirkus; The circus.) Jll.: Oswaldo Storni. São Paulo: Melhoramentos 1962;1971.
Sampaio, Juvenil	O estranho vizinho. (Der seltsame Nachbar; The strange neighbor.) Rio de Janeiro: Agir 1971.
Silva, João Carlos Marinho	O gênio do crime. (Die Kraft des Verbrechens; The genius of the crime.) Jll.: Alice Prado. São Paulo: Brasiliense 1970.

In englischer Sprache / In English language

10 – 12

Josiah, Henry W.	Makonaima returns. *(Makonaima* kehrt zurück.) JII.: Margaret Thornton. Georgetown: Daily Chronicle 1966.
King, Sheila u. a.	Stories from Guyana. (Erzählungen aus Guyana.) JII.: Margaret Thornton, Bernard Brown. Georgetown: Daily Chronicle 1967.

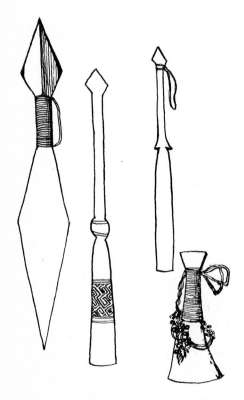

Margaret Thornton in H. W. Josiah: Makonaima returns

In birmesischer Sprache / In Burmese language

10 – 12

Gayetni	Doe-khit-Thu-ye Gaung. (Ein Held unserer Zeit; A hero of our time.) Jll.: Tin Hla Win. Rangoon: Aung Thu-ri-ya Book House 1968.
Gayetni	Khit-thit Pon-wuthtu Myar. (Moderne Erzählungen; Modern short stories.) Jll.: San Toe, Myo Nyunt. Rangoon: Pagan Publishing House 1966.
Gayetni	Kin-Dauk Ye-baw Galay Myar. (Junge Pfadfinder; Young scouts.) Jll.: Maung Sein. Rangoon: Sarpay Beikman Management Board 1968.
Kun Zaw	Maung Nyi Nyi Ei Pon-wuthtu To Myar. *(Maung Nyi Nyi* und andere Erzählungen; *Maung Nyi Nyi* and other stories.) Jll.: Hla Sein. Rangoon: Sarpay Beikman Management Board 1971.
Kun Zaw	Wa Toke Hnint A-Char Pon-wuthtu To Myar. *(Wa Toke* und andere Erzählungen; *Wa Toke* and other stories.) Jll.: Ko Lay. Rangoon: Tha Zin Ni Book House 1970.
Ludu U Hla	Myan-ma Pon-pyin Myar. (Birmanische Märchen; Burmese tales.) Jll.: U Aung Chit. Mandalay: Kyi Pwar Ye Publishing House 1965.
Nu Yin	Aung Naing Thu Pon Pyin Myar. (Die Märchen des Siegers; The tales of the victor.) Jll.: Nyo Hla. Rangoon: Thint Ba Wa Book House 1965.)
Tekkatho Maung Maung Swe	Tet Nay Chi Wun Ta Hmya. (Gleich der erwachenden Sonne; Like the rising sun.) Jll.: U Hla Sein. Rangoon: Sarpay Beikman Management Board 1968.
Than Pe Myint	A-Myar A-Kyoe Saung Pon-pyin Myar. (Erzählungen der Selbstlosigkeit; Stories of altruism.) Jll.: Khit Tun. Rangoon: Moe-Phy Book House 1966.

13 – 15

Tekkatho Maung Maung Swe	Pay Toe. *(Pay Toe.)* Rangoon: She-pye Book House 1969.

3 – 6

Blades, Ann — Mary of mile 18. *(Maria* von Meile 18.) Jll.: Ann Blades. Montreal: Tundra Books 1971.

Newfeld, Frank (Red.) — The princess of Tomboso. A fairy tale in pictures. (Die Prinzessin von *Tomboso.* Ein Märchen in Bildern.) Jll.: Frank Newfeld. Toronto: Oxford University Press 1960.

Toye, William — How summer came to Canada. (Als der Sommer nach Kanada kam.) Jll.: Elizabeth Cleaver. Toronto: Oxford University Press 1969.

7 – 9

Evans, Robert — Song to a seagull. A book of Canadian folksongs and poems. (Lied für eine Möwe. Ein Buch kanadischer Volkslieder und Gedichte.) Jll.: Peggy Steele. Toronto: Ryerson Press

Grey Owl (Wa-Sha-Quon-Asin, d.i. George Stansfeld Belaney) — The adventures of Sajo and her beaver people. (Die Abenteuer von *Sajo* und ihrem Bibervolk.) Jll.: Grey Owl (d.i. George Stansfeld Belaney.) Toronto: Macmillan; London: Davies 1935;1966.

Hill, Kathleen Louise — Glooscap and his magic. Legends of the Wabanaki Indians. *(Glooscap* und sein Zauber. Sagen der Wabanaki-Indianer.) Jll.: Robert Frankenberg. Toronto: McClelland & Stewart 1963.

Houston, James Archibald — Tikta'liktak. An Eskimo legend. *(Tikta'liktak.* Eine Eskimosage.) Jll.: James Archibald Houston. Don Mills, Ontario: Longmans; New York: Harcourt, Brace and World 1965.

Houston, James Archibald — The white archer. An Eskimo legend. (Der weisse Bogenschütze. Eine Eskimosage.) Jll.: James Archibald Houston. Don Mills, Ontario: Longman; New York: Harcourt, Brace, Jovanovich 1967.

Reid, Dorothy Marion (Gordon) — Tales of Nanabozho. (Erzählungen von *Nanabozho.)* Jll.: Donald Grant. Toronto: Oxford University Press 1963.

Toye, William — Cartier discovers the St. Lawrence. *(Cartier* entdeckt den *St.-Lawrence-Strom.)* Jll.: Lazlo Gal. Toronto: Oxford University Press 1970;1971.

Boswell, Hazel de Lotbinière	French Canada. Pictures and stories of old Quebec. (Das französische Kanada. Bilder und Geschichten vom alten Quebec.) Jll.: Hazel de Lotbinière Boswell. Toronto: McClelland & Stewart 1938;1967.
Caswell, Helen	Shadows from the singing house. Eskimo folk tales. (Schatten des singenden Hauses. Volkserzählungen der Eskimo.) Jll.: Robert Mayokok. Edmonton: Hurtig 1968.
Clutesi, George	Son of Raven, Son of Deer. Fables of the Tse-shat people. *(Sohn des Raben, Sohn des Hirsches.* Fabeln des Tse-shat-Volks.) Jll.: George Clutesi. Sidney, British Columbia: Gray 1967;1968.
Downie, Mary Alice / Robertson, Barbara	The wind has wings. Poems from Canada. (Der Wind hat Flügel. Gedichte aus Kanada. Jll.: Elizabeth Cleaver. Toronto: Oxford University Press; New York: Walck 1968; 1970.
Fowke, Edith Margaret (Fulton) / Mills, Alan (d.i. Albert Miller)	Canada's story in song. (Kanadas Geschichte im Lied.) Jll.: Leo Rampen. Toronto: Gage 1962.
Melzack, Ronald	Raven creator of the world. Eskimo legends. (Der Rabe, Schöpfer der Welt. Eskimosagen.) Jll.: Lazlo Gal. Toronto, Montreal: McClelland & Stewart 1970.
Mowat, Farley McGill	Lost in the Barrens. (Verloren in den Tundren.) Jll.: Charles Geer. Boston, Toronto: Little, Brown 1956.
Nichols, Ruth	A walk out of the world. (Ein Gang hinaus aus der Welt.) Jll.: Trina Schart Hyman. Toronto: Longmans Canada 1969.
Rasmussen, Knud (Red.)	Beyond the high hills. A book of Eskimo poems. (Jenseit der hohen Berge. Ein Buch Eskimogedichte.) Fotos: Guy Mary-Rousselière. Cleveland, New York, Toronto: World 1961;1972.
Wilkinson, Douglas Earl	Sons of the Arctic. (Söhne der Arktis.) Jll.: Prudence Seward. Toronto: Clarke, Irwin; London: Bell 1965.

13 – 15

Cutt, William Towrie	On the trail of Long Tom. (Auf *Long Toms* Weg.) Toronto: Collins 1970.
Haig-Brown, Roderick Langmere Haig	Starbuck Valley winter. (Winter im *Starbuck*tal.) Jll.: Charles DeFoe. Toronto: Collins 1943;1957.

Haig-Brown, Roderick Langmere Haig	The Whale People. (Das Walvolk.) Jll.: Mary Weiler. Don Mills, Ontario: Longmans; London: Collins 1962.	**CA**
Lewis, Richard (Red.)	I breathe a new song. Poems of the Eskimo. (Ich atme ein neues Lied. Eskimogedichte.) Jll.: Oonark. New York: Simon & Schuster 1971.	
Roberts, Sir Charles George Douglas	Red Fox. *(Roter Fuchs.)* Jll.: Charles Livingston Bull. Hrsg.: Ethel Hume Bennet. Toronto: Ryerson Press 1948; Boston: Houghton Mifflin 1972.	
Seton, Ernest Thompson	Wild animals I have known. (Wilde Tiere, die ich gekannt habe.) Jll.: Ernest Thompson Seton. New York: Scribner 1898;1965.	
Takashima, Shizuye	A child in prison camp. (Ein Kind im Gefangenenlager.) Montreal: Tundra Books 1971.	

IROQUOIS FALSE FACE MASK

EASTERN

James Houston in: Songs of the dream people

52

In französischer Sprache / In French language

3 – 6

Beaulac, Simone	Compti-compta. Comptines et rimettes. *(Compti-compta.* Aufzählverse und Kinderreime; Counting and nursery rhymes.) Jll.: Simone Beaulac. Québec: Éd. Jeunesse 1962.
Beaulac, Simone	Gai Patapon. Comptines, rimettes et chansonnettes. (Der fröhliche *Patapon.* Aufzählverse, Kinderreime und kleine Lieder; The jolly *Patapon.* Counting, nursery rhymes and little songs.) Jll.: Simone Beaulac. Québec: Éd. Jeunesse 1964;1965.
Beaulac, Simone	Pompi Pompette. Exercises de prononciations, rimettes et chansonnettes. *(Pompi Pompette.* Zungenbrecher, Kinderreime und kleine Lieder; Tongue-twisters, nursery rhymes and little songs.) Jll.: Simone Beaulac. Québec: Éd. Jeunesse 1964;1965.
Corriveau, Monique	Cécile. *(Cécile.)* Jll.: Marie-Noël Corriveau. Québec: Éd. Jeunesse 1968.
Gagnon, Cécile	La pêche à l'horizon. (Der Fischfang am Horizont; The fishing on the horizon.) Jll.: Cécile Gagnon. Québec: Éd. du Pélican 1961.
Gagnon, Cécile (Hrsg.)	Pipandor. Formulettes de notre folklore. *(Pipandor.* Beispiele aus unserer Volksüberlieferung; Little examples from our folklore.) Jll.: Cécile Gagnon. Québec: Éd. Jeunesse 1962.
Major, Henriette	Un drôle de petit cheval bleu. (Das spassige blaue Pferdchen; The funny little blue horse.) Jll.: Guy Gaucher. Montréal: Centre de Psychologie et de Pédagogie 1967.
Major, Henriette	La surprise de Dame Chenille. (Die Überraschung der *Hässlichen Dame;* The surprise of the *Ugly Lady.)* Jll.: Claude Lafortune. Fotos: Jean-Louis Frund. Montréal: Centre de Psychologie et de Pédagogie 1970.
Roussan, Jacques de	Au-delà du soleil. (Jenseit der Sonne; Beyond the sun.) Jll.: Jacques de Roussan. Montréal: Livres Toundra 1972.
Uguay, Huguette	Dis-nous quelque chose. (Sag uns etwas; Tell us something.) Jll.: Normand Hudon. Montréal: Beauchemin 1961;1964.
Vallerand, Claudine	Les animaux fantasques. (Die wunderlichen Tiere; The fantastic animals.) Jll.: Hubert Blais. Montréal: Éd. Fides 1963.

Aubry, Claude	Les îles du roi Maha Maha II. Conte fantaisiste canadien. (Die Inseln des Königs *Maha Maha* II. Fantastische Erzählung aus Kanada; The islands of king *Maha Maha* II. Phantastic story from Canada.) Jll.: Édouard Perret. Québec: Éd. du Pélican 1960.
Aubry, Claude	Le loup de Noël. (Der Weihnachtswolf. The Christmas wolf.) Jll.: Édouard Perret. Montréal: Centre de Psychologie et de Pédagogie 1944;1962.
Chabot, Cécile	Contes du ciel et de la terre. (Märchen vom Himmel und von der Erde; Tales from heaven and earth.) Bd 1–3. Jll.: Cécile Chabot. Montréal: Beachemin 1943–1944;1962.
Deguire-Morris, Céline	Tarina, la perle timide. *(Tarina,* die furchtsame Perle; *Tarina* the timid pearl.) Montréal: Centre de Psychologie et de Pédagogie 1963.
Durand, Lucile	Koumic, le petit esquimau. *(Koumic,* der kleine Eskimo; *Koumic* the little Eskimo.) Jll.: Jean Letarte. Montréal: Centre de Psychologie et de Pédagogie 1964.
Durand, Lucile	Togo, apprenti-remorqueur. *(Togo,* der Schlepper-Neuling; *Togo* the new barge.) Jll.: Jean Letarte. Montréal: Centre de Psychologie et de Pédagogie 1965.
Fortier-Lépine, Colette	Les contes du Loriot. (Die Erzählungen der *Goldamsel;* The tales from the *Oriole.)* Jll.: Marc Harvey. Montréal: Centre de Psychologie et de Pédagogie 1963.
Gagnon, Cécile	Martine aux oiseaux. (Vogel-*Martina; Martina* of the birds.) Jll.: Cécile Gagnon. Québec: Ed. du Pélican 1967.
Joly, Richard	Piquette et Piquet. *(Piquette* und *Piquet.)* Jll.: Serge Locas. Montréal: Centre de Psychologie et de Pédagogie 1962.
Martel, Suzanne	Lis-moi la baleine. (Lies mir vom Walfisch; Read me about the whale.) Jll.: Eric Martel. Québec: Éd. Jeunesse 1966.
Vincent-Fumet, Odette	Cric, l'écureuil. *(Cric,* das Eichhörnchen; *Cric* the squirrel.) Jll.: Odette Vinzent-Fumet. Montréal: Centre de Psychologie et de Pédagogie 1963.
Vincent-Fumet, Odette	Touf, le renardeau. *(Touf,* das Füchschen; *Touf* the little fox.) Jll.: Odette Vincent-Fumet. Montréal: Centre de Psychologie et de Pédagogie 1963;1964.

10 – 12

Bernard, Marie (d.i. M.-A. Genest)	Les morceaux de soleil de Memnoukia. (Die Sonnenstücke von *Memnoukia;* Pieces of the sun of *Memnoukia.)* Jll.: Kakwitha. Montréal: Éd. Nouvelle 1963;1969.

Chabot, Cécile	Et le cheval vert. (Und das grüne Pferd; And the green horse.) Montréal: Beauchemin 1961.	CAf
Corriveau, Monique	La petite fille du printemps. (Das kleine Frühlingsmädchen; The little girl of springtime.) Jll.: Aline Goulet. Québec: Éd. Jeunesse 1966.	
Corriveau, Monique	Le secret de Vanille. (Das Geheimnis von *Vanille;* The secret of *Vanille.)* Québec: Éd. Jeunesse 1959;1962.	
Duchesnay, Alice	Oiseaux de mon pays. (Vögel meines Landes; Birds of my country.) Jll.: St-Denys Juchereau Duchesnay, Amélie Juchereau Duchesnay. Montréal: Centre de Psychologie et de Pédagogie 1939;1970.	
Estrie, Robert d' (d.i. Robert Matteau)	Notawisi l'original. *(Notawisi,* das Original; *Notawisi* the original.) Jll.: Jacques Charvet. Montréal: Centre de Psychologie et de Pédagogie 1965.	
Lacerte, Rolande	Le soleil des profondeurs. (Die Sonne der Tiefen; The sun of the profundities.) Jll.: Marcel Martin. Québec: Éd. Jeunesse 1968.	
Maillet, Andrée	Le chêne des tempêtes. (Die Gewitter-Eiche; The oak of the storms.) Ottawa: Éd. Fides 1965;1968.	
Major, Henriette	A la conquête du temps. (Die Eroberung der Zeit; To conquer the time.) Jll.: Louise Roy-Kerrigan. Montréal: Éducation Nouvelle 1970.	
Maxine (d.i. Alexandre Taschereau-Fortier)	Le petit page de Frontenac. (Der kleine Page von *Frontenac;* The little page of *Frontenac.)* Jll.: Cécile Gagnon. Québec: Éd. Pédagogia 1930;1963.	
Thériault, Yves	Les extravagances de Ti-Jean. (Die Verrücktheiten von *Ti-Jean* = Kleiner Hans; The extravagances of *Ti-Jean* = Little John.) Jll.: Cécile Gagnon. Montréal: Beauchemin 1963.	
Vineberg, Ethel (Shane)	L'aïeule qui venait de Dworitz. Une belle histoire juive. (Die Grossmutter, die von *Dworitz* kam. Eine schöne jüdische Geschichte; The grandmother who came from *Dworitz.* A fine Jewish story.) Jll.: Rita Briansky Montréal: Éd. Toundra 1969.	

13 — 15

Aubry Claude	Le violon magique et les autres légendes du Canada français. (Die Zauberfiedel und andere Sagen aus dem französischen Kanada; The magic fiddle and other legends of French Canada.) Jll. Saul Field. Ottawa: Éd. des Deux Rives.
Corriveau, Monique	Max. *(Max.)* Québec: Éd. Jeunesse 1965.
Corriveau, Monique	Le Wapiti. (Der Wapiti; The wapiti.) Québec: Éd. Jeunesse 1964.

Coté, Maryse (d.i. Jeannette Coté)	Le dragon de Mycale. — Le songe de Katinou. (Der Drache von *Mycale*. — Der Traum von *Katinou;* The dragon of *Mycale*. — The dream of *Katinou.)* Jll.: Yvonne Glen. Montréal: Éd. Pédagogia 1962.	CAf
Daveluy, Paule	L'été enchanté. (Der wunderbare Sommer; The enchanted summer.) Québec: Éd. Jeunesse 1958;1963.	
Daveluy, Paule	Sylvette et les adultes. *(Sylvette* und die Erwachsenen; *Sylvette* and the adults.) Québec: Éd Jeunesse 1962.	
Daveluy, Paule	Sylvette sous la tente bleue. *(Sylvette* unter dem blauen Zelt; *Sylvette* under the blue tent.) Québec: Éd. Jeunesse 1964.	
Hood, Hugh	Puissance au centre: Jean Beliveau. (Kraft der Mitte: *Jean Beliveau;* Strength down center: *Jean Beliveau.)* Scarborough, Ontario: Éd. Prentice Hall.	
Labrecque, Gaudreault-Madeleine	Vol au bord du Concordia. (Segel an Bord der *Concordia;* Sails on board the *Concordia.)* Québec: Éd. Jeunesse 1968.	
Martel, Suzanne	Quatre montréalais en l'an 3000. (4 aus Montréal im Jahre 3000; 4 from Montreal in the year 3000.) Jll. Montréal: Éd. du Jour 1963.	
Mélançon, Claude	Légendes indiennes du Canada. (Indianersagen aus Kanada; Indian legends of Canada.) Jll. Montréal: Éd. du Jour 1967.	
Métayer, Maurice	Contes de mon iglou. (Märchen aus meinem Iglu; Tales of my igloo.) Jll.: Agnès Nanogak. Montréal: Éd. du Jour 1973.	
Thériault, Yves	A. Shini. *(A. Shini.)* Montréal: Éd. Fides.	

Agnès Nanogak in M. Métayer: Contes de mon iglou

In deutscher Sprache / In German language

3 – 6

Aebersold, Maria	Die verzauberte Trommel. (The enchanted drum.) Jll.: Walter Grieder. Aarau, Frankfurt a.M.: Sauerländer 1968.
Alti Versli	Alti Versli und Liedli. (Alte Verse und Lieder; Old verses and songs.) Jll.: Otto Baumberger, H. Baumberger. Zürich, Freiburg i.Br.: Atlantis Verlag 1936;1967.
Bolliger, Max	Alois. *(Alois.)* Jll.: René Villiger. Sins: Villiger; Aarau, Frankfurt a.M.: Sauerländer 1968.
Bolliger, Max	Der goldene Apfel. (The golden apple.) Jll.: Celestino Piatti. Zürich, München: Artemis Verlag 1970.
Carigiet, Alois	Zottel, Zick und Zwerg. Eine Geschichte von 3 Geissen. *(Zottel, Zick* and *Dwarv.* A story of 3 goats.) Jll.: Alois Carigiet. Zürich: Schweizer Spiegel Verlag; Orell Füssli 1965.
Fischer, Hans	Pitschi. Das Kätzchen, das immer etwas anderes wollte. *(Pitschi.* The little cat that always wanted something else.) Jll.: Hans Fischer. Zürich, München: Artemis Verlag 1948; 1968.
Häny, Marieluise	Der arme Fluss. (The poor river.) Jll.: Marieluise Häny. Winterthur: Comenius Verlag; Basel: Pharos Verlag 1972.
Hanhart, Brigitte	Das Vaterunser. (The Lord's Prayer.) Jll.: Bernadette (d.i. Bernadette Watts). Mönchaltdorf: Nord-Süd-Verlag 1971.
Hoffmann, Felix	Joggeli wott go Birli schüttle. *(Jockel* soll die Birnen schütteln gehen; *Jack* woud go to shake the pear-tree.) Jll.: Felix Hoffmann. Aarau, Frankfurt a.M.: Sauerländer 1963;1971.
Hosch-Wackernagel, Esther	Die Geschichte vom lustigen Männlein mit der langen Nase. (The story about the funny little man with the long nose.) Jll.: Esther Hosch-Wackernagel. Basel: Drei Eidgenossen-Verlag 1936;1966.
Hürlimann, Bettina	Barry. *(Barry.)* Jll.: Paul Nussbaumer. Zürich, Freiburg i.Br.: Atlantis Verlag 1967;1970.
Hürlimann, Ruth	Der Fuchs und der Rabe. (The fox and the raven.) Jll.: Ruth Hürlimann. Zürich, Freiburg i.Br.: Atlantis Verlag 1972.

Schaad, Hans Peter	Das Krippenspiel. (The manger play.) Jll.: Hans Peter Schaad. Zürich: Diogenes Verlag 1972.	**CH**
Schären, Beatrix	Tillo. *(Tillo.)* Jll.: Beatrix Schären. Zürich, München: Artemis Verlag 1972.	
Schmid, Eleonore	Der Baum. (The tree.) Jll.: Eleonore Schmid. Zürich, Einsiedeln, Köln: Benziger 1969.	

7 – 9

Bindschedler, Ida	Die Turnachkinder. (The *Turnach* children.) Jll.: Sita Jucker. Frauenfeld: Huber 1906–1909;1973.
Bolliger, Max	Knirps im Kinderzoo. *(Tiny* in the children's zoo.) Jll.: Klaus Brunner. Basel: Pharos Verlag; Winterthur: Comenius Verlag 1966.
Crone, Luise von der	Ueber di goldig Brugg. (Über die goldene Brücke; Over the golden bridge.) Jll.: Edith Schindler. Aarau, Frankfurt a.M.: Sauerländer 1967.
Hasler, Eveline	Ein Baum für Filippo. (A tree for *Filippo.)* Jll.: Jószef Wilkoń. Zürich, Freiburg i.Br.: Atlantis Verlag 1973.
Hasler, Eveline	Komm wieder, Pepino! (Come back, *Pepino!*) Jll.: Esther Emmel. Einsiedeln, Zürich, Köln: Benziger 1967;1972.
Honegger-Lavater, Warja	Die Fabel vom Zufall. (The fable of the chances.) Jll.: Warja Honegger-Lavater. Basel: Basilius Presse 1969.
Hosslin, Lilo	Das Geschenk des Oparis. (The *Opari's* gift.) Jll.: Walter Grieder. Zürich, Freiburg i.Br.: Atlantis Verlag 1972.
Kreidolf, Ernst	Alpenblumenmärchen. (Alpine flowers tale.) Jll.: Ernst Kreidolf. Zürich: Rotapfel 1922;1973.
Meyer, Olga	Käthi aus dem Häuserblock. (Little *Catherine* from the block of houses.) Jll.: Edith Schindler. Aarau, Frankfurt a.M.: Sauerländer 1967;1972.
Müller, Elisabeth	Vreneli. *(Vreneli.)* Jll.: Paul Wyss. Bern, München: Francke 1916,1961.
Müller, Jörg	Alle Jahre wieder saust der Presslufthammer nieder. Oder: Die Veränderung in der Landschaft. (Every year the pneumatic hammer smashes down. Or: The changing landscape.) Jll.: Jörg Müller. Aarau, Frankfurt a.M.: Sauerländer 1973; 1975.
Reichling, Rudolf	Der Bauernhof. (The farm.) Jll.: Paul Nussbaumer. Zürich, Freiburg i.Br.: Atlantis Verlag 1969.
Spyri, Johanna	Heidi. *(Heidi.)* Jll.: Willy Rudin. Basel, Bern, Zürich: Gute Schriften 1881;1969.
Steiner, Jörg	Pele sein Bruder. (The brother of *Pele.)* Jll.: Werner Maurer. Köln: Middelhauve 1972.

Brunner, Fritz	Vigi, der Verstossene. Die Geschichte eines tapferen Buben-lebens aus unserer Zeit. *(Vigi* the cast out. A brave boy's life story of our time.) Jll.: Otto Baumberger. Aarau, Frankfurt a.M.: Sauerländer 1937;1966.
Büchli, Arnold	Schweizer Sagen. (Swiss folk tales.) Jll.: Felix Hoffmann. Aarau, Frankfurt a.M.: Sauerländer 1971.
Hasler, Eveline	Der Sonntagsvater. (The sunday father.) Jll.: Godi Hofmann. Ravensburg: Maier 1973.
Held, Kurt (d.i. Kurt Kläber)	Der Trommler von Faido. (The drummer of *Faido.)* Jll.: Felix Hoffmann. Aarau, Frankfurt a.M.: Sauerländer 1947–1949;1969.
Jenny (Jenni), Paul	Jack und Cliff die Abenteurer. *(Jack* and *Cliff* the adventurers.) Jll.: Maja von Arx. Aarau, Frankfurt a.M.: Sauerländer 1958; 1965.
Meyer, Olga	Urs. Eine Geschichte aus den Bergen. *(Urs.* A story from the mountain side.) Jll.: Vreni Wening. Aarau, Frankfurt a.M.: Sauerländer 1953;1965.
Tetzner, Lisa	Die schwarzen Brüder. (The black brothers.) Jll.: Emil Zbinden. Bd 1.2. Aarau, Frankfurt a.M.: Sauerländer 1940–1941;1970.
Voegeli, Max	Die wunderbare Lampe. (The wonderful lamp.) Jll.: Felix Hoffmann. Aarau, Frankfurt a.M.: Sauerländer 1952;1973.

13 – 15

Cesco, Federica de	Was wisst ihr von uns? (What do you know about us?) Einsiedeln, Zürich, Köln: Benziger 1971.
Haller, Adolf	Heini von Uri. Erzählung für die Jugend aus der Zeit des Sempacherkrieges. *(Henry* from Uri. A youth novel from the time of the *Sempach* war.) Aarau, Frankfurt a.M.: Sauerländer 1942;1967.
Held, Kurt (d.i. Kurt Kläber)	Giuseppe und Maria. *(Giuseppe* and *Mary.)* Jll.: Emil Zbinden. Bd 1.2. Aarau, Frankfurt a.M.: Sauerländer 1955–1956;1969.
Held, Kurt (d.i. Kurt Kläber)	Die rote Zora. *(Red Zora.)* Aarau, Frankfurt a.M.: Sauerländer 1941;1972.
Kappeler, Ernst	Klasse 1c. (Class 1c.) Jll.: Klaus Brunner. Solothurn: Schweizer Jugend-Verlag 1961;1967.
Keller, Agathe	Happy End mit Skarabäus. (Happy end with *Skarabäus.)* Aarau, Frankfurt a.M.: Sauerländer 1971.

Meyer, Franz	Wir wollen frei sein. (We want to be free.) Jll.: Godi Hof-	**CH**
	mann. Bd 1—3. Aarau, Frankfurt a.M.: Sauerländer 1961—	
	1974; 1966—1974.	
Muralt, Inka	Die Sonne brennt auf Curradarra. (The sun beats down on	
	Curradarra.) Solothurn: Schweizer Jugend-Verlag 1973.	
Stark-Towlson,	Spiel nach innen. Theater-Tagebuch. (Inner play. Theatre	
Helen	journal.) Solothurn: Schweizer Jugend-Verlag 1971.	

Jörg Müller in: Alle Jahre wieder saust der Presslufthammer nieder

In französischer Sprache / In French language

7 – 9

Anyval (d.i. Annie Vallotton)	Moi, Clémentine. (Ich, *Clementine;* I, *Clementine.)* Jll.: Annie Vallotton. Neuchâtel: Delachaux et Niestlé 1960.
Baudouy, Michel-Aimé	Zabo. *(Zabo.)* Jll.: Geneviève Couteau. Neuchâtel: La Baconnière 1966.
Chaponnière, Pernette	Le trésor de Pierrefeu. (Der Schatz von *Pierrefeu;* The treasure of *Pierrefeu.)* Jll.: Suzanne Kung-Ferrand. Neuchâtel: La Baconnière 1953.
Chaponnière, Pernette	Vingt Noëls pour les enfants. (20mal Weihnachten für Kinder; 20 times Christmas for children.) Jll.: Pernette Chaponnière. Neuchâtel: La Baconnière 1945;1968.
Cuendet, Simone	Quand Noël revient. (Wenn Weihnachten wieder kommt; When Christmas comes again.) Neuchâtel: Delachaux et Niestlé 1956.
Hirsch, Louise	Images. (Bilder; Images.) Neuchâtel: Delachaux et Niestlé 1947.
Musset, Paul de	Monsier le vent et Madam la pluie. (Herr Wind und Frau Regen; Mr Wind and Mrs Rain.) Jll.: Aliki Brandenberg. Lausanne: Guilde des Jeunes 1958.
Peiry, Alexis	Amadou s'est évadé. *(Amadou* ist entwischt; *Amadou* has escaped.) Jll.: Harald Schulthess. Lausanne: Éd. Spes 1956.

10 – 12

Chaponnière, Pernette	Contes de Noël. (Weihnachtsmärchen; Christmas tales.) Lausanne: Éd. Spes 1960.
Chausson, Huguette	En suivant le Comte Vert. (Im Gefolge des *Grünen Grafen;* Following the *Green Count.)* Lausanne: Payot 1947.
Cuendet, Simone	Mille millions d'étoiles. Contes et poèmes pour Noël. (Tausend Millionen Sterne. Gedichte und Erzählungen zu Weihnachten; A thousand million stars. Stories and poems for Christmas.) Jll.: Bernard Bavaud. Chardonne: Le Cantalou 1970.
Cuendet, Simone	Un bois pas comme les autres. (Ein Wald, anders als die anderen; A wood like no others.) Jll.: Bernard Bavaud. Chardonne: Le Cantalou 1970.

Des Brosses, Jean	La tourmente. (Der Sturm; The storm.) Jll.: Ernest Pizzotti. **CHf** Lausanne: Payot 1948.
Guillaume, Louis	Au jardin de la licorne. (Im Garten des Einhornes; In the garden of the unicorn.) Jll.: Jeanne Esmein. Neuchâtel: Delachaux et Niestlé 1973.
Landry, Charles-François	L'arbre. (Der Baum; The tree.) Lausanne: Eiselé 1966.
Martin, Vio	Poésies pour Pomme d'api. (Gedichte für *Pomme d'api* = Franzapfel; Poems for *Pomme d'api.)* Jll.: Alexandre Matthey. Lausanne: Payot 1947.
Masson, Marianne	Caro et Cie. *(Caro* und Kompanie; *Caro* and Company.) Jll.: Clarisse de Meuron. Lausanne: Payot 1947.
Miéville-Félix, Berthe	Les deux bandes du Mont-Noir. (Die 2 Banden des *Schwarzen Gipfels;* The 2 gangs of *Black Peak.)* Jll.: Mariette Pasteur. Neuchâtel: Delachaux et Niestlé 1947. o.p.
Reymond, Jean Pierre	Les conquêtes du marquis de Carabas. (Die Eroberungen des Marquis von *Carabas;* The conquests of the Marquis of *Carabas.)* Jll.: Jean-Jacques Monnet. Lausanne: Payot 1947.
Toepffer, Rodolphe	Histoire de M. Jabot. (Die Geschichte von Herrn *Jabot;* The story of Mr *Jabot.)* Jll.: Rodolphe Toepffer. Lausanne: Ex libris 1833;1971.
Toepffer, Rodolphe	Voyage autour du Mont-Blanc. — Nouveaux voyages en zig-zag. (Reise um den *Mont-Blanc.* — Neue Kreuz- und Quer-reisen; A trip around the *Mont-Blanc.* — New zigzag travels.) Jll.: Rodolphe Toepffer. Lausanne: Le livre du mois 1838—1842,1886;1969.
Vuillomenet, Jean	Amistad. Seul . . . 28 pays 32 mois 45,000 kilomètres. *(Amistad.* Allein . . . 28 Länder 32 Monate 45.000 Kilome-ter; *Amistad.* Alone . . . 28 countries 32 months 45,000 kilometers.) Lausanne: Eiselé 1972.

13 – 15

Chaponnière, Pernette	Par une nuit de décembre. (In einer Dezembernacht; During a night of December.) Neuchâtel: La Baconnière 1958.
Chappaz, Maurice	Chant de la Grande Dixence. (Das Lied der *Grande Dixence;* The song of the *Grande Dixence.)* Lausanne: Payot 1965.
Monnier, Philippe	Le livre de Blaise. (Das Buch von *Blaise;* The book of *Blaise.)* Jll.: Jean Pierre Rémon. Lausanne: La Thune du Guay 1961.
Monnier, Philippe	Mon village. (Mein Dorf; My village.) Genève: Jullien 1968.
Paccaud, Olivier	A la découverte de la nature. (Entdeckungsreisen in der Natur; On the discovery of nature.) Neuchâtel: Delachaux et Niestlé 1967; 1972.

62

Reynold, Gonzague de	Gonzague de Reynold raconte la Suisse et son histoire. *(Gonzague de Reynold* erzählt von der Schweiz und ihrer Geschichte; *Gonzague de Reynold* tells from Switzerland and its history.) Lausanne: Payot 1965.
Toepffer, Rodolphe	Les amours de Monsieur Vieux-Bois. — Les voyages et aventures du Docteur Festus. — Monsieur Criptogame. (Die Liebe des Herrn *Altholz.* — Die Reisen und Abenteuer des Doktor *Festus.* — Herr *Verborgen;* The love of Mr *Old Wood.* — The voyages and adventures of Doctor *Festus.* — Mr *Hidden.)* Jll.: Rodolphe Toepffer. Genève: Georg 1832;1962.

Cependant les Savans de Paris, ayant reçu communication, s'abyment les yeux sur le Zodiaque, sans pouvoir rien trouver. un Seul ayant dévié vers le bas il croit voir qque chose, mais ne sait pour quelle cause, il ne distingue pas très bien.

Rodolphe Töpffer in: Les voyages et aventures du Docteur Festus

In engadinischer Sprache (Ladinisch) / In Ladinish language

3 – 6

Chönz, Selina | La naivera. (Der grosse Schnee; The big snow.) Jll.: Alois Carigiet. Cuoira: Lia Rumantscha; Zürich: Schweizer Spiegelverlag 1964.

Mit Text in Surselvisch / With text in Sursilvan:

Aebli, Fritz /
Biert, Cla
Il franc chi fa viadi. (Der Franken der eine Reise macht; The Franc who made a trip.) Jll.: Werner Hofmann. Cuoira: Lia Rumantscha 1967.

Biert, Cla /
Spescha, Hendri
Maurus e Madleina. (*Maurus* und *Madleina*.) Jll.: Alois Carigiet. Cuoira: Lia Rumantscha; Zürich: Schweizer Spiegelverlag 1969.

Biert, Cla /
Spescha, Hendri
Zocla, Zila, Zepla. *(Zocla, Zila, Zepla.)* Jll.: Alois Carigiet. Cuoira: Lia Rumantscha 1965.

Biert, Cla /
Spescha, Hendri
Viturin e Babetin. (Der kleine *Viktor* und die kleine *Babette;* The little *Victor* and the little *Babette.)* Jll.: Alois Carigiet. Cuoira: Lia Rumantscha; Zürich: Schweizer Spiegelverlag 1967.

Chönz, Selina
Flurina. (*Flurina.*) Jll.: Alois Carigiet. Cuoira: Lia Rumantscha 1953.

7 – 9

Bott-Filli,
Chatrina
Pro Saniclau e'ls anguelins. (Sankt *Nikolaus* und die Englein; Saint *Nicholas* and the angels.) Jll.: Jon Curo Tramèr. Turich, Cuoira: OSL, Lia Rumantscha 1960;1970.

Bundi, Gian /
Messmer,
Domenica
Parevlas engiadinaisas. (Märchen aus dem Engadin; Fairytales from Engadine.) Jll.: Giovanni Giacometti. Samedan: Stamparia engiadinaisa 1971.

Leemann, Heinrich /
Filli, Chatrina
Naschü es Gesu Crist. *(Christ* ist geboren; *Christ* is born.) Jll.: Annetta Gmür-Ganzoni. Turich: OSL; Cuoira: Lia Rumantscha 1969.

Murk, Tista
Nos min. (Unsere Katze; Our cat.) Jll.: Dea Murk. Cuoira: Lia Rumantscha 1973.

Pedretti, Erica	Ils trais sudos. Ils treis schuldai. Die drei Soldaten. (The three soldiers.) Jll.: Erica Pedretti. Zürich: Flamberg 1971.	CH_{lad}

Pedretti, Erica — Ils trais sudos. Ils treis schuldai. Die drei Soldaten. (The three soldiers.) Jll.: Erica Pedretti. Zürich: Flamberg 1971.

Pitschna Grob-Ganzoni, Anna — Flöchin. (Die Katze; The cat.) Jll.: Jacques Guidon. Turich: OSL, Lia Rumauntscha 1971.

Stupan, Victor — La chanzun persa. (Das vérlorene Lied; The lost song.) Jll.: Walter May. Turi, Cuoira: OSL; Lia Rumantscha 1954.

Tönjachen, Rudolf Otto — Ustrida e Nuschaglia. *(Ustrida* und *Nuschaglia.)* Jll.: Anny Meisser-Vonzum. Cuoira: Lia Rumantscha 1948.

10 – 12

Aebli, Fritz / Planta, Armon — La Svizra – mia patria. (Die *Schweiz* – meine Heimat; *Switzerland – my homeland.)* Jll.: Erhard Meier. Turich: OSL 1968.

Chönz, Selina — Fievlin. (Der Hund; The dog.) Jll.: Constant Könz. Turich, Cuoira: OSL; Lia Rumauntscha 1970.

Filli, Chatrina — Algrezcha da Nadal. (Weihnachtsfreude; Christmasjoy.) Jll.: Jon Curo Tramèr. Turich, Cuoira: OSL; Lia Rumauntscha 1963.

Nossas Tarablas — Nossas Tarablas. Nossas Parevlas. (Unsere Märchen; Our fairy-tales.) Cuoira: Lia Rumantscha 1965.

Panau, Sandra — Tals insulauns da las islas dal Mer dal Süd. (Bei den Bewohnern der Südseeinseln; By the Southsea islanders.) Jll.: Willi Schnabel. Turich, Cuoira: OSL; Lia Rumauntscha 1968.

Panau, Sandra — Uorsins da coala ed otras surpraisas. (Koala-Bärchen und andere Überraschungen; Coala bear and other surprises.) Jll.: Willi Schnabel. Turich, Cuoira: OSL; Lia Rumauntscha 1968.

Perini, Elisa — Betlehem. *(Bethlehem.)* Jll.: Roland Thalmann. Turich, Cuira: OSL; Lia Rumauntscha 1966.

13 – 15

Biert, Cla — Fain manü. (Bergheu; Mountainhay.) Cuoira: Lia Rumantscha Union dals Grischs 1969.

Pitschna Grob-Ganzoni, Anna — Il mür. (Die Mauer; The wall.) Jll.: Constant Könz. Turich, Cuira: OSL; Lia Rumauntscha 1966.

In oberhalbsteinischer Sprache (Surmiran) / In Surmiran language

3 – 6

Chönz, Selina   Uorsin. *(Urselchen;* Little *Ursel.)* Jll.: Alois Carigiet. Coira: Leia Rumantscha 1945; 1963.
Text auch in Sutselvisch — Text also in Sutselvish.

7 – 9

Igls rachints   Igls rachints per la giuvantetna da Surmeir. (Erzählungen für die Jugend des *Oberhalbsteins;* Stories for the youth of *Oberhalbstein.)* Jll.: Wolfgang Hausamann. Turitg, Coira: OSL; Leia Rumantscha 1951; 1967.

Steiger, Albert /   Robinson. *(Robinson.)* Jll.: Albert Steiger. Coira: Leia
Capeder, Stefania   Rumantscha 1952.

Thöni, Gion Peder   Igls skis. (Die Skier; The skis.) Jll.: Constant Könz. Turitg, Coira: OSL; Leia Rumantscha 1965.

10 – 12

Schubinger,   Igl tarpung vign anc tuttegna bel. (Der wunderbare Teppich;
Erika Gertrud /   The miraculous carpet.) Jll.: Jacques Guidon. Turitg, Coira:
Schaniel, Antonia   OSL, Leia Rumantscha 1970.

Zihlmann,   Nous biagiagn en implant electric. (Wir bauen ein Elektrizi-
Eduard   tätswerk; We build an electrical works.) Jll.: Hans Toma-michel. Turitg, Coira: OSL, Leia Rumantscha 1954.

13 – 15

Uffer, Leza   Las istorgias da Barba Plasch Calger. (Die Geschichten von Onkel *Plasch,* dem Schuster; The stories of uncle *Plasch,* the shoe-maker.) Jll.: Corina Steinrisser. Coira: Leia Rumantscha 1958.

In vorderrheinischer Sprache (Surselvisch) / In Surselvish language

3 — 6

Derungs, Gion Giusep	Chicherichichi qual de nus ei il pli bi? *(Kikerikiki,* welcher von uns ist der schönste?; *Cock-a-doodle-doo,* who of us is the most beautiful?) JII.: Hans Fischer. Turitg, Cuera: OSL; Ligia Romontscha 1952.
Erzinger, Astrid/ Halter, Toni	La poppa ed igl uors. (Die Puppe und der Bär; The doll and the bear.) JII.: Judith Olonetzky. Turitg, Cuera: OSL; Ligia Romontscha 1971.

Mit Text in engadinischer Sprache / With text in Ladin:

Aebli, Fritz / Biert, Cla	Il franc chi fa viadi. (Der Franken, der eine Reise machte; The Franc who made a trip.) JII.: Werner Hofmann. Cuera: Ligia Romontscha 1967.
Biert, Cla / Spescha, Hendri	Maurus e Madleina. (*Maurus* und *Madleina.*) JII.: Alois Carigiet. Cuera: Ligia Romontscha; Zürich: Schweizer Spiegelverlag 1969.
Biert, Cla / Spescha, Hendri	Viturin e Babetin. (Der kleine *Viktor* und die kleine *Babette;* The little *Victor* and the little *Babette.)* JII.: Alois Carigiet. Cuera: Ligia Romontscha; Zürich: Schweizer Spiegelverlag 1967.
Biert, Cla / Spescha, Hendri	Zocla, Zila, Zepla. (*Zocla, Zila, Zepla.*) JII.: Alois Carigiet. Cuera: Ligia Romontscha 1965.
Chönz, Selina	La cufla gronda. (Der grosse Schneesturm; The big snowstorm.) JII.: Alois Carigiet. Cuera: Ligia Romontscha 1964.
Chönz, Selina	Flurina. (*Flurina.*) JII.: Alois Carigiet. Cuera: Ligia Romontscha 1953.

7 — 9

Caduff, Leonard	Cronica d'in scolar. (Chronik eines Schülers; The chronicle of a student.) JII.: Corina Steinrisser. Turitg, Cuera: OSL; Ligia Romontscha 1956.
Candinas, Theo	La fuigia dil Stoffel. (Die Flucht von *Stoffel; Stoffel's* escape.) JII.: Erwin Gansner, Christian Gerber. Cuera: Ligia Romontscha 1971.

Candinas, Theo	Gieri pign e ses animals. (Der kleine *Georg* und seine Tiere; **CH**surs The little *George* and his animals.) JII.: Rico Casparis. Cuera: Ligia Romontscha 1961.
Coray-Monn, Imelda	Nora e Norina. *(Nora* und *Norina.)* JII.: Ines Brunold. Cuera: Ligia Romontscha 1959.
Jaccard, Isabella/ Spescha, Hendri	Ina fiasta che vess saviu finir mal. (Ein Fest, das einen schlimmen Ausgang hätte nehmen können; A feast, that could have gone wrong.) JII.: Ruth Guinard. Turitg, Cuera: OSL; Ligia Romontscha 1973.
Pedretti, Erica	Ils trais sudos. Ils treis schuldai. Die drei Soldaten. (The three soldiers.) JII.: Erica Pedretti. Zürich: Flamberg 1971.

10 – 12

Aebli, Fritz / Caduff, Toni	La Svizra – mia patria. (Die Schweiz – meine Heimat; Switzerland – my homeland.) JII.: Erhard Meier. Turitg: OSL 1968.
Berther, Toni	Il nurser e siu buob. (Der Schafhirt; The shepherd.) JII.: Dea Murk. Turitg, Cuera: OSL; Ligia Romontscha 1970.
Cristoffel, Christian	Gion Tambur. *(Hans,* der Trommler; *John,* the drummer.) JII.: Alois Carigiet. Turitg, Cuera: OSL; Ligia Romontscha 1944.
Deplazes, Gion	Creatiras che nus essan. (Geschöpfe, die wir sind; Creatures that we are.) JII.: Mattias Spescha. Turitg, Cuera: OSL; Ligia Romontscha 1960; 1967.
Deplazes, Gion	Dani, tias nuorsas. *(Daniel,* deine Schafe; *Daniel,* your sheep.) JII.: Alois Carigiet. Turitg, Cuera: OSL; Ligia Romontscha 1969.
Deplazes, Gion	Flurs cazzola. (Der Löwenzahn; The dandelion.) JII.: Dea Murk. Turitg, Cuera: OSL; Ligia Romontscha 1972.
Deplazes, Gion	La Ghriba. (Die Fremde; The foreign girl.) JII.: Corina Steinrisser. Turitg, Cuera: OSL; Ligia Romontscha 1970.
Häberle, Thomas/ Halter, Toni	Herodes. (*Herodes; Herodius.*) JII.: Corinna Galvagni-Steinrisser. Turitg, Cuera: OSL; Ligia Romontscha 1966.
Halter, Toni	Nus ed il Schuob. (Wir und das *Schwabenland;* We and the *Swabenland.)* JII.: Mattias Spescha. Turitg, Cuera: OSL; Ligia Romontscha 1954.
Hendry, Ludivic	Il portretist da Tschamut. (Der Porträtmaler von *Tschamut;* The portrait-painter of *Tschamut.)* JII.: Jacques Guidon. Turitg, Cuera: OSL; Ligia Romontscha 1972.
Muoth, Giachen Hasper / Caminada, Peter / Halter, Toni	A mesiras. (Alpenballada; Ballade of the Alps.) JII.: Alois Carigiet, Toni Nigg. Turitg, Cuera: OSL; Ligia Romontscha 1971.

Peer, Andri /
Caduff-Vonmoos,
Paulina

La vipra. (Die Viper; The viper.) Jll.: Constant Könz.
Turitg, Cuera: OSL; Ligia Romontscha 1963.

Schedler, Robert /
Kuen, Erwin /
Martin, Sur

Il fravi da Caschinutta. (Der Schmied von *Caschinutta;* The
blacksmith of *Caschinutta.)* Jll.: Roland Thalmann. Turitg,
Cuera: OSL; Ligia Rumantscha 1968.

Seeli, Casper

La veglia dalla Cafuglia. (Die Alte von der Schlucht; The
old woman from the gorge.) Jll.: Dea Murk. Cuera: Ligia
Romontscha 1969.

13 – 15

Deplazes, Gion

La Bargia dil tschéss. (Der Adlerhorst; The eagle eyrie.)
Mustér: Ediziuns Desertina 1964.

Deplazes, Gion

Carstgauns s'entaupan. (Menschen begegnen einander;
People meet each other.) Jll.: Corinna Galvagni-Steinrisser.
Turitg, Cuera: OSL; Ligia Romontscha 1968.

Deplazes, Gion

Sentupadas. (Begegnungen; Communications.) Cuera: Ediziuns
Fontaniva 1968.

Fontana, Gian

Novellas e Poesias. (Novellen und Gedichte; Stories and
poetry.) Cuera: Ediziun della Uniun Romontscha Renana
1941.

Halter, Toni

Caumsura. *(Caumsura.)* Cuera: Ediziuns Fontaniva 1967.

Halter, Toni

Il misteri da Caumastgira. (Das Geheimnis von *Caumastgira;*
The secret of *Caumastgira.)* Jll.: Alois Carigiet. Turitg,
Cuera: OSL; Ligia Romontscha 1948; 1966.

Halter, Toni /
Cathomen,
Ludivic

Tschels onns ell'America. (Früher in Amerika; Once in
America.) Jll.: Dea Murk. Turitg, Cuera: OSL; Ligia Romontscha 1968.

Knobel, Bruno /
Vincenz,
Valentin

Carstgauns e maschinas. (Menschen und Maschinen; People
and machines.) Fotos: Andreas Wolfenberger. Turitg, Cuera:
OSL; Ligia Romontscha 1973.

SCHWEIZ / SWITZERLAND

CH_{suts}

In hinterrheinischer Sprache (Sutselvisch) / In Sutselvish language

3 – 6

Chönz, Selina — Uorsin. *(Urselchen;* Little *Ursel.)* Jll.: Alois Carigiet. Cuira: Leia Rumàntscha 1945;1963.
Text auch in Oberhalbsteinisch / Text also in Surmiran.

Erzinger, Astrid /
Felix, Anna-Lina — La popa ad igl urs. (Die Puppe und der Bär; The doll and the bear.) Jll.: Judith Olonetzky-Baltensperger. Turitg, Cuira: OSL; Leia Rumàntscha 1971.
Text auch in Vorderrheinisch / Text also in Surselvish.

7 – 9

Loringett, Steafan — Rimmas a Vearsets par la Gianira. (Reime und Verschen für die Jugend; Rhymes and verses for the youth.) Jll.: Annina Vital. Turitg, Cuira: OSL; Leia Rumàntscha 1961.

10 – 12

Dolf, Tumasch /
Mani, Curo — La tgargia fregna. (Die Ladung Mehl; The freight of flour.) Jll.: Constant Könz. Turitg, Cuira: OSL; Leia Rumàntscha 1972.

Loringett, Steafan — Las badoias digl Gieri la Tschepa. (Die Geschichten von *Georg la Tschepa;* The stories of *George of Tschepa.)* Jll.: Annina Vital. Turi, Cuira: OSL; Leia Rumàntscha 1952.

Tscharner, Luzi — Igl curer Risch. (Der Geisshirt *Risch;* The goat-herdsman *Risch.)* Jll.: Corinna Galvagni-Steinrisser. Turitg, Cuira: OSL; Leia Rumàntscha 1965.

13 – 15

Dolf, Tumasch — Istorgias. (Geschichten; Stories.) Cuira: Ed. Renania; Leia Rumàntscha 1959.

In singhalesischer Sprache (Sinhala) / In Singhalese language (Sinhala)

10 – 12

Fernando, Kammalage Peter	Aruma puduma satvalokaya. (Die wunderbare Welt der Tiere; The wonderful world of animals.) Jll.: W. Dharmaratne Maha Vidyalaya Kahatagasdigiliya, Anuradhapura. Colombo: Gunasena 1970.
Illangaratne, T. B.	Alut malli. (Ein neuer Bruder; A new brother.) Jll. Colombo: Lama Poth 1968.
Jayatilleka, K.	Vana Satana. (Krieg in der Dschungel; War in the jungle.) Jll.: Sunil Jayaweera. Colombo: Pradeepa Publishers 1970.

In tamulischer Sprache (Tamil) / In Tamil

Navasothi, K.	Odipponavan. (Der Ausreisser; The runaway.) Colombo: Puththoli Publications 1968.

In englischer Sprache / In English language

Obeysekera, Ranjini	A treasure in a forest and other stories. (Ein Schatz im Wald und andere Erzählungen.) Colombo: Lake House Investments 1969.

KOLUMBIEN / COLOMBIA

CO

In spanischer Sprache (Castellano) / In Spanish language (Castellano)

3 – 6

Osorio, Fanny	Ronda infantil. Poemas. (Kinderreigen. Gedichte; Children's ring. Poems.) Bogotá: Salazar
Pombo, Rafael	Fábulas. (Fabeln; Fables.) Bogotá: Imprenta Nacional 1935.
Pombo, Rafael	Fábulas y verdades. Poemas. (Fabeln und Wahrheiten. Gedichte; Fables and truths. Poems.) Bogotá: Imprenta Nacional 1916.

7 – 9

Caballero Calderón, Eduardo	Memorias infantiles. (Kinder-Erinnerungen; Children's memories.) Medellín: Bedout 1964.
Jaramillo Arango, Euclides	Los cuentos del pícaro tío Conejo. (Die Erzählungen des ungezogenen Onkels Kaninchen; The tales of the naughty uncle rabbit.) Bogotá: Iqueima 1950.
Jaramillo Arango, Rafael	El arequipe en el reino de Dios. (Das *Ariquipe* = Milchgericht, im Land Gottes; The *ariquipe* = milk food, in the land of God.) Bogotá: Cosmos 1959.
Lucero	Lucero. Cuento de Navidad y otros cuentos infantiles. (Morgenstern. Weihnachtsmärchen und andere Kindererzählungen; Morning star. Christmas tale and other children's stories.) Bogotá: Instituto Colombiano de Cultura 1971.
Osorio, Fanny (Hrsg.)	Lección de poesía. Antología de poemas infantiles. (Unterricht in Dichtung. Anthologie von Gedichten für Kinder; Lection of poetry. Anthology of children's poems.) Bogotá: Instituto Colombiano de Cultura 1972.
Osorio, Fanny	Milagro de Navidad. (Weihnachtswunder; Christmas' miracle.) Jll.: Sergio Trujillo. Bogotá: Argra 1956.
Pérez Triana, Santiago	Cuentos a Sonny. (Erzählungen für *Sonny;* Stories for *Sonny.)* Bogotá: Banco Popular 1907;1972.
Tablanca, Luís	Cuentos fugaces. (Vergängliche Erzählungen; The fleeting stories.) Barcelona: Librería Síntesis 1917.

Caballero Calderón, Eduardo	El almirante niño y otros cuentos. (Der Kinderadmiral und andere Geschichten; The child admiral and other stories.) Bogotá: Instituto Colombiano de Cultura 1972.
Caballero Calderón, Eduardo	Todo por un florero. (Alles für eine Blumenvase; All for a vase.) Bogotá: Banco Cafetero 1959.
Díaz Díaz, Oswaldo	Cambam Balí. *(Cambam Balí.)* Bogotá: Instituto Colombiano de Cultura 1973.
Jaramillo Arango, Humberto	Multitud de cuentos. (Eine Menge von Erzählungen; A lot of stories.) Bogotá: Atalaya 1940.
Maya, Rafael	El rincón de las imágenes. (Die Ecke der Bilder; The corner of the images.) Bogotá: Colombia 1927.
Ospina de Navarro, Sofía	La abuela cuenta. (Die Grossmutter erzählt; The grandmother tells.) Medellín: La Tertulia 1964.
Posada, Eduardo	Los hombres de El Dorado. (Die Männer von *El Dorado;* The men of *El Dorado.)* Bogotá: Instituto Colombiano de Cultura 1972.
Reyes, Carlos José	Teatro para niños. (Kindertheater; Children's theatre.) Bogotá: Instituto Colombiano de Cultura 1972.

Sergio Trujillo in F. Osorio:
Milagro de Navidad

In tschechischer Sprache / In Czech language

3 – 6

Bartoš, František	Pohádky, říkadla a hádanky z Bartošovy Kytice. (Märchen, Kinderreime und Rätsel aus *Bartoss* Blumenstrauss; Fairy tales, nursery rhymes, and riddles from *Bartoš'* bouquet of flowers.) Jll.: Adolf Kašpar. Praha: SNDK 1888;1962.
Čarek, Jan	Ráj domova. Verše pro nejmenší děti. (Paradies der Heimat. Verse für die kleinsten Kinder; The heaven of a home. Verses for the smallest children.) Jll.: Adolf Zábranský. Praha: SNDK 1948;1967.
Erben, Karel Jaromír	Pohádky. (Märchen; Fairy tales.) Jll.: Josef Lada. Praha: SNDK 1928;1968.
Hrubín, František	Říkejte si se mnou. (Reden Sie mit mir; Speak with me.) Jll.: Jiří Trnka. Praha: Albatros 1953;1972.
Hrubín, František	Špalíček veršu a pohádek. (Klötzchen von Versen und Märchen; Little blocks of verses and tales.) Jll.: Jiří Trnka. Praha: Albatros 1960;1973.
Kainar, Josef	Nevídáno – neslýcháno. (Ungehört, nie gesehen; Not heard, never seen.) Jll.: Josef Kainar. Praha: Albatros 1964;1970.
Karafiát, Jan	Broučci. (Maikäfer; Cockroach.) Jll.: Jiří Trnka. Praha: Albatros 1876;1971.
Kožíšek, Josef	Ráno. (Morgen; Morning.) Jll.: Václav Karel. Praha: Albatros 1960;1972.
Lukešová, Milena	Bačkůrky z mechu. (Pantöffelchen aus Moos; Little moss slippers.) Jll.: Mirko Hanák. Praha: SNDK 1968.
Mrázková, Daisy	Neplač, muchomůrko. (Weine nicht, Fliegenpilzchen; Don't cry, little fly amanita.) Jll.: Daisy Mrázková. Praha: Albatros 1965;1969.
Němcová, Božena	Pohádky. (Märchen; Fairy tales.) Jll.: Karel Slovinský. Praha: Albatros 1845–1847;1971.
Sládek, Josef Václav	Sládek dětem. (*Sládek* für die Kinder; *Sládek* for children.) Jll.: Adolf Zábranský. Praha: SNDK 1952;1960.
Sládek, Josef Václav	Zlate slunce, bílý den. (Goldene Sonne, heiterer Tag; Golden sun, bright day.) Jll.: Adolf Zábranský. Praha: Albatros 1966;1972.

Čapek, Josef	Povídání o pejskovi a kočičce, jak spolu hospodařili a ještě o všelijakých jiných věcech. (Plaudereien über ein Hündchen und ein Kätzchen, wie sie gemeinsam haushalten und noch über irgendwelche anderen Sachen; Small tales about a little dog and a little cat, how they keep house together and still some other things.) Jll.: Josef Čapek. Praha: Albatros 1929; 1972.
Čapek, Karel	Pudlenka. *(Pudlenka.)* Jll.: Josef Čapek. Praha: Albatros 1974.
Čtvrtek, Václav	Čarymáry na zdi. (Hokuspokus an der Wand; Hocus-pocus on the wall.) Jll.: Olga Čechová. Praha: Albatros 1961;1970.
Čtvrtek, Václav	Rumcajs. *(Rumcajs.)* Jll.: Radek Pilař. Praha: Albatros 1970;1972.
Halas, František	Dětem. (Den Kindern; For the children.) Jll.: Ota Janeček. Praha: Československý spisovatel 1954;1961.
Halas, František	Před usnutím. (Vor dem Einschlafen; Before going to sleep.) Jll.: Ota Janeček. Praha: Albatros 1970;1972.
Horák, Jiří	Český Honza. (Der böhmische *Hans;* The Czech *John.*) Jll.: Josef Lada. Praha: Albatros 1940;1974.
Kubín, Josef Štefan	Princezna Pohádka. (Prinzessin Märchen; Princess Fairy tale.) Jll.: Adolf Zábranský. Praha: SNDK 1949;1964.
Lada, Josef	Mikeš. *(Mikesch.)* Jll.: Josef Lada. Praha: Albatros 1933–1936;1974.
Nezval, Vítězslav	Věci, květiny, zvířátka a lidé pro děti. (Dinge, Blumen, Tiere und Leute für Kinder; Things, flowers, animals and people for children.) Jll.: Jiří Trnka. Praha: Albatros 1953; 1972.
Říha, Bohumil	Honzíkova cesta. *(Hänschens Reise;* Little *John's* trip.) Jll.: Helena Zmatlíková. Praha: Albatros 1954;1972.
Sekora, Ondřej	Knížka Ferdy Mravence. (Das Büchlein von der Ameise *Ferdl;* The little book of the ant *Ferdinand.)* Jll.: Ondřej Sekora. Praha: Albatros 1936;1973.
Stanovský, Vladislav / Vladislav, Jan	Strom pohádek z celého světa. (Märchenbaum aus der ganzen Welt; The whole world's fairy tale tree.) Jll.: Stanislav Kolíbal. Praha: Albatros 1958;1972.
Trnka, Jiří	Zahrada. (Zaubergarten; Magic garden.) Jll.: Jiří Trnka. Praha: Albatros 1962;1971.

Bass, Eduard	Klapzubova jedenáctka. *(Klapperzahns* Elf; *Rattle Tooth's* eleven.) Jll.: Josef Čapek. Praha: Albatros 1954;1971.
Bořkovcová, Hana	My tři cvoci. (Wir drei Spinner; The crazy three.) Jll.: Kamil Lhoták. Praha: Albatros 1973.
Čapek, Karel	Devatero pohádek. (Die 9 Märchen; The 9 fairy tales.) Jll.: Josef Čapek. Praha: Albatros 1932;1971.
Hofman, Ota	Útěk. (Flucht; Flight.) Jll.: Vladimír Tesař. Praha: Albatros 1966.
Jirásek, Alois	Staré pověsti české. (Alte böhmische Sagen; Old czech legends.) Jll.: Jiří Trnka. Praha: Albatros 1894;1973.
Langer, František	Bratrstvo bílého klíče.(Bruderschaft des weissen Schlüssels; The white key's fellowship.) Ill.: Ondřej Sekora. Praha: SNDK 1934;1968.
Němcová, Božena	Babička. (Grossmütterchen; Little grandmother.) Jll.: Adolf Kašpar. Praha: Albatros 1855;1971.
Nový, Karel	Rybaříci na Modré zátoce. (Die kleinen Fischer in der *Blauen Bucht;* The little fishers of the *Blue Creek.)* Jll.: Mirko Hanák. Praha: Albatros 1936;1971.
Pilař, František	Dýmka strýce Bonifáce. (Onkel *Bonifaz'* Pfeife; Uncle *Bonifac's* pipe.) Jll.: Kamil Lhoták. Praha: Albatros 1954; 1965.
Pleva, Josef Věromír	Malý Bobeš. (Der kleine *Bobeš;* Little *Bobeš.)* Jll.: František Doubrava. Praha: Albatros 1931—1934;1973.
Pludek, Alexej	Ptačí pírko. (Das Vogelfederchen; Bird's little feather.) Jll.: Jarmila Fenclová. Praha: SNDK 1959.
Poláček, Karel	Edudant a Francimor. *(Edudant* und *Francimor.)* Jll.: Josef Čapek. Praha: Albatros 1963;1970.
Řezáč, Václav (d.i. Václav Voňavka)	Poplach v Kovářske uličce. (Alarm im Schmiedegässlein; Alarm in Smith Alley.) Jll.: Josef Čapek. Praha: Albatros 1934;1971.
Říha, Bohumil	Divoký koník Ryn. (Das wilde Pferdchen *Ryn;* The wild foal *Ryn.)* Jll.: Mirko Hanák. Praha: Albatros 1966;1969.
Štorch, Eduard	Lovci Mamutů. (Mammutjäger; Mammoth hunters.) Jll.: Zdeněk Burian. Praha: Albatros 1918;1969.
Tomeček, Jaromír	Marko. *(Marko.)* Jll.: Mirko Hanák. Praha: Albatros 1967; 1972.
Župan, Franta	Pepánek nezdara. *(Sepplstreiche; Pepánek's* pranks.) Jll.: Vlastimil Rada. Praha: Albatros 1907;1967.

Adlová, Věra	Jarní symfonie. (Frühjahrssymphonie; The spring symphony.) Jll.: Gabriela Dubská. Praha: Albatros 1973.
Franková, Hermína	Plavčík a sardinky. (Der Schiffsjunge und die Sardinen; The cabin-boy and the sardines.) Jll.: Eva Bednářová. Praha: SNDK 1965.
Fučík, Julius	Reportáž psaná na oprátce. (Reportage, unter dem Strang geschrieben; Report written below hangman's noose.) Jll.: Vladimír Fuka. Praha: Albatros 1945;1974.
Hašek, Jaroslav	Terciánská vzpoura a jiné povídky. (Tertianeraufstand und andere Erzählungen; The 7th grade's revolt and other stories.) Jll.: Jan Brychta. Praha: SNDK 1939;1960.
Havlíček Borovský, Karel	Výbor z díla. (Auswahl aus dem Werk; Selection of the work.) Praha: SNDK 1851–1877; 1954.
Hercíková, Iva	Pět holek na krku. (Fünf Mädchen am Hals; Five girls on my neck.) Jll.: Kamil Lhoták. Praha: Albatros 1966.
Horelová, Eliška	Zdivočelá voda. (Das wilde Wasser; The wild water.) Jll.: Olga Čechová. Praha: Albatros 1973.
Jirásek, Alois	Filosofská historie. (Eine philosophische Geschichte; A philosophical story.) Jll.: Adolf Kašpar. Praha: SNDK 1878;1964.
Majerová, Marie (d.i. Marie Bartošová)	Robinsonka. (Die Robinsonin; Miss Robinson.) Jll.: Karel Svolinský. Praha: Československý spisovatel 1940;1973.
Neruda, Jan	Povídky malostranské. (Kleinseitner Geschichten; Stories from the Small Side.) Jll.: Karel Müller. Praha: Albatros 1878;1970.
Pašek, Mirko	Země za obzorem. (Das Land hinter dem Horizont; The land behind the horizon.) Jll.: Josef Liesler. Praha: Albatros 1966;1970.
Petiška, Eduard	Čtení o hradech. (Erzählungen über Burgen; Stories about castles.) Jll.: Jiří Mázl. Praha: Albatros 1970.
Poláček, Karel	Bylo nás pět. (Wir waren 5; We have been 5.) Brno: Lidová tiskárna 1946; 1960.
Procházka, Jan	Ať' žije republika. (Es lebe die Republik! Long live the republic!) Jll.: Jiří Trnka. Praha: SNDK 1965;1968. o.p.
Rudolf, Stanislav	Nepřeletí mne ptáci. (Die Vögel überfliegen mich nicht; The birds don't fly over me.) Jll.: Vladimír Tesař. Praha: Albatros 1974.
Říha, Bohumil	Nový Gulliver. (Der neue *Gulliver;* New *Gulliver.)* Jll.: Jan Kudláček. Praha: Albatros 1972;1974.

Seifert, Jaroslav   Maminka. (Mütterchen; Mummy.) Jll.: Jiří Trnka. Praha: **CS**
Albatros 1954;1971.

Šmahelová, Helena   Velké trápení. (Die grosse Qual; The great torment.)
(d.i. Helene   Jll.: Kamil Lhoták. Praha: Albatros 1957;1970.
Trostová)

Ota Janeček in F. Halas: před usnutím

3 – 6

Bendová, Krista	Čačky hračky. (Kunterbunte Spiele; Pell mell games.) Jll.: Alojz Klimo. Bratislava: Mladé letá 1954.
Dobšinský, Pavol	Janko Hraško. (*Hänschen* Erbschen; Peabody *Jack.*) Jll.: Štefan Cpin. Bratislava: Mladé letá 1880–1883;1973.
Ďuríčková, Mária	O Guľkovi Bombuľkovi. *(Knäuelchen Rundherum; Cles Rondabout.)* Jll.: Miloš Nesvadba. Bratislava: Mladé letá 1962;1973.
Hronský, Jozef Cíger	Budkáčik a Dubkáčik. *(Budel* und *Dubel.)* Jll.: Ondrej Zimka. Bratislava: Mladé letá 1932;1969.
Hronský, Jozef Cíger	Smelý zajko. (Das tapfere Häschen; Brave little hare.) Jll.: Jaroslav Vodrážka. Bratislava: Mladé letá 1930;1973.
Podjavorinská, Ľudmila	Čin-Čin. (Spatz *Tschin-Tschin; Chin-Chin* the sparrow.) Jll.: Viera Gergeľová. Bratislava: Mladé letá 1943;1971.
Podjavorinská, Ľudmila	Do školy. (Zur Schule; To school.) Jll.: Viera Gergeľová. Bratislava: Mladé letá 1960;1975.
Rázusová-Martáková, Mária	Prvý venček. (Das 1. Kränzchen; The first garland.) Jll.: Štefan Cpin. Bratislava: Mladé letá 1954;1972.
Varila myšička kašičku	Varila myšička kašičku. (Was kocht die Maus in ihrem Haus? What cooks the mouse in her house?) Jll.: Ľudovít Fulla. Bratislava: Mladé letá 1965;1975.

7 – 9

Bendová, Krista	Osmijanko rozpráva osemkrát osem rozprávok. *(Osmijanko* erzählt 8 x 8 Geschichten; *Osmijanko* tells 8 x 8 stories.) Jll.: Božena Plocháňová-Hajdučíková. Bratislava: Mladé letá 1967–1969;1974.
Čepčeková, Elena	Meduška. (Honigbiene; Honeybee.) Jll.: Božena Plocháňová-Hajdučíková. Bratislava: Mladé letá 1970;1974.
Ďuríčková, Mária	Danka a Janka. *(Danka* und *Janka.)* Jll.: Božena Plocháňová. Bratislava: Mladé letá 1961;1975.
Ďuríčková, Mária	Biela kňažná. (Die weisse Fürstin; The white princess.) Jll.: Miroslav Cipár. Bratislava: Mladé letá 1974.

79

Feldek, Ľubomír	Rozprávky na niti. (Die Märchen am Zwirn; The tales on the thread.) JII.: Ondrej Zimka. Bratislava: Mladé letá 1970. **CS$_S$**
Hranko, Martin	Furko a Murko. *(Schnurri* und *Murri.)* JII.: Ondrej Zimka. Bratislava: Mladé letá 1947;1971.
Moric, Rudo	O Haríkovi a Billovi, dvoch kamarátoch. *(Harry* und *Bill,* zwei Kameraden; *Harry* und *Bill,* two comrades.) Bratislava: Mladé letá 1974.
Navrátil, Ján	Uzlík a Nitka. (*Knötchen* und *Fädchen; Little Knot* and *Little Thread.*) JII.: Ladislav Nesselmann. Bratislava: Mladé letá 1973.
Ondrejov, Ľudo	Rozprávky z hôr. (Waldmärchen; Fairy tales of the wood.) JII.: Ľubomír Kellenberger. Bratislava: Mladé letá 1932;1963.
Pavlovič, Jozef	Bračekovia mravčekovia. (Brüderchen Ameischen; Little ant-brothers.) JII.: Jarmila Dicová. Bratislava: Mladé letá 1972;1975.
Rázusová-Martáková, Mária	Sedmikráska. (Das Gänseblümchen; The daisy.) JII.: Viera Kraicová. Bratislava: Mladé letá 1966;1973.

10 – 12

Bodenek, Ján	Ivkova biela mať. (*Ivkos* weisse Mutter; *Ivkov's* white mother.) JII.: Viera Bombová. Bratislava: Mladé letá 1938; 1968.
Dobšinský, Pavol	Slovenské rozprávky. (Slowakische Märchen; Slovak fairy tales.) JII.: Ľudovít Fulla. Bd 1.2. Bratislava: Mladé letá 1880–1883;1974.
Feldek, Ľubomír	Na motýlích krídlach. (Auf Schmetterlingsflügeln; On butter-fly's wings.) JII.: Ľubomír Kellenberger. Bratislava: Mladé letá 1973.
Horák, Jozef	Povesti. (Sagen; Legends.) JII.: František Šesták. Bratislava: Mladé letá 1969.
Huska, Miroslav Anton	Skalný hrad na Kriváni. (Die Felsenburg auf *Kriváň;* The rock castle on *Kriváň.)* JII.: Ferdinand Hložník. Bratislava: Mladé letá 1972.
Jarunková, Klára	Hrdinský zápisník. (2 in der Mehlkiste; 2 from the flower chest.) JII.: Miroslav Cipár. Bratislava: Mladé letá 1960;1974.
Kráľ, Fraňo	Čenkovej deti.*(Čenkovas* Kinder; *Czenkova's* children.) JII.: Štefan Cpin. Bratislava: Mladé letá 1932;1975.
Kráľ, Fraňo	Jano. *(Jano.)* JII.: Štefan Cpin. Bratislava: Mladé letá 1931; 1975.
Moric, Rudo	Z poľovníckej kapsy. (Aus des Jägers Tasche; From the hunter's bag.) JII.: Mirko Hanák. Bratislava: Mladé letá 1955;1971.

Němcová, Božena	Kráľ času. Slovenské rozprávky. (König der Zeit. Slowakische Märchen; King of the time. Slovak folk tales.) JII.: Alojz Klimo. Bratislava: Mladé letá 1857—1858;1974.	CS_S

Němcová, Božena — Kráľ času. Slovenské rozprávky. (König der Zeit. Slowakische Märchen; King of the time. Slovak folk tales.) JII.: Alojz Klimo. Bratislava: Mladé letá 1857—1858;1974.

Rázus, Martin — Maroško. *(Maroschko.)* JII.: Jozef Baláž. Bratislava: Mladé letá 1932; 1971.

Rázusová-Martáková, Mária — Junácka pasovačka. *(Jánošík, der Held der Berge; Jánošik, the hero of the mountains.)* JII.: Róbert Dúbravec. Bratislava: Mladé letá 1962;1974.

Šikula, Vincent — Prázdniny so strýcom Rafaelom. (Ferien mit Onkel *Rafael;* Holidays with uncle *Raphael.)* JII.: Štefan Cpin. Bratislava: Mladé letá 1966;1975.

Sliacky, Ondrej — Dcérka a mať. (Tochter und Mutter; Daughter and mother.) JII.: Blanka Votavová. Bratislava: Mladé letá 1968;1973.

Válek, Miroslav — Do Tramtárie. (Auf dem Weg nach *Tramtarien;* A trip to *Tramtaria.)* JII.: Miroslav Cipár. Bratislava: Mladé letá 1970; 1974.

Zelinová, Hana — Jakubko. *(Jakobchen;* Little *Jack.)* JII.: Vladimír Machaj. Bratislava: Mladé letá 1959;1974.

13 — 15

Čepčeková, Elena — Serenáda pre Martinu. (Serenade für *Martina;* Serenade for *Martina.*) JII.: Dušan Kallay. Bratislava: Mladé letá 1972.

Ferko, Milan — Keby som mal pušku. (Wenn ich eine Flinte hätte; If I had a gun.) JII.: Jozef Baláž. Bratislava: Mladé letá 1969.

Gašparová, Eleonóra — Fontána pre Zuzanu. (Ein Springbrunnen für *Zuzana;* A fountain for *Zuzana.)* JII.: Igor Rumanský. Bratislava: Mladé letá 1974.

Jarunková, Klára — Brat mlčanlivého Vlka. (Der Bruder des schweigenden *Wolfes;* The brother of the Taciturn *Wolf.)* JII.: Ivan Schurman. Bratislava: Mladé letá 1967;1972.

Jarunková, Klára — Jediná. (Die Einzige; The only one.) JII.: Daniela Zacharová. Bratislava: Mladé letá 1963;1972.

Kukučín, Martin — Mladé letá. (Die jungen Jahre; Young years.) Fotos. Bratislava: Mladé letá 1889;1975.

Ondrejov, Ľudo — Zbojnícka mladosť. (Rebellische Jugend; Rebellious youth.) JII.: Ľubomír Kellenberger. Bratislava: Mladé letá 1937;1974.

Šrámková, Jana — Biela stužka v tvojich vlasoch. (Das weisse Band in deinem Haar; The white ribbon in your hair.) JII.: Eugénia Lehotská. Bratislava: Mladé letá 1973.

| Zamarovský, Vojtech | Za siedmimi divmi sveta. (Auf der Suche nach den 7 Weltwundern; On the search for the 7 world miracles.) Jll.: Josef Pok, Fotos: Vojtech Zamarovský u.a. Bratislava: Mladé letá 1960;1975. | CS_S |

Zamarovský,
Vojtech

Za siedmimi divmi sveta. (Auf der Suche nach den 7 Welt-
wundern; On the search for the 7 world miracles.)
Jll.: Josef Pok, Fotos: Vojtech Zamarovský u.a. Bratislava:
Mladé letá 1960;1975.

Zúbek, Ľudo

Doktor Jesenius. (Doktor *Jesenius.)* Jll.: František Šesták.
Bratislava: Mladé letá 1956;1974.

CS_S

Miroslav Cipár in: M. Ďuríčková: Biela kňažná

In deutscher Sprache / In German language

3 – 6

Albus, Anita	Der Himmel ist mein Hut, die Erde ist mein Schuh. (The heaven is my hat, the earth is my shoe.) Jll.: Anita Albus. Frankfurt a.M.: Insel Verlag 1973.
Busch, Wilhelm	Max und Moritz. *(Max* and *Maurice.)* Jll.: Wilhelm Busch. Zürich: Diogenes Verlag 1865;1974.
Ende, Michael	Das kleine Lumpenkasperle. (The small rag puppet.) Jll.: Roswitha Quadflieg. Stuttgart: Urachhaus Verlag 1975.
Grieshaber, Hap	Herzauge. (The heart's eye.) Jll.: Hap Grieshaber. München: Parabel Verlag 1937;1969.
Grimm, Jakob Ludwig Karl / Grimm, Wilhelm Karl	Der goldene Vogel. (The golden bird.) Jll.: Lilo Fromm. München: Ellermann 1812;1972.
Haacken, Frans	Die turnende Tante und andere Pinneberger Geschichten. (The aunt who does gymnastics and other stories from *Pinneberg.)* Jll.: Frans Haacken. Oldenburg, Hamburg: Stalling 1968.
Hacks, Peter	Der Bär auf dem Försterball. (The bear at the foresters' ball.) Jll.: Walter Schmögner. Köln: Middelhauve 1972.
Hauff, Wilhelm	Der kleine Muck. (Little *Muck.)* Jll.: Monika Laimgruber. Zürich, München: Artemis Verlag 1974.
Heuck, Sigrid	Schnipsel im Wind. (Scraps in the wind.) Jll.: Sigrid Heuck. München: Betz 1970.
Heuck, Sigrid	Der Vogelbaum. (The bird tree.) Jll.: Sigrid Heuck. München: Betz 1963.
Hoffmann, Heinrich	Der Struwwelpeter. (Shock-headed *Peter.)* Jll.: Heinrich Hoffmann, Fritz Kredel. Gütersloh: Bertelsmann 1845;1970.
Janosch (d.i. Horst Eckert)	Ich bin ein grosser Zottelbär. (I am a great shaggy bear.) Jll.: Janosch (d.i. Horst Eckert). München: Parabel Verlag 1972.
Leip, Hans	Das Zauberschiff. The magic ship. Jll.: Hans Leip. Recklinghausen: Bitter 1947;1973.
Mitgutsch, Ali	Bei uns im Dorf. (In our village.) Jll.: Ali Mitgutsch. Ravensburg: Maier 1970;1972.

Mitgutsch, Ali	Rund um das Rad. (Around the wheel.) Jll.: Ali Mitgutsch. **D** Ravensburg: Maier 1975.
Scheidl, Gerda Marie	Das Mondgesicht. (The moon face.) Jll.: Antoni Boratyński. Freising: Sellier 1960;1973.
Schlote, Wilhelm	Die Geschichte vom offenen Fenster. (The story of the open window.) Jll.: Wilhelm Schlote. Frankfurt a.M.: Insel Verlag 1973.
Schroeder, Binette	Lupinchen. *(Lupinchen* = little lupine.) Jll.: Binette Schroeder. Mönchaltdorf: Nord-Süd-Verlag 1969.
Stoye, Rüdiger	In der Dachkammer brennt noch Licht. (There is still light in the garret.) Jll.: Rüdiger Stoye. Ravensburg: Maier 1973.
Waechter, Friedrich Karl	Wir können noch viel zusammen machen. (We can still make a lot together.) Jll.: Friedrich Karl Waechter. München: Parabel Verlag 1973.
Wendlandt, Kurt	Die drei Königreiche. (The 3 kingdoms.) Jll.: Kurt Wendlandt. Freising: Sellier 1971.
Wittkamp, Frantz	Herr Soundso aus Irgendwo. (Mister *Soundso* = What's his-name, from somewhere.) Jll.: Frantz Wittkamp. Gütersloh, München: Bertelsmann 1973.
Zimmermann, Reinhard Sebastian	Der Kraxenflori. (Back-basket *Florian.*) Jll.: Ali Mitgutsch. Freising: Sellier 1963.
Zimnik, Reiner	Der Bär auf dem Motorrad. (The bear on the motor-cycle.) Jll.: Reiner Zimnik. Zürich: Diogenes 1962;1963.

7 – 9

Baumann, Hans	Eins zu null für uns Kinder. (1 : 0 for us children.) Jll.: Jan Brychta. Oldenburg i.O.: Stalling 1973.
Bentzien, Karlheinz	Ene mene Tintenfass, rate, rate, was ist das? (*Ene mene* ink-pot, guess, guess, what is that?) Jll.: Thomas Rothfuss. Freiburg i.Br., Basel, Wien: Herder 1975.
Bienath, Josephine	Wo kommen die kleinen Tiere her? (From where do small animals come?) Fotos. München: Domino Verlag 1975.
Brembs, Dieter	Brembs' Tierleben. *(Brembs'* animal lives.) Jll.: Dieter Brembs. Weinheim a.d.Bergstrasse: Beltz & Gelberg 1974.
Brender, Irmela	Jeanette zur Zeit Schanett. *(Jeanette* at the moment *Janet.)* Jll.: Frantz Wittkamp. Gütersloh: Bertelsmann 1972.
Bürger, Gottfried August	Münchhausen. *(Münchhausen.)* Jll.: Gerhard Oberländer. Hamburg, München: Ellermann 1964.
Denneborg, Heinrich Maria	Jan und das Wildpferd. *(John* and the wild horse.) Jll.: Horst Lemke. Berlin: Dressler 1957;1970.

Ende, Michael	Jim Knopf und Lukas der Lokomotivführer. *(Jim Button and Luke the engine driver.)* Jll.: Franz Josef Tripp. Stuttgart: Thienemann 1960;1972.	**D**
Grimm, Jakob Ludwig Karl / Grimm, Wilhelm Karl	Kinder- und Hausmärchen. (Tales for children and the family.) Bd 1—3. Jll.: Gerhard Oberländer. München: Ellermann 1812—1815;1974.	
Guggenmos, Josef	Was denkt die Maus am Donnerstag? (What does the mouse think on Thursday?) Jll.: Günther Stiller. Recklinghausen: Bitter 1967;1973.	
Hauff, Wilhelm	Zwerg Nase. (Dwarf *Nose.)* Jll.: Friedrich Hechelmann. Mönchaltdorf, Hamburg: Nord-Süd-Verlag 1974.	
Hebel, Johann Peter	Der Zundelheiner. Sämtliche 8 Meisterdieberzählungen aus dem Rheinischen Hausfreund. *(Henry* the fire raiser. A collection of 8 master-thief-stories from the Rhineland housefriend.) Jll.: Franz Högner. Ebenhausen b. München: Langewiesche-Brandt 1809—1815;1974.	
Heckmann, Herbert/ Krüger, Michael (Hrsg.)	Kommt Kinder, wischt die Augen aus, es gibt hier was zu sehen. Die schönsten deutschen Kindergedichte. (Come children, dry your eyes, here is something to see. The favorite German children's poems.) Jll. München: Hanser 1974.	
Heseler, Anne	Es war ein knallroter Tag voller Schnurrbärte. (It was a fiery red day full of mustaches.) Jll.: Anne Heseler. München: Parabel Verlag 1967.	
Hollander, Jürgen von	Warum geht ein Baum spazieren? (Why does a tree go for a walk?) Jll.: Monika Böving. Donauwörth: Auer 1974.	
Krüss, James	Seifenblasen zu verkaufen. Das grosse Nonsens-Buch für jung und alt. (Soapbubbles to sell. The great book of nonsense for young and old.) Jll.: Eberhard Binder-Stassfurt, Elfriede Binder-Stassfurt. Gütersloh: Bertelsmann 1972.	
Krüss, James	So viele Tage wie das Jahr hat. (As many days as the year has.) Jll.: Eberhard Binder-Stassfurt. Gütersloh: Bertelsmann 1959;1971.	
Lentz-Penzoldt, Ulrike	In allen Häusern wo Kinder sind . . . (In all houses where there are children . . .) Jll. München: Ellermann 1975.	
Michels, Tilde	Karlines Ente. *(Caroline's* duck.) Jll.: Lilo Fromm. München: Ellermann 1960;1974.	
Michels, Tilde	Von zwei bis vier auf Sumatra. (Between 2 and 4 o'clock on Sumatra.) Jll.: Ruth Gilbert. Düsseldorf: Hoch 1971.	
Oberländer, Gerhard	Die Welt der Bienen. (The world of the bees.) Jll.: Gerhard Oberländer. München: Ellermann 1973.	
Preussler, Otfried	Der kleine Wassermann. (The little water sprite.) Jll.: Winnie Gebhardt-Gayler. Stuttgart: Thienemann 1956;1972.	

Spangenberg, Christa	Die grüne Uhr. (The green clock.) Jll.: Irmgard Lucht. München: Ellermann 1972;1974.	**D**

Wiechmann, Peter · Suanna. Das Märchen vom Mädchen und dem Licht. *(Suanna.* A tale about a little girl and the light.) Jll.: Dorle Saleike. München: Kellerpresse 1974.

Wisser, Wilhelm · Dummhannes. (Dull *John.)* Bearb.: Ernst Wisser. Jll.: Hans Pape. Freiburg i.Br.: Wewel 1914–1927;1961.

Zweierlein-Diehl, Erika · Helena und Xenophon. Ein archäologisches Kinderbuch. *(Helena* and *Xenophon.* An archaeological children's book.) Jll.. Mainz: von Zabern 1974.

10 – 12

Allfrey, Katharina · Delphinensommer. (The dolphin's summer.) Jll.: Ingrid Schneider. Berlin: Dressler 1963;1970.

Borchers, Elisabeth (Hrsg.) · Ein Fisch mit Namen Fasch. (A fish named *Fasch.)* Jll. München: Ellermann 1972.

Bote, Hermann · Till Eulenspiegel aus dem Lande Braunschweig. *(Till Eulenspiegel,* Owlglass, from the land Brunswick.) Jll.: Günther Lawrenz. Würzburg: Arena Verlag 1510;1974.

Brentano, Clemens · Witzenspitzel und andere Märchen. *(Witzenspitzel* and other tales.) Jll.: Horst Lemke. Düsseldorf: Hoch 1847;1968.

Ende, Michael · Momo. *(Momo.)* Jll.: Michael Ende. Stuttgart: Thienemann 1973.

Gehrts, Barbara · Wer ist der König der Tiere? (Who is the king of the animals?) Jll.: Wilfried Blecher. Bayreuth: Loewe 1973.

Gelberg, Hans Joachim (Hrsg.) · Kinderland, Zauberland. (Land of children, land of magic.) Jll.: Günther Stiller. Recklinghausen: Bitter 1967;1971.

Hauff, Wilhelm · Märchen. (Tales.) Jll.: Alfred Kubin. München: Nymphenburger Verlagshandlung 1825–1827;1967.

Kästner, Erich · Emil und die Detektive. *(Emil* and the detectives.) Jll.: Walter Trier. Berlin: Dressler 1928;1972.

Kästner, Erich · Das fliegende Klassenzimmer. (The flying classroom.) Jll.: Walter Trier. Berlin: Dressler 1933;1971.

Kästner, Erich · Der 35. Mai oder Konrad reitet in die Südsee. (May 35th or *Konrad* rides to the South Sea.) Jll.: Horst Lemke. Berlin: Dressler 1931;1970.

Kästner, Erich · Pünktchen und Anton. *(Pünktchen* = little dot, and *Anton.)* Jll.: Walter Trier. Berlin: Dressler 1930;1970.

Krüss, James · Mein Urgrossvater und ich. (My great grandfather and I.) Jll.: Jochen Bartsch. Hamburg: Oetinger 1959;1970.

Hap Grieshaber in: Herzauge

Michels, Tilde	Ich und der Garraga. (I and the *Garraga.)* Jll.: Erich Hölle. Düsseldorf: Hoch 1972.	**D**
Mühlenhaupt, Curt	Ringelblumen. (Marigolds.) Jll.: Curt Mühlenhaupt. Bayreuth: Loewe 1974.	
Mühlenweg, Fritz	Grosser Tiger und Christian. (Big-*Tiger* and *Christian.*) Freiburg i.Br.: Herder 1950;1969.	
Preussler, Otfried	Die Abenteuer des starken Wanja. (The adventures of the strong *Wanja.)* Jll.: Herbert Holzing. Würzburg: Arena Verlag 1968;1973.	
Preussler, Otfried	Krabat. *(Krabat.)* Jll.: Herbert Holzing. Würzburg: Arena Verlag 1971;1973.	
Ruck-Pauquèt, Gina	Joschko. *(Joshko.)* Jll.: Sigrid Heuck. Berlin: Dressler 1963; 1969.	
Spang, Günter	Der gläserne Heinrich. (Glass *Henry.)* Jll.: Friedrich Kohlsaat. Baden-Baden: Signal Verlag 1972.	
Thoma, Ludwig	Lausbubengeschichten. (Stories of saucy boys.) Jll.: Olaf Gulbransson. München: Piper 1905;1972.	
Wölfel, Ursula	Die grauen und die grünen Felder. (The grey and the green fields.) Mühlheim a.d.Ruhr: Anrich 1970.	
Zimnik, Reiner	Der Bär und die Leute. (The bear and the people.) Jll.: Reiner Zimnik. Berlin: Dressler 1954;1974.	

13 – 15

Baumann, Hans	Die Höhlen der grossen Jäger. (The caves of the great hunters.) Fotos. Stuttgart: Thienemann 1950;1972.
Baumann, Hans	Der Sohn des Columbus. (The son of *Columbus.)* Jll.: Friedrich Brust. Stuttgart: Thienemann 1951;1973.
Bartos-Höppner, Barbara	Tausend Schiffe trieb der Wind. (1000 ships were driven by wind.) Jll.: Margot Schaum. Stuttgart: Thienemann 1974.
Bayer, Ingeborg	Die vier Freiheiten der Hanna B. (The 4 freedoms of *Hanna B.)* Baden-Baden: Signal Verlag 1974.
Brustat-Naval, Fritz	Windjammer auf grosser Fahrt. (Windjammer on a long passage.) Jll.: Kurt Schmischke. Göttingen: W. Fischer 1973.
Engelhardt, Ingeborg	Ein Schiff nach Grönland. (A ship to Greenland.) Gütersloh: Bertelsmann 1959;1962.
Fährmann, Willi	Ausbruchsversuch. (Attempt to escape.) Würzburg: Arena Verlag 1971.
Fährmann, Willi	Kristina, vergiss nicht . . . *(Kristina,* don't forget . . .) Würzburg: Arena Verlag 1974.

Härtling, Peter	Das war der Hirbel. (That was *Hirbel.*) Jll.: Christa aus dem Siepen. Weinheim a.d.Bergstrasse, Basel: Beltz & Gelberg 1973.
Hageni, Alfred	Zauber der Ferne. (Magic of the far-away.) Düsseldorf: Hoch 1973.
Hetman, Frederik (d.i. Hans Christian Kirsch)	Amerika-Saga. (America-saga.) Jll.: Günther Stiller. Freiburg i.Br., Basel, Wien: Herder 1964;1972.
Kästner, Erich	Als ich ein kleiner Junge war. (When I was a small boy.) Jll.: Horst Lemke. Berlin: Dressler 1957; 1969.
Kaufmann, Herbert	Des Königs Krokodil. (The king's crocodile.) Fotos: Herbert Kaufmann. Graz, Köln: Styria 1959;1963.
Kristl, Wilhelm Lukas	Der Räuber Kneissl. (The robber *Kneissl.*) Jll.: Marlene Reidel. Ebenhausen b.München: Langewiesche-Brandt 1966;1971.
Kutsch, Angelika	Man kriegt nichts geschenkt. (One gets nothing for free.) Stuttgart: Union Verlag 1973.
Lütgen, Kurt	Kein Winter für Wölfe. (No winter for wolves.) Jll.: Kurt J. Blisch. Würzburg: Arena Verlag 1955;1974.
Noack, Hans-Georg	Rolltreppe abwärts. (Downward rolling staircase.) Baden-Baden: Signal Verlag 1970.
Pleticha, Heinrich	Bürger, Bauer, Bettelmann. Stadt und Land im späten Mittelalter. (Townsman, peasant, beggar. Town and countryside in the late mediaeval period.) Jll., Fotos. Würzburg: Arena Verlag 1971.
Pleticha, Heinrich	Lettern, Bücher, Leser. (Letters, books, readers.) Fotos. Würzburg: Arena Verlag 1970.
Press, Hans Jürgen	Der Natur auf der Spur. (On the track of nature.) Jll.: Hans Jürgen Press. Ravensburg: Maier 1972.
Reinowski, Max	Wal, Wal. Käppen Bornholdts glückliche Reise ins Eismeer. (Whale, whale. Captain *Bornholdt's* lucky voyage into the Polar Sea.) Jll.: Max Reinowski. Bonn: Hörnemann 1973.
Scherf, Walter	Zeltpostille. Geschichten und Lieder. (Postil for the tent. Stories and songs.) Jll.: Richard Engels, Leuthold Aulig. Heidenheim a.d.Brenz: Südmarkverlag 1956;1975.
Schmitz, Siegfried	Tiere kennen und verstehen. (Knowing and understanding animals.) Jll. Bonn-Röttgen: Hörnemann 1974.
Zimnik, Reiner	Die Trommler für eine bessere Zeit. (The drummers for a better time.) Jll.: Reiner Zimnik. Berlin: Dressler 1958.

D

In niederdeutscher Sprache / In Low German language

3 – 6

Diers, Heinrich	Riemels, Radels, Rummelpott. Plattdeutsche Kinderreime. (Reime, Rätsel, Rummelpott; Rhymes, riddles, rumble pot. Low German children's rhymes.) JII.: Hannelore Harms. Göttingen: Sachse & Pohl; Hildesheim: Lax 1968.
Schmidt, Joachim	Bimmel, bammel, beier. Plattdeutsche Kinderreime. *(Bimmel, bammel, beier. Low German children's rhymes.)* JII.: Werner Schinko. Neumünster: Wachholtz;Rostock: Hinstorff 1968.
Selk, Paal (Hrsg.)	Plattdütsche Kinnerriemels ut Sleswig-Holsteen. (Plattdeutsche Kinderreime aus Schleswig-Holstein; Low German children's rhymes of Slesvick-Holstein.) Itzehoe: Christiansen um 1970.

7 – 9

Cammann, Alfred (Hrsg.)	Die Welt der niederdeutschen Kinderspiele. (The world of Low German children's games.) Schloss Bleckede a.d.Elbe: Meissner 1970.
Kreggemeyer, A. P. (d.i. Arno Piechorowski)	Bestevaar vertelt. Olde Geschichten föör Kinder. (Grossvater erzählt. Alte Geschichten für Kinder; Grandfather is telling. Old stories for children.) JII.: Everhard Jans. Delden (Niederlande): Stabo 1968.
Runge, Philipp Otto	Die Märchen. (The fairy tales.) Hrsg.: Gustav Konrad. JII.: Felix Timmermans. Frechen: Bartmann 1808–1812; 1966.
Runge, Philipp Otto	Von den Fischer un syne Fru. Märchen. (Von dem Fischer und seiner Frau; About the fisher and his wife. Tale.) JII.: Romane Holderried Kaesdorf. Hamburg: Broschek 1812;1972 (Luxusausgabe).
Schröder, Wilhelm	Het Wettloopen tüschen den Haasen un den Swinegel up der Buxtehuder Heid. – Der Wettlauf zwischen dem Hasen und dem Igel auf der Buxtehuder Heide. (The race of the hare and the hedgehog on the *Buxtehude Heath.)* JII.: Gustav Süs. Hamburg: Broschek 1840;1967.

Siefkes, Wilhelmine	Dor was ins mal. (Es war einmal; Once upon a time.) Jll.: Martha Zylmann. Jever: Mettcker 1923;1964.	**Dp**
Strackerjan, Ludwig	Aus dem Kinderleben. Spiele, Reime, Räthsel. (From children's life. Games, rhymes, riddles.) Leer: Schuster 1851;1974.	
Wisser, Wilhelm	Wat Grotmoder vertellt. (Was die Grossmutter erzählt; What grandmother is telling.) Jll.: Eva Kongsbak. H. 1—4. Hamburg-Wellingsbüttel: Verlag der Fehrs-Gilde 1904— 1909;1956.	

10 — 12

Brinckman, John	Kasper Ohm un ick. (Onkel *Kaspar* und ich; Uncle *Caspar* and I.) Hamburg: Krüger und Nienstedt 1854;1964.
Cammann, Alfred (Hrsg.)	Märchenwelt des Preussenlandes. (A world of fairy tales from Prussia.) Schloss Bleckede a.d.Elbe: Meissner 1973.
Ehrke, Hans (Hrsg.)	De eersten Schräd. (Der erste Schritt; The first step.) Itzehoe: Christiansen um 1972.
Jürgensen, Gustav (Hrsg.)	Plattdüütsch Wiehnachtsbook. Geschichten un Gedichten. (Plattdeutsches Weihnachtsbuch. Geschichten und Gedichte; Low German Christmas book. Stories and poems.) Jll.: Hans O. E. Gronau. Hamburg: Verlag der Fehrs-Gilde 1965.
Ranke, Kurt	Schleswig-holsteinische Volksmärchen. (Folk tales of Slesvick-Holstein.) Bd 1—3. Kiel: Hirt 1955—1962.
Reuter, Fritz	Läuschen un Rimels. (Kleine Erzählungen und Gedichte; Short stories and poems.) Neumünster: Wachholtz 1853— 1858;1965.
Ruseler, Georg	De dröge Jan. (Der trockene *Jan;* The dry *John.)* Olden- burg i.O.: Holzberg 1919;1970.
Siefkes, Wilhelmine	Van lüttje un groote Knevels. (Von kleinen und grossen Kerlen; About small and big fellows.) Jll.: Karl Freede. Leer: Schuster 1950;1961.

13 — 15

Droste, Georg	Ottjen Alldag. *(Otto Alldag* = everyday.) Bremen: Schünemann 1913;1966.
Fehrs, Johann Hinrich	Kinnerland. (Kinderland; Land of childhood.) Hamburg: Verlag der Fehrs-Gilde 1953.
Groth, Klaus Johann	Quickborn. Volksleben in plattdeutschen Gedichten. (Well of life. Folk life in Low German poems.) Jll.: Otto Speckter. Berlin: Haude & Spener 1852;1968.

Groth, Klaus Johann	Quickborn. (Well of life.) Leer: Schuster 1852;1975.
Holschen, Krüschan	Riemelreegen. (Reimreihen; Ranges of rhymes.) Leer: Schuster 1974.
Rogge, Alma	Hinnerk mit'n Hot. Plattdeutsche Geschichten. (*Hinnerk mit dem Hut; Henry* with the hat. Low German stories.) Oldenburg i.O.: Holzberg 1937;1972.
Siefkes, Wilhelmine	Keerlke. En gang dör en kinnerland. (*Keerlke* = Kerlchen; Little fellow. A childhood walk.) Leer: Schuster 1940;1973.
Siefkes, Wilhelmine	Tant' Remda fahrt na Genua. (Tante *Remda* fährt nach Genua; Aunt *Remda* travels to Genoa.) Leer: Schuster 1969.
Wisser, Wilhelm	Plattdeutsche Märchen. (Low German folk tales.) Hrsg.: Kurt Ranke. Düsseldorf, Köln: Diederichs 1914—1927;1970.

Gustav Süs in W. Schröder: Het Wettloopen tüschen den Haasen un den Swinegel

DEUTSCHE DEMOKRATISCHE REPUBLIK
GERMAN DEMOCRATIC REPUBLIC

In deutscher Sprache / In German language

3 – 6

Appelmann, Karl-Heinz	Eine Wolke schwarz und schwer. (A cloud black and heavy.) Jll.: Karl-Heinz Appelmann. Berlin: Groszer 1974.
Feustel, Ingeborg	Bibi. *(Bibi.)* Jll.: Eberhard Binder. Berlin: Kinderbuchverlag 1967;1972.
Hüttner, Hannes	Bei der Feuerwehr wird der Kaffee kalt. (For the fire-engine the coffee turns cold.) Jll.: Gerhard Lahr. Berlin: Kinderbuchverlag 1969;1971.
Könner, Alfred	Die Hochzeit des Pfaus. (The peacock's wedding.) Jll.: Klaus Ensikat. Berlin: Groszer 1972;1974.
Rodrian, Fred	Hirsch Heinrich. (Stag *Henry.)* Jll.: Werner Klemke. Berlin: Kinderbuchverlag 1960;1972.
Rodrian, Fred	Wir gehen mal zu Fridolin. (Let's go now to *Fridolin.)* Jll.: Gertrud Zucker. Berlin: Kinderbuchverlag 1971;1973.
Rodrian, Fred	Das Wolkenschaf. (The cloud sheep.) Jll.: Werner Klemke. Berlin: Kinderbuchverlag 1958;1969.
Shaw, Elizabeth	Das Bärenhaus. (The bears' house.) Jll.: Elizabeth Shaw. Berlin: Kinderbuchverlag 1973.
Shaw, Elizabeth	Bella Belchaud und ihre Papageien. *(Bella Belchaud* and her parrots.) Jll.: Elizabeth Shaw. Berlin: Kinderbuchverlag 1970.
Werner, Nils	Hinterm Zirkuszelt. (Behind the circus tent.) Jll.: Hans Baltzer. Berlin: Kinderbuchverlag 1959;1969.

7 – 9

Arnim, Ludwig Joachim von / Brentano, Clemens	Kinderreime und Kinderlieder aus des Knaben Wunderhorn. (Nursery rhymes and children's songs from The youth's wonder horn.) Red.: Helmut Preissler. Jll.: Gerhard Rappus. Berlin: Kinderbuchverlag 1970;1973.
Fühmann, Franz	Reineke Fuchs. Neu erzählt. *(Reynard* the fox. Newly retold.) Jll.: Werner Klemke. Berlin: Kinderbuchverlag 1964;1972.

Fühmann, Franz	Die Suche nach dem wunderbunten Vögelchen. (The quest **DDR** for the wonder-coloured bird.) JII.: Ingeborg Friebel. Berlin: Kinderbuchverlag 1960;1973.
George, Edith / Hänsel, Regina	Ans Fenster kommt und seht. Gedichte für Kinder. (Come to the window and see. Poems for children.) JII.: Eberhard Binder-Stassfurt. Berlin: Kinderbuchverlag 1964;1970.
Grimm, Jakob Ludwig Karl / Grimm, Wilhelm Karl	Die Kinder- und Hausmärchen. (Tales for children and the family.) JII.: Werner Klemke. Berlin: Kinderbuchverlag 1962;1973.
Hacks, Peter	Das Turmverliess. (The dungeon.) JII.: Eberhard Binder-Stassfurt. Berlin: Kinderbuchverlag 1962.
Küchenmeister, Wera	Auf dem ABC-Stern. (On the abc-star.) JII.: Gertrud Zucker. Berlin: Kinderbuchverlag 1967;1973.
Pludra, Benno	Bootsmann auf der Scholle. (Boatman on the ice floe.) JII.: Werner Klemke. Berlin: Kinderbuchverlag 1959;1972.
Pludra, Benno	Lütt Matten und die weisse Muschel. (Little *Matthew* and the white shell.) JII.: Werner Klemke. Berlin: Kinderbuchverlag 1964;1973.
Prokofjew, Sergej	Peter und der Wolf. (*Peter* and the wolf.) JII.: Frans Haacken. Berlin: Holz 1958;1973.
Stengel, Hansgeorg	So ein Struwwelpeter. (Such a shock-headed *Peter.)* JII.: Karl Schrader. Berlin: Kinderbuchverlag 1970;1973.
Stahl, Rudi	Sandmännchen auf der Leuchtturminsel. (The little sandman on the lighthouse island.) JII.: Eberhard Binder-Stassfurt. Berlin: Kinderbuchverlag 1964;1973.

10 – 12

Brecht, Bert	Ein Kinderbuch. (A child's book.) Hrsg.: Rosemarie Hill, Herta Ramthun. JII.: Elizabeth Shaw. Berlin: Kinderbuchverlag 1965;1973.
David, Kurt	Der Spielmann vom Himmelspfortgrund. (The minstrel from *Himmelspfortgrund* = heaven's gate valley.) JII.: Renate Jessel. Berlin: Kinderbuchverlag 1964;1973.
Durian, Fred	Erzähl von deinen Tieren. (Tell about your animals.) JII.: Hans Baltzer. Berlin: Kinderbuchverlag 1964;1970.
Feustel, Günther	Jonathan. *(Jonathan.)* JII.: Hilmar Proft, Irmhild Proft. Berlin: Groszer 1969;1972.
Fühmann, Franz	Shakespeare-Märchen. Für Kinder erzählt. (Stories from *Shakespeare.* Told for children.) JII.: Bernhard Nast. Berlin: Kinderbuchverlag 1968;1970.

Hardel, Gerhard	Jenny. *(Jenny.)* Jll.: Bernhard Nast. Berlin: Kinderbuch-verlag 1961;1972.	**DDR**
Holtz-Baumert, Gerhard	Die drei Frauen und ich. (The 3 women and I.) Jll.: Manfred Bofinger. Berlin: Kinderbuchverlag 1973.	
Lazar, Auguste	Sally Bleistift in Amerika. *(Sally Pencil* in America.) Jll.: Sándor Ék (d.i. Alex Keil). Berlin: Kinderbuchverlag 1935;1965.	
Meinck, Willi	Die seltsamen Abenteuer des Marco Polo. *(Marco Polo's* strange adventures.) Jll.: Hans Mau. Berlin: Kinderbuch-verlag 1955;1972.	
Meinck, Willi	Die seltsamen Reisen des Marco Polo. *(Marco Polo's* strange travels.) Jll.: Hans Mau. Berlin: Kinderbuchverlag 1957;1972.	
Neumann, Karl	Frank und Irene. *(Frank* and *Irene.)* Jll.: Bernhard Nast. Berlin: Kinderbuchverlag 1958;1973.	
Pludra, Benno	Die Reise nach Sundevit. (The trip to *Sundevit.)* Jll.: Hans Baltzer. Berlin: Kinderbuchverlag 1965;1973.	
Renn, Ludwig	Trini. Die Geschichte eines Indianerjungen. *(Trini.* The story of an Indian boy.) Jll.: Kurt Zimmermann. Berlin: Kinder-buchverlag 1954;1972.	
Richter, Götz Rudolf	Savvy, der Reis-Schopper. *(Savvy,* the rice shopper.) Jll.: Kurt Zimmermann. Berlin: Kinderbuchverlag 1956;1972.	
Strittmatter, Erwin	Pony Pedro. (Pony *Pedro.)* Jll.: Hans Baltzer. Berlin: Kinder-buchverlag 1959;1973.	
Wedding, Alex (d.i. Grete Weiskopf)	Ede und Unku. *(Ede* and *Unku.)* Fotos. Berlin: Kinderbuch-verlag 1931;1971.	
Wellm, Alfred	Kaule. *(Kaule.)* Jll.: Heinz Rodewald. Berlin: Kinderbuch-verlag 1962;1973.	

13 – 15

Bastian, Horst	Die Moral der Banditen. (The bandits' morale.) Jll.: Kurt Klamann. Berlin: Kinderbuchverlag 1964;1971.
Bergner, Edith	Tosho und Tamiki. *(Tosho* and *Tamiki.)* Jll.: Jörg Rössler. Berlin: Kinderbuchverlag 1969;1972.
Beseler, Horst	Jemand kommt. (Somebody is coming.) Jll.: Thomas Schleusing. Berlin: Kinderbuchverlag 1972;1973.
Beseler, Horst	Käuzchenkuhle. (Screech owl's hole.) Jll.: Horst Bartsch. Berlin: Neues Leben 1965;1972.
Daumann, Rudolf.	Der Untergang der Dakota. (The defeat of the *Dakotas.)* Jll.: Eberhard Binder-Stassfurt. Berlin: Neues Leben 1957; 1972.

David, Kurt	Begegnung mit der Unsterblichkeit. (Meeting with immortality.) Berlin: Kinderbuchverlag 1970;1973.	**DDR**

David, Kurt — Begegnung mit der Unsterblichkeit. (Meeting with immortality.) Berlin: Kinderbuchverlag 1970;1973.

Durian, Wolf — Lumberjack. Abenteuer in den Wäldern Nordamerikas. (Lumberjack. Adventures in North-America's woods.) JII.: Ruprecht Haller. Berlin: Kinderbuchverlag 1956;1959.

Fühmann, Franz — Das hölzerne Pferd. (The wooden horse.) JII.: Eberhard Binder, Elfriede Binder. Berlin: Neues Leben 1968;1971.

Görlich, Günter — Den Wolken ein Stück näher. (A little nearer to the clouds.) JII.: Renate Jessel. Berlin: Kinderbuchverlag 1971;1973.

Hartenstein, Elisabeth — Der rote Hengst. (The red stallion.) JII.: Ursula Mattheuer-Neustädt. Leipzig: Prisma-Verlag 1974.

Jendryschik, Manfred — Jo, mitten im Paradies. *(Jo,* in the middle of Paradise.) JII.: Armin Münch. Rostock: Hinstorff 1974.

Kant, Uwe — Das Klassenfest. (The class feast.) Berlin: Kinderbuchverlag 1969;1973.

Klatt, Edith — Neitah, ein Mädchen im hohen Norden. (*Neitah,* a girl from the far north.) Fotos: Anna Riwkin-Brick. Berlin: Groszer 1955;1969.

Klaus, Sebastian — Gang durch versunkene Städte. (A walk through engulfed towns.) JII.: Hans Happach. Leipzig: Prisma-Verlag 1974.

Klein, Eduard — Severino von den Inseln. (*Severino* from the islands.) JII.: Karl Fischer. Berlin: Neues Leben 1972.

Korn, Ilse / Korn, Vilmos — Mohr und die Raben von London. *(Mohr =* black, and the ravens of London.) JII.: Kurt Zimmermann. Berlin: Kinderbuchverlag 1962;1973.

Meinck, Willi — Der Untergang der Jaguarkrieger. (The fall of the *Jaguar* warriors.) JII.: Bernhard Nast. Berlin: Kinderbuchverlag 1968;1973.

Nowotny, Joachim — Der Riese im Paradies. (The giant in paradise.) JII.: Kurt Zimmermann. Berlin: Kinderbuchverlag 1969;1971.

Pludra, Benno — Tambari. *(Tambari.)* Berlin: Kinderbuchverlag 1969;1973.

Strittmatter, Erwin — Tinko. *(Tinko.)* JII.: Carl von Appen. Berlin: Kinderbuchverlag 1954;1971.

Welskopf-Henrich, Liselotte — Die Söhne der Grossen Bärin. (The sons of the *Great Bear.)* Bd 1–3. Berlin: Groszer 1951–1974.

DEUTSCHE DEMOKRATISCHE REPUBLIK
GERMAN DEMOCRATIC REPUBLIC

In niederdeutscher Sprache / In Low German language

3 – 6

Schmidt, Joachim (Hrsg.)	Bimmel, bammel, beier. Plattdeutsche Kinderreime. *(Bimmel, bammel, beier.* Low German children's rhymes.) Jll.: Werner Schinko. Rostock: Hinstorff 1968.

7 – 9

Groth, Klaus Johann	Voer de Goern. Kinderreime alt und neu. (Für die Kinder; For the children. Children's rhymes old and new.) Hrsg.: Kurt Batt. Jll.: Ludwig Richter. Rostock: Hinstorff 1858; 1970.
Lyser, Johann Peter (Hrsg.; d.i. Ludwig Peter August Burmeister)	De Swienegel als Wettrenner. Ein plattdeutsches Märchen. (Der Igel als Wettläufer; The hedgehog as foot-racer. A Low German folk tale.) Jll.: Johann Peter Lyser (d.i. Ludwig Peter August Burmeister.) Leipzig: Edition Leipzig 1853; 1965.

10 – 12

Brinckman, John	Kasper-Ohm un ick. (Onkel *Kaspar* und ich; *Uncle Casper* and I.) Rostock: Hinstorff 1855;1960.
Neumann, Siegfried	Plattdeutsche Legenden und Legendenschwänke. (Low German legends and legendary jests.) Berlin: Evangelische Verlagsanstalt 1973.
Neumann, Siegfried	Plattdeutsche Schwänke. (Low German jests.) Rostock: Hinstorff 1968.
Reuter, Fritz	Läuschen un Rimels. (Kleine Erzählungen und Gedichte; Short stories and poems.) Hrsg.: Kurt Batt. Rostock: Hinstorff 1853—1859;1961.

Groth, Klaus Johann	Quickborn. (Well of life.) Hrsg.: Kurt Batt. Rostock: Hinstorff 1852;1962.
Meyer-Scharffen- berg, Fritz	Dörpgeschichten. (Dorfgeschichten; Village tales.) Rostock: Hinstorff 1959;1974.
Reuter, Fritz	Hanne Nüte un de lütte Pudel. 'Ne Vagel- un Minschen- geschicht. *(Hanne Nüte* und der kleine Pudel = Krauskopf. Eine Vogel- und Menschengeschichte; *John Nüte* and the little poodle = curly-head. A bird and a man story.) Jll.: Otto Speckter. Rostock: Hinstorff 1860;1974.

Klaus Ensikat in A. Könner: Die Hochzeit des Pfaus

DEUTSCHE DEMOKRATISCHE REPUBLIK
GERMAN DEMOCRATIC REPUBLIC

In sorbischer Sprache / In Sorbian language

3 — 6

Břězan, Jurij	Słoń i grzyby. (Der Elefant und die Pilze; The elephant and the mushrooms.) Jll.: Luděk Vimr. Budyšin (Bautzen): Domowina-Verlag 1963;1974.
Břězan, Jurij	Wulke dyrdomdejstwo małeho kococa. (Die grossen Abenteuer des kleinen Katers; The great adventures of the small tom-cat.) Jll.: Květa Pacovská. Budyšin (Bautzen): Domowina-Verlag 1966.
Hendrich, Gerat	Dyrdomdejstwa Pumpota. (*Pumpots* Abenteuer; *Pumpot's* adventure.) Jll. Budyšin (Bautzen): Domowina-Verlag 1970.
Libš, Gerat	Z połnej karu. (Mit voller Karre; With full cart.) Jll. Budyšin (Bautzen): Domowina-Verlag 1970.
Naglowa, Ingrid	Hdže je Milenka? (Wo ist *Milenka?* Where is *Milenka?*) Jll.: Eberhard Binder. Budyšin (Bautzen): Domowina-Verlag 1974.
Swěć słončko swěć	Swěć słončko swěć. (Scheine, Sonne, scheine; Shine, sun, shine.) Jll. Budyšin (Bautzen): Domowina-Verlag 1969.

7 — 9

Bjeńšowa-Rachelic, Hańža	Jank a Bärbel. (*Jank* und *Bärbel*.) Jll. Budyšin (Bautzen): Domowina-Verlag 1969.
Bjeńšowa-Rachelic, Hańža	Klimpotata ryby. (Der klimpernde Fisch; The jingling fish.) Jll.: Hans Mau. Budyšin (Bautzen): Domowina-Verlag 1968.
Bjeńšowa:Rachelic, Hańža	Spušćej so na Maksa. (Verlass dich auf *Max*; Rely on *Max.*) Jll. Budyšin (Bautzen): Domowina-Verlag 1970.
Hempel, Jan	Kak bu wódny muž braška. (Wie der Wassermann zum Braška = Hochzeitsbitter, wurde; How the watersprite became a brashka = arranger of the wedding.) Jll.: Jan Hempel. Budyšin (Bautzen): Domowina-Verlag 1974.
Kubašec, Marja	Ptače worakawstwa. (Lustige Streiche der Vögel; The birds' funny tricks.) Jll. Budyšin (Bautzen): Domowina-Verlag 1970.

Pösel, Ehrentraud / Šoɫta, Pawoɫ	Spěwnik za 3. a 4. lětnik serbskich polytechniskich wyšich šulow. (Singbuch für das 3. und 4. Jahr der sorbischen polytechnischen höheren Schulen; Songbook for the 3. and 4. year of the Sorbian Polytechnical High Schools.) Jll.: Inge Gürtzig. Budyšin (Bautzen): Domowina-Verlag 1974.
Winarjec, Hańža	Maɫy zahrodnik. (Kleiner Garten; Little garden.) Jll.: Ellen Schneider-Stötzner. Budyšin (Bautzen): Domowina-Verlag 1974.
Wornar, Jan	Čapla a Hapla. Bajka z našich dnjow. (*Čapla* und *Hapla*. Ein Märchen aus unseren Tagen; A fable from our times). Jll.: Harri Förster. Budyšin (Bautzen): Domowina-Verlag 1969;1974.

10 – 12

Nawka, Achim	Rodak na Lubinje. (*Rodak* auf dem *Thromberg; Rodak* on *Throm* Hill.) Jll.: Ingeborg Meyer-Rey. Budyšin (Bautzen): Domowina-Verlag 1968.
Wjela, Jan	Wulke přećelstwo. (Die grosse Freundschaft; The great friendship.) Jll. Budyšin (Bautzen): Domowina-Verlag 1968.
Wjela, Jurij / Wjela, Jan	Bjez proćy a potu njepřińdźeš zɫotu. (Ohne Arbeit und Schweiss kommst du nicht zu Gold; Without labour and sweat you don't reach gold.) Jll.: Gerhard Stauf. Budyšin (Bautzen): Domowina-Verlag1965.
Wornar, Jan	Dypornak ma ptačka. (*Dypornak* hat einen Vogel; *Dypornak* is crazy.) Jll.: Ellen Schneider-Stötzner. Budyšin (Bautzen): Domowina-Verlag 1974.

13 – 15

Dybzahk	Dybzahk. (Tasche). Jll. Budyšin (Bautzen): Domowina-Verlag 1967.
Janak, Korla	W pazorach fašizma. (In den Pranken des Faschismus; In the clutches of fascism.) Budyšin (Bautzen): Domowina-Verlag 1970.

10 – 12

Schmidt, Ernst: Bunte sorbische Ostereier. (Coloured Sorbian easter eggs.)
JII.: U. Lange; Fotos: L. Balke, K. Heine, G. Kubenz,
S. Lange. Bautzen: Domowina-Verlag 1962;1975.

13 – 15

Brězan, Jurij   Die schwarze Mühle. (The black mill.) JII.: Werner Klemke.
Berlin: Neues Leben 1968.

Zejler, Handrij   Der betresste Esel. (The striped donkey.) Bautzen: Domowina-Verlag 1969.

Ellen Schneider-Stötzner in H. Winarjec: Maŀy zahrodnik

In dänischer Sprache / In Danish language

3 – 6

Andersen, Hans Christian	Fyrtøjet. (Das Feuerzeug; The tinder-box.) Jll.: Svend Otto. København: Gyldendal 1835;1972.
Andersen, Hans Christian	Den grimme aelling. (Das hässliche junge Entlein; The ugly duckling.) Jll.: Johannes Larsen. København: Gyldendal 1844;1971.
Brande, Marlie	Morgenmanden Nikolaj. *(Nikolai der Frühaufsteher; Nikolaj the early riser.)* Jll.: Marlie Brande. København: Gyldendal 1968.
Holm Knudsen, Per	Den lille blå bil. (Das kleine blaue Automobil; The little blue car.) Jll.: Per Holm Knudsen. København: Borgen 1971.
Mathiesen, Egon	Aben Osvald. (Der Affe *Oswald; Oswald* the monkey.) Jll.: Egon Mathiesen. København: Gyldendal 1947;1967.
Mathiesen, Egon	Fredrik med bilen. *(Friedrich* mit dem Automobil; *Frederick* and the car.) Jll.: Egon Mathiesen. København: Gyldendal 1944;1969.
Mollerup, Helga	Skal vi laese et eventyr. (Lasst uns ein Märchen lesen; Let's read a fairy-tale.) Jll.: Robert Storm Petersen. København: Hagerup 1942;1967.
Nielsen, Erik Kaas	Rim og remser for små og store. (Reime für Kleine und Grosse; Rhymes for small and big.) Jll.: Chr. Sekjaev. København: Politikens Forlag 1974.
Quist Møller, Flemming	Cykelmyggen Egon. (Die Fahrradmücke *Egon; Egon* the cycling mosquito.) Jll.: Flemming Quist Møller. København: H. Reitzel 1967.
Rasmussen, Halfdan	Halfdans ABC. *(Halfdans* ABC.) Jll.: Ib Spang Olsen. København: Carlsen 1969.
Sigsgaard, Jens (Hrsg.)	Okker gokker gummiklokker og andre børnerim. *(Okker gokker* (Lautmalerei), Gummiglocken und andere Kinderreime; *Okker gokker* (onomatopoeia) rubber bells and other nursery rhymes.) Jll.: Arne Ungermann. København: Gyldendal 1943;1969.
Sigsgaard, Jens	Palle alene i verden. (*Paul* allein in der Welt; *Paul* alone in the world.) Jll.: Arne Ungermann. København: Gyldendal 1942;1969.

Spang Olsen, Ib	Det lille lokomotiv. (Die kleine Lokomotive; The little engine.) Jll.: Ib Spang Olsen. København: Gad 1963;1967.	**DK**

7 – 9

Andersen, Benny	Snøvsen og Eigil og katten i saekken. *(Snøvsen* (verdattert) und *Eigil* und die Katze im Sack; *Snøvsen* (dither) and *Eigil* and the cat in the sack.) Jll.: Signe Plesner Andersen. København: Borgen 1967;1971.
Andersen, Benny	Snøvsen og Snøvsine. *(Snøvsen* (verdattert) und *Snøvsine; Snøvsen* (dither) and *Snøvsine.)* Jll.: Signe Plesner Andersen. København: Borgen 1972.
Andersen, Benny	Snøvsen pa sommerferie. *(Snøvsen* (verdattert) in Sommerferien; *Snøvsen* (dither) on summer holidays.) Jll.: Signe Plesner Andersen. København: Borgen 1970.
Birkeland, Thøger	Kommode-ungerne. (Die Kommodenkinder; The commode kids.) Jll.: Kirsten Hoffmann. København: Gyldendal 1966; 1970.
Birkeland, Thøger	På jagt efter Sambo. (Auf der Jagd nach *Sambo;* Hunting after *Sambo.)* Jll.: Kirsten Hoffmann. København: Gyldendal 1968.
Birkeland, Thøger	Syloføjserne. (Die *Syloføser;* The *Syloføses.)* Jll.: Kirsten Hoffmann. København: Gyldendal 1967.
Iversen, Kjeld	Familien med de 100 børn. (Die Familie mit den hundert Kindern; The family with the hundred children.) Jll.: Peter Blay. København: Borgen 1964;1971.
Kirkegaard, Ole Lund	Albert. *(Albert.)* Jll.: Ole Lund Kirkegaard. København: Gyldendal 1968;1972.
Kirkegaard, Ole Lund	Otto er et naesehorn. *(Otto* ist ein Nashorn; *Otto* is a rhinoceros.) Jll.: Ole Lund Kirkegaard. København: Gyldendal 1972.
Rasmussen, Halfdan	Børnerim. (Kinderreime; Nursery rhymes.) Jll.: Ib Spang Olsen. København: Schønberg 1964;1970.
Spang Olsen, Ib	Folkene pa vejen. (Die Leute unterwegs; People on the way.) Jll.: Ib Spang Olsen. København: Gyldendal 1972.
Spang, Olsen Ib	Kattehuset. (Das Katzenhaus; The cats' house.) Jll.: Ib Spang Olsen. København: Gyldendal 1968.

Andersen, Hans Christian	Eventyr og historier. (Märchen und Geschichten; Fairy tales and stories.) JII.: Vilhelm Petersen, Lorenz Frølich. Red.: Hans Brix. København: Gyldendal 1835–1872;1967.
Andersen, Leif Esper	Heksefeber. (Hexenfieber; Witch fever.) JII.: Mads Stage. København: Gyldendal 1974.
Andersen, Maria	Tudemarie. *(Tudemarie.)* København: Hagerup 1941;1969.
Andersen, Maria	Hvad der videre haendte Tudemarie. (Was weiter mit *Tudemarie* geschah; What happened further to *Tudemary.)* København: Hagerup 1942;1969.
Andersen, Maria	Tudemarie søger plads. *(Tudemarie* sucht einen Arbeitsplatz; *Tudemary* looks for work.) København: Hagerup 1944;1967.
Birkeland, Thøger	Krumme og pigerne. *(Krumme* (Krümel) und die Mädchen; *Krumme* (crumb) and the girls.) JII.: Kirsten Hoffmann. København: Gyldendal 1972.
Birkeland, Thøger	Krummerne. (Die *Krummer* (Krümel); The *Krumme* (crumbs).) JII.: Kirsten Hoffmann. København: Gyldendal 1969.
Birkeland, Thøger	Saftevands-mordet. (Der Obstsaft-Mord; The fruit juice murder.) København: Gyldendal 1968;1970.
Birkeland, Thøger	Stakkels Krumme. (Armer *Krumme* (Krümel); Poor *Krumme* (crumb).) JII.: Kirsten Hoffmann. København: Gyldendal 1971.
Bødker, Cecil	Silas fanger et firspand. *(Silas* fängt ein Viergespann; *Silas* captures a four-in-hand.) Kastrup: Branner og Korch 1972.
Bødker, Cecil	Silas og Ben-Godik. *(Silas* und *Bein-Godik; Silas* and *Leg-Godik.)* Kastrup: Branner og Korch 1969.
Bødker, Cecil	Silas og den sorte hoppe. *(Silas* und die schwarze Stute; *Silas* and the black mare.) Kastrup: Branner og Korch 1967; 1971.
Christensen, Søren	Skrinet med guldnøglen og andre eventyr. (Der Schrein mit dem Goldschlüssel und andere Märchen; The shrine with the golden key and other tales.) JII.: Svend Otto. København: Gyldendal 1965.
Ditlevsen, Tove	Annelise – tretten år. *(Anneliese –* 13 Jahre; *Anneliese –* 13 years of age.) JII.: Kamma Svensson. København: Høst 1958;1973.
Ditlevsen, Tove	Hvad nu Annelise? (Was jetzt, *Anneliese?* What next, *Anneliese?)* JII.: Kamma Svensson. København: Høst 1960;1968.

Kristensen, Tom	Bokserdrengen. Kina i oprør. (Der *Boxer*-Junge. China im Aufruhr; The *Boxer* boy. China in revolt.) Jll.: Oscar Knudsen. København: Erichsen 1925;1972.	**DK**
Lauring, Palle	Stendolken. (Der Steindolch; The stone dagger.) Jll.: Ib Spang Olsen. København: Høst 1956;1968.	

13 – 15

Birkeland, Thøger	Farlig fredag. (Gefährlicher Freitag; Dangerous Friday.) København: Gyldendal 1970.
Birkeland, Thøger	Lasse Pedersen. *(Lasse Pedersen.)* København: Gyldendal 1972.
Bødker, Cecil	Leoparden. (Der Leopard; The leopard.) Kastrup: Branner og Korch 1970.
Haugaard, Erik Christian	Bag krigens kaerre. (Hinter dem Karren des Krieges; Behind the war cart.) København: Høst 1971.
Haugaard, Erik Christian	De små fisk. (Die kleinen Fische; The small fish.) København: Hø st 1969.
Jeppesen, Poul	Kuppet. (Der Überfall; The robbery.) København: Jespersen og Pio 1971.
Lyngbirk, Jytte	Rejse med Kit. (Reise mit *Kit;* A trip with *Kit.)* København: Jespersen og Pio 1968;1973.
Ramløv, Preben	Rigshofmesterens sønner. (Des Reichsschatzmeisters Söhne; The treasurer of the realm's sons.) København: Gyldendal 1961.

Svend Otto in H. C. Andersen: Fyrtøjet

Elinborg Lützen in H. Brú: Aevintýr. Bd 6

In färingischer Sprache / In Faroese language

3 – 6

Hammershaimb, Venzel Ulricus	Gívrinar hol í Sandoy. Gomul føroysk søgn. (Die Trollhöhle in *Sandoy*. Eine alte färingische Sage; The troll cave of *Sandoy*. An old Faroese tale.) JII.: Zakaris Heinesen. Bearb.: Frants Restorff, Zakaris Heinesen. Tórshavn: Grafia 1967.
Højgaard, Elin Bjørg	Stina, Tina og Tummas. *(Stina, Tina* und *Tummas.)* JII.: Elin Bjørg Højgaard. Tórshavn: Føroya Laerarafelag 1972.
Jacobsen, Steinbjörn Berghamar	Hin snjóvíti kettlingurin. (Das schneeweisse Kätzchen; The snow-white kitten.) JII.: Bárður Jacobsen. Tórshavn: Steplið 1971.
Jacobsen, Steinbjörn Berghamar	Hönan og hanin. (Das Huhn und der Hahn; The hen and the cock.) JII.: Bárður Jacobsen. Tórshavn: Steplið 1970.
Jacobsen, Steinbjörn Berghamar	Lív og hundurin. *(Liv* und der Hund; *Liv* and the dog.) JII.: Bárður Jacobsen. Tórshavn: E. Thomsen 1974.
Jacobsen, Steinbjörn Berghamar	Maeid. (Das Bählamm; The bleating lamb.) JII.: Bárður Jacobsen. Tórshavn: Steplið 1971.
Maria, Maria, Marolla	Maria, Maria, Marolla. Ein ramsa at ramsa. *(Maria, Maria, Marolla.* Ein Reim zum Aufsagen; A rhyme for reciting.) JII.: Elinborg Lützen. Gøtu: Estra 1967.

7 – 9

Enni, Jóhannes	Piltarnir. (Die kleinen Jungen; The little boys.) JII.: Bárður Jacobsen. Tórshavn: Føroya Skúlabókagrunnur 1972.

10 – 12

Brú, Heðin	Aevintýr. (Märchen; Folk tales.) JII.: Elinborg Lützen. Bd 1–6. Tórshavn: Føroya Laerarafelag 1959–1974;1974.
Heinesen, Maud	Marjun og tey. *(Marjun* und sie = ihre Familie; *Marjun* and they = her family.) JII.: Elin Heinesen. Tórshavn: Egið Forlag 1974.

Jacobsen, Stein-björn Berghamar	Krákuungarnir. (Krähenjunge; Crow children.) Jll.: Bárður Jacobsen. Tórshavn: Steplið 1972.
Jakobsen, Jakob	Sagnirnar um Óla Jarnheys og Snaebjörn. (Erzählungen von *Óli Jarnheysur* = Óli Eisenschädel und *Schneebär;* Stories of *Óli Jarnheysur* = Óli Ironhead and *Snow Bear.)* Jll.: Bárður Jákupsson. Tórshavn: E. Thomsen 1974.
Joensen, Martin	Klokkan ringir. (Die Uhr schlägt; The bell rings.) Jll.: William Heinesen. Tórshavn: Føroya Laerarafelag 1962.
Johannesen, Marius	Nósi kjósagrái. (Das kleine Robbenjunge mit dem grauen Hals; The sealpuppy with the grey chest.) Jll.: Jóna Johannesen. Tórshavn: Bókaforlagið Grønalið 1975.
Johansen, Sámal	Heimbygdin og aðrar søgur. (Der Heimatort und andere Erzählungen; The home village and other stories.) Jll.: Magni Dalsgaard. Tórshavn: Føroya Laerarafelag 1972.
Mortansson, Eilif	Ein ribbaldur. (Ein wilder Kerl; A wild fellow.) Tórshavn: H. N. Jacobsen 1948;1970.
Olsen, Jacob	Nú breddar. (Nun taucht etwas auf; Now something emerges.) Tórshavn: Føroya Laerarafelag 1964.

Birgitte Hastrup in: Ango

DÄNEMARK (GRÖNLAND) / DENMARK (GREENLAND) DKgr

In grönländischer Sprache / In Greenlandish language

3 — 6

Berg, Karin / Berg, Hans	savautigdlit. *(Jgaliko.* Eine grönländische Siedlung; A Greenlandish settlement.) Jll.: Hans Berg. Godthåb: kalâtdlitnuñane nakiterisitsissarfik, Det Grønlandske Forlag 1972.
Olsen, Kristian	Mambo. *(Mambo.)* Jll.: Kristian Olsen. Godthåb: Kalâtdlit-nuñance nakiterisitsissarfik, Det Grønlandske Forlag 1973.

7 — 9

Hastrup, Birgitte	Ango. *(Ango.)* Jll.: Birgitte Hastrup. Godthåb: kalâtdlit-nunane nakiterisitsissarfik, Det Grønlandske Forlag 1972.
Heilmann, Peter	mineq kalaaliararlu. *(Klein P* und der Eskimo-Junge; *Little P* and the Eskimo boy.) Jll.: Rina Dahlerup. Godthåb: kalâtdlit-nuñane nakiterisitsissarfik, Det Grønlandske Forlag 1970.
Krüger, Hanne Merete	Pavias fødselsdag. Pâviap inuvigsiornera. *(Pavias* Geburtstag; *Pavia's* birthday.) Ill.: Erik Emil Krüger. København: Red Barnet 1969.
Kruse, Karl	târssûp atâne. Jll.: Karl Kruse. Godthåb: kalâtdlit-nuñane nakiterisitsissarfik, Det Grønlandske Forlag 1975.
Schiøler, Ebbe	kalipaissup issaruai. (Die Brille des Malers; The painter's spectactles.) Jll.: Carsten Schiøler. Godthåb: kalâtdlit-nuñane nakiterisitsissarfik, Det Grønlandske Forlag 1971.

SPANIEN / SPAIN

In spanischer Sprache (Castellano) / In Spanish language (Castellano)

3 – 6

Benet, Amelia	David y los tulipanes. *(David* und die Tulpen; *David* and the tulips.) Jll.: María Rius. Barcelona: Juventud 1969;1970.
Benet, Amelia	Silvia y Miguel en verano. *(Silvia* und *Miguel* im Sommer; *Silvia* and *Miguel* in summer.) Jll.: Roser Rius. Barcelona: Juventud 1970.
Cómo hace	Cómo hace. (Was sie tun; What they do.) Jll.: Irene Balaguer. (Ohne Text.) Barcelona: La Galera 1973.
Cómo me lavo	Cómo me lavo. (Wie ich mich wasche; How I wash.) Jll. (Ohne Text.) Barcelona: La Galera 1973.
Culla, Rita	Rita en la cocina de su abuela. *(Rita* in der Küche ihrer Grossmutter; *Rita in her grandmother's kitchen.)* Jll.: Rita Culla. Barcelona: Juventud 1971.
Día de excursión	Un día de excursión. (Ein Ausflug; A day on an excursion.) Jll.: Carmen Solé. (Ohne Text.) Barcelona: La Galera 1973.
Día en el zoo	Un día en el zoo. (Ein Tag im Zoo; One day at the zoo.) Jll.: Carmen Solé. (Ohne Text.) Barcelona: La Galera 1973.
En casa	En casa de los abuelos. (Im Haus der Grosseltern; In the grandparents' house.) Jll. Barcelona: La Galera 1973.
García Sánchez, J.L. / Pacheco, Miguel Ángel	Soy el aire. (Ich bin die Luft; I am the air.) Jll.: Miguel Calatayud. Madrid: Altea 1974.
García Sánchez, J.L. / Pacheco, Miguel Ángel	Soy el fuego. (Ich bin das Feuer; I am the fire.) Jll.: Manuel Boix. Madrid: Altea 1974.
Jiménez-Landi Martínez, Antonio	El circo. (Der Zirkus; The circus.) Jll.: Faustino Goico Aguirre. Madrid: Aguilar 1956;1974.
Mi escuela	Mi escuela. (Meine Schule; My school.) Jll.: Carmen Solé. (Ohne Text.) Barcelona: La Galera 1973.
Saludes, Jordi	Hace mucho tiempo. (Vor langer Zeit; A long time ago.) Jll.: Jordi Saludes. Barcelona: Juventud 1969;1971.

Aguirre Bellver, Joaquín	El caballo de madera. (Das Holzpferd; The wooden horse.) JII.: Celedonio Perellón. Madrid: Editora Nacional 1963.
Candel, Francisco	Una nueva tierra. (Ein neues Land; A new land.) JII.: Cesc (d.i. Francisco Vila). Barcelona: La Galera 1967.
Del Amo, Montserrat	Chitina y su gato. *(Chitina* und ihre Katze; *Chitina* and her cat.) JII.: María Rius. Barcelona: Juventud 1970.
Fernández Luna, Concepción	Aventuras de Pito y Pico. (Die Abenteuer von *Pito* und *Pico;* The adventures of *Pito* and *Pico.)* JII.: José P. Jardiel. Salamanca: Anaya 1963.
Fernández Luna, Concepción	Fiesta en Terrilandia. (Das Fest in *Terrilandia* = Erdeland; Feast in *Terrilandia* = Earthland.) JII.: Daniel Zarza. Salamanca: Anaya 1965.
Ferrán, Jaime	Ángel en España. (Ein Engel in Spanien; An angel in Spain.) JII.: María Antonia Dans. Madrid: Doncel 1970.
Ferrán, Jaime	Mañana de parque. (Ein Morgen im Park; A morning in the park.) JII.: Viví Escrivá. Madrid: Anaya 1972.
Fuertes, Gloria	Cangura para todo. (Känguruh für alles; Kangoroo for everything.) JII.: Marcel (d.i. Marcel Bergés). Barcelona: Lumen 1967.
García Lorca, Federico	Canciones y poemas para niños. (Lieder und Gedichte für Kinder; Songs and poems for children.) JII.: Daniel Zarza. Barcelona: Labor 1974.
Gefaell, María Luísa	Antón Retaco. Los niños tristes. *(Antón Retaco.* Die traurigen Kinder; *Antón Retaco.* The sad children.) JII.: Pilarín Bayés. Madrid: Narcea 1955;1973.
Ioenescu, Ángela C. (d.i. Angela Castiñeira Ionescu)	De un país lejano. (Aus einem fernen Land; From a far country.) JII.: Máximo San Juan. Madrid: Doncel 1962;1969.
Lissón, Asunción/ Valeri, María Eulalia (Hrsg.)	Luna llena. (Vollmond; Full moon.) JII.: Fina Rifá. Barcelona: La Galera 1971.
Madariaga, Salvador de	El sol, la luna y las estrellas. (Die Sonne, der Mond und die Sterne; The sun, the moon and the stars.) JII.: Horacio Elena. Barcelona: Juventud 1954;1974.
Matute, Ana María	Carnavalito. (Puppenmaskerade; Puppet masquerade.) JII.: Cesca (d.i. Francesca Jaume), Marcel Bergés. Barcelona: Lumen 1962;1972 (Taschenbuch).
Matute, Ana María	El saltamontes verde. (Der grüne Grashüpfer; The green grasshopper.) JII.: Cesca (d.i. Francesca Jaume). Barcelona: Lumen 1960;1971.

Osorio, Marta	El caballito que quería volar. (Das kleine Pferd, das fliegen wollte; The little horse who wanted to fly.) Jll.: María Luísa Jover. Barcelona: La Galera 1968.
Recio, Rita	Poemas para vosotros. (Gedichte für euch; Poems for you.) Jll.: Horacio Elena. Barcelona: Juventud 1974.
Romero, Marina	Alegrías. Poemas para niños. (Die Freuden. Gedichte für Kinder; Happiness. Poems for children.) Jll.: Sigfrido de Guzmán y Gimeno. Salamanca: Anaya 1972.
Sánchez-Silva, José María	Ladis, un gran pequeño. *(Ladis,* ein grosser Kleiner; *Ladis* a grand little boy.) Jll.: José Luís Macías Sampedro. Alcoy: Marfil 1971;1973.

10 – 12

Aguirre Bellver, Joaquín	El juglar del Cid. (Der Gaukler des *Cid;* The *Cid's* juggler.) Jll.: Julián Nadal. Madrid: Doncel 1960;1970.
Aguirre Bellver, Joaquín	Miguelín. (Klein-*Michael;* Little *Michael.)* Jll.: Antonio Zarco. Madrid: Aguado 1965;1971.
Buñuel, Miguel	El niño, la golondrina y el gato. (Der Junge, die Schwalbe und die Katze; The child, the swallow and the cat.) Jll.: Lorenzo Goñi. Madrid: Doncel 1959;1969.
Casona, Alejandro	Flor de leyendas. (Die schönsten Heldensagen; The finest heroic tales.) Jll.: Faustino Goico Aguirre. Madrid: Aguilar 1959;1974.
Castroviejo, Concepción	El jardín de las siete puertas. (Der Garten mit den 7 Türen; The garden with the 7 doors.) Jll.: Fernando Benito. Madrid: Doncel 1961;1968.
Cervantes Saavedra, Miguel de	Aventuras de Don Quijote de la Mancha. (Abenteuer von Don *Quijote* von *La Mancha;* Adventures of Don *Quijote* of *La Mancha.)* Jll.: Celedonio Perellón. Bd 1.2. Madrid: Edaf 1605;1972.
Cervantes Saavedra, Miguel de	Don Quijote de la Mancha. (Der geistreiche Ritter Don *Quijote* von *La Mancha;* The ingenious gentleman Don *Quijote* of *La Mancha.)* Jll.: Roque Riera Rojas. Bd 1.2. Barcelona: Credsa 1605;1966.
Del Amo, Montserrat	Aparecen los Blok. (Der „Notizblock" erscheint; The "Notebook" appears.) Jll.: Rita Culla. Barcelona: Juventud 1971;1973.
Ferrán, Jaime	Ángel en Colombia. (Engel in Kolumbien; Angel in Columbia.) Jll.: María Antonia Dans. Madrid: Doncel 1967.
Gefaell, María Luísa	El Cid. (Der *Cid;* The *Cid.)* Jll.: Laszlo Gal. Barcelona: Noguer 1140;1970.

Ionescu, Ángela C. (d.i. Ángela Castiñeira Ionescu.)	El país de las cosas perdidas. (Das Land der verlorenen Dinge; The country of the lost things.) Jll.: Manuel Boix, Miguel Calatayud. Madrid: Doncel 1971.
Jiménez, Juan Ramón	Platero y yo. *(Platero* und ich; *Platero* and I.) Jll.: Rafael Munoa. Madrid: Aguilar 1914;1972.
Jiménez-Landi Martínez, Antonio	Leyendas de España.(Sagen aus Spanien;Legends from Spain.) Jll.: Ricardo Zamorano. Madrid: Aguilar 1963;1971.
Kurtz, Carmen	Color de fuego. (Feuerfarbe; Colour of fire.) Jll.: Alejandra Vidal. Barcelona: Lumen 1964;1973.
Kurtz, Carmen	Oscar, espía atómico. *(Oskar,* der Atomspion; *Oscar,* the atomic spy.) Jll.: Carlos María Alvarez. Barcelona: Juventud 1963;1966.
Lazarillo de Tormes	El Lazarillo de Tormes. (Der *Lazarillo* von *Tormes;* The *Lazarillo* of *Tormes.)* Jll.: Faustino Goico Aguirre. Madrid: Aguilar 1554;1972.
Lazarillo de Tormes	Vida del Lazarillo de Tormes. (Leben des *Lazarillo* von *Tormes;* The life of *Lazarillo* of *Tormes.)* Jll.: Julio Montañés. Madrid: Gisa 1554;1974.
Matute, Ana María	Caballito loco. (Das törichte kleine Pferd; Little crazy horse.) Jll.: Marcel Bergés. Barcelona: Lumen 1962.
Matute, Ana María	Paulina. *(Paulina.)* Jll.: Francesca Jaume. Barcelona: Lumen 1960;1969.
Matute, Ana María	El polizón del "Ulises". (Der blinde Passagier der „Ulysses"; The blind passenger from the "Ulysses".) Jll.: Francesca Jaume. Barcelona: Lumen 1965; 1973.
Medina, Arturo	El silbo del aire. Antología lírica infantil. (Das Sausen des Windes. Lyrik-Anthologie für Kinder; Sounds of the wind. Anthology of poetry for children.) Jll.: Roser Agell. Barcelona: Vicens Vives 1965;1971.
Molina, María Isabel	Balada de un castellano. (Ballade eines Kastilianers; Castilian's ballad.) Jll.: Manuel Boix, Miguel Calatayud. Madrid: Doncel 1970.
Molina, María Isabel	Las ruinas de Numancia. (Die Trümmer von *Numancia;* The ruins of *Numancia.)* Jll.: Julián Nadal. Madrid: Doncel 1965; 1969.
Molina Llorente, Pilar	El terrible florentino. (Der gewaltige Florentiner; The terrible Florentine.) Jll. Madrid: Doncel 1973.
Morales, Rafael	Dardo, el caballo del bosque. *(Dardo,* das Pferd aus dem Wald; *Dardo,* the horse from the forest.) Jll.: Ricardo Zamorano. Madrid: Doncel 1961;1970.
Morales, Rafael	Leyendas de Al-Andalus. (Sagen aus Andalusien; Tales from Andalusia.) Jll.: Alvaro Delgado. Madrid: Aguilar 1960;1961.

Muelas, Federico	Ángeles albriciadores. (Engel bringen gute Nachrichten; The angels are bringing good news.) Jll.: Pepi Sánchez. Madrid: Doncel 1971.
Pemán, José María	Cuentos para grandes y chicos. (Geschichten für Grosse und Kleine; Stories for big and small people.) Jll.: Rosa María Estadella. Barcelona: Lumen 1961;1970.
Rico de Alba, Lolo	Josfa, su mundo y la oscuridad. *(Josfa,* seine Welt und die Dunkelheit; *Josfa,* his world and the darkness.) Jll.: Francisco Soro. Barcelona: La Galera 1972.
Sadot Pérez, Fernando	Cuentos del Zodíaco. (Die Märchen von den Tierkreiszeichen; Tales of the Zodiac.) Jll.: Begoña Fernández. Madrid: Doncel 1971.
Samaniego, Félix María	Fábulas. (Fabeln; Fables.) Jll.: Jaime Gracia Albiol. Barcelona: Verón 1781–1784;1972.
Sánchez Coquillat, Marcela	Un castillo en el camino. (Ein Schloss am Weg; A castle on the way.) Jll.: Elvira Elías. Barcelona: Juventud 1963;1965.
Sánchez-Silva, José María	Marcelino Pan y Vino. *(Marcelino,* Brot und Wein; *Marcelino,* bread and wine.) Jll.: Lorenzo Goñi. Madrid: Doncel 1952;1973.

13 – 15

Alavedra, Juan	La extraordinaria vida de Pablo Casals. (Das ausserordentliche Leben von *Pablo Casals;* The extraordinary life of *Pablo Casals.)* Fotos. Barcelona: Aymá 1969.
Azorín (d.i. José Martínez Ruíz)	España clara. (Helles Spanien; The bright Spain.) Fotos: Nicolás Muller. Madrid: Doncel 1966;1973.
Bravo-Villasante, Carmen	Antología de la literatura infantil española. (Anthologie der spanischen Kinderliteratur; Anthology of the Spanish children's literature.) Jll.: Celedonio Perellón, Adán Ferrer. Bd. 1.2. Madrid: Doncel 1963;1973.
Castroviejo, Concepción	Los días de Lina. *(Linas* Tage; *Lina's* days.) Jll.: Arge. Madrid: Magisterio Español 1971.
Medina, Arturo	El silbo del aire. Antología lírica juvenil. (Das Sausen des Windes. Lyrik-Anthologie für junge Leute; Sounds of the wind. An anthology of poems for the young.) Jll.: Roser Agell. Barcelona: Vicens Vives 1965;1971.
Molina Llorente, Pilar	Ut y las estrellas. *(Ut* und die Sterne; *Ut* and the stars.) Jll.: Celedonio Perellón. Madrid: Doncel 1964;1971.
Nieto, Ramón	Grandes personajes de la literatura. (Grosse Persönlichkeiten der Literatur; Great personages from literature.) Madrid: Santillana 1969.

Palau Fabre, José	La extraordinaria vida de Picasso. (Das ausserordentliche Leben von *Picasso; Picasso's* extraordinary life.) Fotos. Barcelona: Aymá 1972.	**E**
Ribes, Francisco	Canciones populares de España y América. (Volkslieder aus Spanien und Amerika; Popular songs from Spain and Latin America.) Jll.: Eduardo Barahona. Madrid: Santillana 1969.	
Toral Peñaranda, Carolina	Los mejores cuentos juveniles de la literatura universal. (Die besten Jugenderzählungen aus der Weltliteratur; The best juvenile stories from the world literature.) Jll.: Félix Puente. Bd 1.2. Barcelona: Labor 1965.	
Van-Halen, Juan	España en su poesía actual. (Spanien in seiner Gegenwarts-Poesie; Spain in its contemporary poetry.) Madrid: Doncel 1973.	

Roque Riera Rojas in M. de Cervantes: Don Quijote de la Mancha. Bd 2

SPANIEN / SPAIN

In galicischer Sprache (Gallego) / In Galician language (Gallego)

3 – 6

Arias, Xoan Carlos   Calriños e o abó. (*Calriños* = kleiner Karl, und der Grossvater; *Calriños* = Charlie, and the grandfather.) Jll.: Kindermalerei. Vigo: Galaxia 1972.

Graña, Bernardino   O león e o paxaro rebelde. (Der Löwe und der aufrührerische Vogel; The lion and the rebellious bird.) Jll.: Kindermalerei. Vigo: Galaxia 1969.

Gregorio-Fernández, Miudo e a campaiña dos grilos. (*Miudo* und das Zirpen der
Emilio   Grille; *Miudo* and the cricket's chirping.) Jll.: Kindermalerei. Vigo: Galaxia 1971.

Lobo e o raposo   O lobo e o raposo. (Der Wolf und der Fuchs; The wolf and the fox.) Jll.: Kindermalerei. Vigo: Galaxia 1967.

7 – 9

Agrelo Herme,   O espanta-paxaros. (Die Vogelscheuche; The scarecrow.)
Xosé   Jll.: Mima (Kindermalerei). Vigo: Galaxia 1972.

Casares, Carlos   A galiña azul. (Das blaue Huhn; The blue hen.) Jll.: Kindermalerei. Vigo: Galaxia 1968.

Cousas de Xan   Cousas de Xan e Pedro. (Die Angelegenheiten von *Xan* und *Pedro;* The affairs of *Xan* and *Pedro*.) Fotos. Vigo: Galaxia 1971

Delgado   O neno mentiran e o lobo. (Das verlogene Kind und der Wolf;
Rodríguez, F.   The lying child and the wolf.) Jll.: Kindermalerei. Vigo: Galaxia 1972.

Don Gaifar   Don Gaifar e o tesouro. (Herr *Gaifar* und der Schatz; Mister *Gaifar* and the treasure.) Jll.: Kindermalerei; Fotos. Vigo: Galaxia 1970.

Lecturas galegas   Lecturas galegas. (Galicisches Lesebuch; Galician reading book.) Bd 1. Jll.: Castelao. Vigo: Galaxia 1972.

López-Casanova,   O bosque de Ouriol. (*Ouriol*'s Wald; *Ouriol*'s forest.)
Arcadio   Jll.: Mima (Kindermalerei). Vigo: Galaxia 1973.

Prieto, Laureano   Contos pra nenos. (Märchen für Kinder; Tales for children.) Jll.: Virxilio (Kindermalerei). Vigo: Galaxia 1968.

Torres, Xohana	Polo mar van as sardiñas. (Die Sardinen ziehen mit der See; **Eg** The sardines are going with the sea.) Jll.: Ismael Balanyà. Barcelona: La Galera 1967.

10 – 12

Casares, Carlos	As laranxas máis laranxas de todas as laranxas. (Die Orangen, die besten Orangen von allen Orangen; The oranges, the best oranges of all the oranges.) Jll.: Luís Seoane. Vigo: Galaxia 1973.
Moreno Márquez, María Victoria	Mar adiante. (Kurs vorwärts; Course ahead.) Jll.: María Victoria Moreno Márquez. Lugo: Do Castro 1973.

13 – 15

Cabanillas, Ramón	Cancionero popular galego. (Galicisches Volksliederbuch; Book of Galician folksongs.) Vigo: Galaxia 1973.
Casares, Carlos	Cambio en tres. (Wechsel in drei; Changement in three.) Vigo: Galaxia 1969.
Castro, Rosalía de	Cantares gallegos. (Galicische Gedichte; Galician poems.) Vigo: Galaxia 1863; 1970.
Castroviejo, Xosé Maria	Memorias dunha terra. (Erinnerungen eines Landes; Memories of a country.) Vigo: Galaxia 1973.
Contos	Contos. (Erzählungen; Tales.) Vigo: Galaxia 1965.
Contos populares	Contos populares da provincia de Lugo. (Volksmärchen aus Lugo; Folk tales from Lugo.) Vigo: Galaxia 1972.
Cunqueiro, Alvaro	Merlín e familia, i outras historias. (*Merlín* und Familie und andere Geschichten; *Merlín* and family and other stories.) Jll.: Prego de Olivier. Vigo: Galaxia 1955;1968.
Cunqueiro, Álvaro	Xente de aquí e acolá. (Leute von hier und dort; People from here and there.) Vigo: Galaxia 1971.
Fole, Ánxel	Á lus do candil. (Im Licht der Öllampe; In the light of the oil lamp.) Jll.: Xohán Ledo. Vigo: Galaxia 1953;1968.
Moure Mariño, Luis	Sempre matinando. (Immer früh aufstehen; Always getting up early.) Vigo: Galaxia 1971.
Santiago, Silvio	Villardevós. (*Villardevós*.) Vigo: Galaxia 1961; 1971.

SPANIEN / SPAIN

In katalanischer Sprache / In Catalan language

3 – 6

Benet, Amèlia	En David i les tulipes. *(David* und die Tulpen; *David* and the tulips.) Jll.: Maria Rius. Barcelona: Juventud 1970.
Benet, Amèlia	Per què canten els ocells? (Warum die Vögel singen? Why the birds sing?) Jll.: Maria Rius. Barcelona: Teide 1967.
Culla, Rita	L'Eva a casa la tia. *(Eva* im Haus der Tante; *Eva* in the aunt's house.) Jll.: Rita Culla. Barcelona: Juventud 1970.
Culla, Rita	Tinc amics. (Ich habe Freunde; I have friends.) Jll.: Rita Culla. Barcelona: Juventud 1973.
Desclot, Miquel	El blanc i el negre. (Das Weiss und das Schwarz; The white and the black.) Jll.: Maria Lluïsa Jover. Barcelona: La Galera 1971.
Garganté, Josep / Jover, Maria Lluïsa	Jo sóc el groc. (Ich bin das Gelb; I am the yellow.) Jll.: Maria Lluïsa Jover. Barcelona: La Galera 1968.
Garganté, Josep / Jover, Maria Lluïsa	Jo sóc el vermell. (Ich bin das Rot; I am the red.) Jll.: Maria Lluïsa Jover. Barcelona: La Galera 1971.
Ollé, Maria Àngels	El gat i el lloro. (Die Katze und der Papagei; The cat and the parrot.) Jll.: Pilarín Bayés. Barcelona: Nova Terra 1966.
Patufet	En Patufet. (Der *Patufet* = Der Kleinste; The smallest one.) Jll.: Pilarín Bayés. Barcelona: La Galera 1971.
Rateta que escombrava	La rateta que escombrava l'escaleta. (Das Mäuschen, das die kleine Treppe kehrte; The little mouse who swept the small stairs.) Jll.: Pilarín Bayés. Barcelona: La Galera 1971.
Rifà, Fina	El sant de l'àvia. (Der Namenstag der Grossmutter; The grandmother's name day.) Jll.: Fina Rifà. Barcelona: La Galera 1965;1971.
Roca, Concepció	El tren que va perdre una roda. (Der Zug, der ein Rad verlor; The train that lost a wheel.) Jll.: Aurora Altisent. Barcelona: La Galera 1965.
Saludes, Jordi	Fa molt de temps. (Vor langer Zeit; A long time ago.) Jll.: Jordi Saludes. Barcelona: Juventud 1970.
Valeri, Maria Eulàlia	El gegant del pi. (Der Riese der Pinie; The giant of the pine.) Jll.: Pilarín Bayés. Barcelona: La Galera 1972.

Valeri, Maria Eulàlia	Si jo feia un parc . . . (Wenn ich einen Zoo machen könnte; **E**k If I could make a zoo . . .) Jll.: Antoni Nadal. Barcelona: La Galera 1965;1971.
Valeri, Maria Eulàlia / Lisson, Assumpció (Hrsg.)	La lluna, la pruna. (Der Mond, die Pflaume; The moon, the plum.) Jll.: Fina Rifà. Barcelona: La Galera 1971.

7 – 9

Bagué, Enric	Històries del meu país. (Erzählungen meines Landes; Stories of my country.) Jll.: Jordi Aguadé. Barcelona: Teide 1974.
Bagué, Enric	Quan la ciutat tenia portes i muralles. (Als die Stadt Tore und Mauern hatte; When the town had gates and walls.) Jll.: Mariona Lluch. Barcelona: Teide 1969.
Benet, Amèlia	El gos i el seu amo. (Der Hund und sein Herr; The dog and its master.) Jll.: Carme Solé Vendrell. Barcelona: Teide 1971.
Capmany, Maria Aurèlia	Ni teu ni meu. (Nicht deines, nicht meines; Not yours, not mine.) Jll.: Carme Solé Vendrell. Barcelona: La Galera 1972.
Cots, Jordi	L'avet valent. (Die tapfere Tanne; The brave pine.) Jll.: Maria Rius. Barcelona: La Galera 1966.
Cuadrench, Antoni	La carta per al meu amic. (Der Brief an meinen Freund; The letter to my friend.) Jll.: Pilarín Bayés. Barcelona: La Galera 1965.
Cuadrench, Antoni	Els tres cavallers alts. (Die drei grossen Ritter; The three tall knights.) Jll.: Pilarín Bayés. Barcelona: La Galera 1966.
Díaz-Plaja, Aurora	Entre joc i joc . . . un llibre! (Zwischen 2 Spielen . . . ein Buch!; Between 2 games . . . one book!) Jll.: Maria Rius. Barcelona: La Galera 1967.
Fuster, Ramon	Sangota, el llop gos. *(Sangota,* der Wolfshund; *Sangota,* the wolf-dog.) Jll.: Esther Boix. Barcelona: Estela 1964.
Gómez, Mariona/ Mañà Oller, Josep	En Josepet, el manobre i la caixeta de música. (Der kleine *Josef,* der Arbeiter und die kleine Spieldose; Little *Joseph,* the construction worker and the small music box.) Jll.: Mariona Gómez, Josep Mañà Oller. Barcelona: Mañà 1973.
Mata, Marta	El país de les cent paraules. (Das Land der 100 Wörter; The county of the 100 words.) Jll.: Anna Maria Riera. Barce- lona: La Galera 1968.
Mussons, Montserrat	Silenci al bosc. (Ruhe im Wald; Silence in the forest.) Jll.: Maria Dolz. Barcelona: La Galera 1968.
Ollé, Maria Àngels	El meu pardal. (Mein Sperling; My sparrow.) Jll.: Pilarín Bayés. Barcelona: La Galera 1964.

Mariona Gómez und Josep Mañà Oller in: En Josepet, el manobre i la caixeta de música

Ollé, Maria Àngels	Tula, la tortuga. *(Tula,* die Schildkröte; *Tula,* the tortoise.) Jll.: Fina Rifà. Barcelona: La Galera 1964.
Riba, Carles	Sis Joans. (6 *Joans.*) Jll.: Josep Narro. Barcelona: Joventut 1928;1951.
Vergés Mundó, Oriol	Història de Catalunya. (Geschichte von Katalonien; History of Catalonia.) Jll.: Pilarín Bayés. Barcelona: Casanovas 1973.
Vives de Fàbregas, Elisa	El globus de paper. (Der Papier-Ballon; The paper balloon.) Jll.: Fina Rifà. Barcelona: La Galera 1966.

Ek

10 — 12

Anglada i Sarriera, Lola	Martinet. (*Martinet* = Kleiner *Martin;* Little *Martin.*) Jll.: Lola Anglada i Sarriera. Barcelona: Joventut 1962.
Anglada i Sarriera, Lola	En Peret. *(Peret* = Kleiner *Peter;* Little *Peter.)* Jll.: Lola Anglada i Sarriera. Barcelona: Dalmau 1928;1963.
Bofill, Francesc	Viatge a través de la història de Montserrat. (Reise durch die Geschichte von *Montserrat;* Journey through *Montserrat's* history.) Jll.: Joan Redorta. Barcelona: Abadia de Mont- serrat 1974.
Garriga, Àngels	Un rètol per a Curtó. (Ein Schild für *Curtó*; A road sign for *Curtó.)* Jll.: Fina Rifà. Barcelona: La Galera 1967;1973.
Martorell, Artur (Hrsg.)	Selecta de lectures. (Auswahl der Lektüre; Selection of lectures.) Jll.: Armand Martínez. Bd 1—3. Barcelona: Teide 1934;1973.
Maspons i Labrós, Francesc de	Contes populars catalans. (Katalanische Volksmärchen; Catalan folktales.) Barcelona: Barcino 1871;1952.
Murià, Anna	El meravellós viatge de Nico Huehuetl a través de Mèxic. (Die wunderbare Reise des *Nico Huehuetl* durch Mexiko; The wonderful trip of *Nico Huehuetl* through Mexico.) Jll.: Christa Gottschewsky. Barcelona: La Galera 1974.
Novell, Maria	Les presoneres de Tabriz. (Die Gefangenen von Täbris; The prisoners of Tabriz.) Jll.: Llucià Navarro. Barcelona: La Galera 1967.
Riba, Carles	Les aventures d'en Perot Marrasquí. (Die Abenteuer von *Perot Marrasqui;* The adventures of *Perot Marrasqui.)* Barcelona: Selecta 1917;1950.
Saladrigas, Robert	L'Aleix, el 8 i el 10. *(Alex,* Nummer 8 und Nummer 10; *Aleix,* number 8 and number 10.) Jll.: Josep Carreras. Barcelona: Juventud 1970.
Soldevila, Ferran	Història de Catalunya il·lustrada. (Geschichte von Katalonien mit Bildern; Illustrated history of Catalonia.) Jll.: Josep Granyer. Barcelona: Proa 1967;1973.

Sorribas i Roig, Sebastià	El zoo d'en Pitus. (Der Zoo von *Pitus; Pitus'* zoo.) Jll.: Pilarín Bayés. Barcelona: La Galera 1966.
Teixidor, Emili	Dídac, Berta i la màquina de lligar boira. *(Dídac, Berta* und die Maschine, die den Nebel fesselt; *Dídac, Berta* and the machine which chains the mist.) Jll.: Enric Cormenzana. Barcelona: La Galera 1969.
Vallverdú, Josep	Bernat i els bandolers. *(Bernat* und die Räuber; *Bernat* and the bandits.) Jll.: Llucià Navarro. Barcelona: La Galera 1974.
Vallverdú, Josep	L'home dels gats. (Der Mann mit den Katzen; The man with the cats.) Jll.: Roque Riera Rojas. Barcelona: La Galera 1972.
Vallverdú, Josep	Rovelló. *(Rovelló.)* Jll.: Narmas (d.i. Narcís Masferrer.) Barcelona: La Galera 1969.

13 – 15

Alavedra, Joan	L'extraordinària vida de Pau Casals. (Das ausserordentliche Leben von *Pau Casals;* The extraordinary life of *Pau Casals.*) Fotos. Barcelona: Proa 1969.
Amades i Gelats, Joan	Les cent millors cançons populars. (Die besten 100 Volkslieder; The 100 best popular songs.) Barcelona: Selecta 1948;1953.
Amades i Gelats, Joan	Les cent millors llegendes populars. (Die besten 100 Volkssagen; The 100 best popular legends.) Barcelona: Selecta 1953.
Amades i Gelats, Joan	Les cent millors rondalles populars. (Die besten 100 Volksmärchen; The 100 best folktales.) Bd 1–2. Barcelona: Selecta 1949;1953.
Carner, Josep	Llibre de lectura. (Lesebuch; Reading book.) Barcelona: Destino 1971.
Ferran de Pol, Lluís	Abans de l'alba. (Vor Tagesanbruch; Before the dawn.) Jll.: Elvira Elías. Barcelona: Spes 1954;1972.
Folch i Torres, Josep Maria	Antologia de pàgines viscudes. (Lebende Seiten. Anthologie; Living pages. Anthology.) Jll.: Joan Garcia Junceda. Barcelona: Selecta 1962;1973.
Maragall, Joan	Llibre de lectura. (Lesebuch; Reading book.) Barcelona: Destino 1970.
Martorell, Joanot	Tirant el Blanc. *(Tirant* der Weisse; *Tirant* the White.) Jll.: Elvira Elías. Barcelona: Ariel 1954.
Palau i Fabre, Josep	L'extraordinària vida de Picasso. (Das ausserordentliche Leben von *Picasso; Picasso's* extraordinary life.) Fotos. Barcelona: Proa 1971.
Pla, Josep	Llibre de lectura. (Lesebuch; Reading book.) Barcelona: Destino 1967;1970.

Rondalles d'ahir	Rondalles d'ahir i d'avui. (Erzählungen von gestern und heute; Tales from yesterday and today.) Jll.: Montserrat Casanova. Barcelona: Ariel 1952.
Rondalles de Ramon Llull	Rondalles de Ramon Llull, Mistral i Verdaguer.(Erzählungen von *Ramon Llull, Mistral* und *Verdaguer;* Tales from *Ramon Llull, Mistral* and *Verdaguer.)* Jll.: Elvira Elías. Barcelona: Ariel 1953.
Rondalles gironines	Rondalles gironines i valencianes. (Erzählungen aus Girona und Valencia; Tales from Girona and Valencia.) Jll.: Elvira Elías. Bracelona: Ariel 1951.
Ruyra, Joaquim	Llibre de lectura. (Lesebuch; Reading book.) Barcelona: Destino 1972.
Sagarra, Josep Maria de	Llibre de lectura. (Lesebuch; Reading book.) Barcelona: Destino 1974.
Soldevila, Carles	Lau o les aventures d'un aprenent de pilot. *(Lau* oder die Abenteuer eines Pilotenschülers; *Lau* or the adventures of a pilot in training.) Jll.: Joan Garcia Junceda. Barcelona: Juventud 1926;1965.
Teixidor, Emili (Hrsg.)	Quinze són quinze. (15 sind 15; 15 are 15.) Barcelona: Laia 1974.
Teixidor, Emili	Les rates malaltes. (Die kranken Mäuse; The sick mice.) Barcelona: Estela 1968.
Terra i homes	Terra i homes. (Land und Menschen; Land and people.) Jll. Barcelona: Teide 1973.
Triadú, Joan (Hrsg.)	Nova antologia de la poesia catalana. (Neue Anthologie der katalanischen Dichtung; New anthology of Catalan poetry.) Barcelona: Selecta 1965.
Vallverdú, Josep	Trampa sota les aigües. (Falle unter dem Wasser; Trap under the water.) Barcelona: Laia 1965; 1973.
Verdaguer, Jacint	Llibre de lectura. (Lesebuch; Reading book.) Barcelona: Destino 1969.

KENIA / KENYA

In englischer Sprache / In English language

7 – 9

Kola, Pamela	East African how stories. (Ostafrikanische Wie-Geschichten.) Jll.: Terry Hirst. Nairobi: East African Publishing House 1966;1971.
Kola, Pamela	East African when stories. (Ostafrikanische Wann-Geschichten.) Jll.: Beryl Moore. Nairobi: East African Publishing House 1968;1971.
Kola, Pamela	East African why stories. (Ostafrikanische Warum-Geschichten.) Jll.: Terry Hirst. Nairobi: East African Publishing House 1966;1971.
Lubega, Bonnie	The great animal land. (Das grosse Land der Tiere.) Jll. Nairobi: East African Literature Bureau 1971.
Muthoni, Susie	The hippo who couldn't stop crying. (Das Flusspferd, das nicht aufhören konnte zu weinen.) Jll.: Adrienne Moore. Nairobi: East African Publishing House 1972.
Njoroge, James King'ang'i	The proud ostrich and other tales. (Der stolze Strauss und andere Erzählungen.) Jll.: Adrienne Moore. Nairobi: East African Publishing House 1967.
Waciuma, Charity	Mweru the ostrich girl. *(Mweru,* das Straussen-Mädchen.) Jll.: Jill Waldeck. Nairobi: East African Publishing House 1966.

10 – 12

Nagenda, Sala	Mother of twins. (Mutter von Zwillingen.) Jll.: Adrienne Moore. Nairobi: East African Publishing House 1971.
Odaga, Asenath	The diamond ring. (Der Diamanten-Ring.) Jll.: Adrienne Moore. Nairobi: East African Publishing House 1967;1973.

In Suahili-Sprache (Ki-Swahili) / In Swahili language (Ki-Swahili)

7 – 9

Matindi, Anne	Jua na upepo na hadithi nyingine. (Die Sonne und der Wind; The sun and the wind.) Jll.: Adrienne Moore. Nairobi: East African Publishing House 1968;1971.

In der Lu-Ganda-Sprache / In Luganda language

7 – 9

Laight, I. E.	Jjangu osome. (Komm und lies; Come and read.) JII.: Winifred Townshend. Kampala: Longman Uganda 1938; 1971.
Nsimbi, M. B. / Chesswas, J. D.	Kato ne Nnaku. *(Kato* und *Nnaku.)* JII.: Beryl Moore. Kampala: Longman Uganda 1970.

10 – 12

Kizito, Erasmus K. / Mukalazi, Jechooda K. S. / Segganyi, Edward A. K.	Ssebato bafuma. (Kindermärchen; Children's tales.) JII.: Betty Manloyo. Kampala: East African Literature Bureau 1959;1972.
Nsimbi, M. B. / Chesswas, J. D.	Njize okusoma. (Ich kann lesen; I can read.) Bd 3. JII. Kampala: Longman Uganda 1965;1972.

In der Runyoro-Rutoro-Sprache / In Runyoro-Rutoro language

7 – 9

Opio, Opilo	Kagaba na Banura. (*Kagaba* und *Banura.*) JII. Kampala: Longman Uganda 1967.

EKUADOR / ECUADOR

In spanischer Sprache (Castellano) / In Spanish language (Castellano)

3 – 6

Crespo de Salvador, Teresa — Rondas. (Reigen; Rings.) Quito: Quitumbe 1966.

Moreno Heredia, Eugenio — Poemas para niños. (Gedichte für Kinder; Poems for children.) Cuenca: Casa de la Cultura, Núcleo del Azuay 1964.

Tamariz de Salazar, Isabel — Versos y diálogos infantiles. (Verse und Gespräche für Kinder; Verses and dialogues for children.) Cuenca: Amazonas 1957.

7 – 9

Bolaños, Leovigildo — Gotitas de luz. (Lichttropfen; Drops of light.) JII.: Miguel Ángel Noroña. Quito: Piloto 1969.

Bolaños, Leovigildo — Noche Buena. Cuentos. (Weihnachtsmärchen; Christmas tales.) Cuenca: Amazonas 1957.

Carrera, Carlos — Gotitas. Poesía. (Tröpfchen. Poesie; Little drops. Poetry.) Quito: Ministerio de Educación 1949.

Guevara, Darío — Folklore del corro infantil ecuatoriano. (Folklore des Kinderreigens aus Ekuador; Folklore of the children's round dances of Ecuador.) Quito: Talleres Gráficos Nacionales 1965.

Jácome, G. Alfredo — Ronda de la primavera. (Frühlingsreigen; Ring of spring.) JII.: Santos Martínez Koch. Buenos Aires: Kapelusz 1949; 1965.

Nuestro trigo — Nuestro trigo. (Unser Weizen; Our wheat.) Quito: Instituto Nacional de Nutrición 1962.

10 – 12

Avellán Ferrés, Enrique — La rebelión del Museo. (Der Aufstand des Museums; The Museum revolt.) Quito: Talleres Gráficos Nacionales 1969.

Benítez, Eloísa de — Noche Buena. (Weihnachten; Christmas.) Quito: La Unión 1971.

Bolaños, Leovigildo	Burbujitas. Poesía. (Wasserbläschen. Poesie; Small bubbles. Poetry.) Cuenca: Amazonas 1957.	**EC**
Carrera, Carlos	Poesía infantil. (Dichtung für Kinder; Children's poetry.) Quito: La Unión 1971.	
Castro, Simón Bolívar	Acuarelas. Poesía. (Wasserfarben. Poesie; Water-colours. Poetry.) Ambato: Imprenta Escolar 1965.	
Cornejo, Justino	¿Qué será? Adivinanzas del folklore. (Was wird sein? Rätsel der Folklore; What will it be? Riddles from folklore.) Quito: Casa de la Cultura Ecuatoriana 1958.	
García Jaime, Luís	El chico ese y otros cuentos. (Dieser Junge und andere Ge- schichten; This boy, and other tales.) Jll.: Jaime Villa. Guayaquil: Case de la Cultura Ecuatoriana, Núcleo del Guayas 1960;1971.	
Guevara, Darío	Un niño tras de su estrella. (Ein Kind folgt seinem Stern; A child follows his star.) Quito: Ecuador 1959.	
Guevara, Darío	Posada de gorriones. (Gasthaus der Spatzen; Dwelling-house of the sparrows.) Jll.: Jaime Valencia. Quito: Ecuador 1966.	
Guevara, Darío	Sol de mi huerto. (Sonne meines Gartens; Sun of my garden.) Quito: Ecuador 1956.	
Jácome, G. Alfredo	Luz y cristal. (Licht und Kristall; Light and crystal.) Quito: Ecuador 1947.	
Moscoso Vega, Luís A.	Rincón infantil. (Kinderwinkel; Children's corner.) Cuenca: Casa de la Cultura Ecuatoriana 1960.	
Pino, Manuel del	Antología de la literatura infantil ecuatoriana. (Anthologie der Kinderliteratur aus Ekuador; Anthology of the children's literature of Ecuador.) Quito: Ministerio de Educación 1972.	

13 — 15

Aguirre, Manuel Agustín	Pies desnudos. (Nackte Füsse; Naked feet.) Loja: Universi- taria 1944.
Avellán Ferrés, Enrique	Clarita la Negra. (Clarita, die Negerin; Clarita, the black girl.) Quito: Talleres Gráficos Nacionales 1966.
Carrera, Carlos	Cuentos chicos. (Kurzgeschichten; Short tales.) Quito: La Unión 1973.
Carrera Andrade, Jorge	El camino del sol. Historia de un reino desaparecido. (Der Weg der Sonne. Geschichte eines verschwundenen König- reiches; The sun's way. History of a kingdom which dis- appeared.) Quito: Casa de la Cultura Ecuatoriana 1959.

Crespo de Salvador, Teresa	Pepe Golondrina y otros cuentos. *(Pepe* Schwalbe und andere Geschichten; *Pepe* Swallow and other stories.) Jll.: Hernán Zamora. Cuenca: Departamento de Extensión Cultural del Consejo 1969.
Guevara, Darío	Gitana del frutillar. (Die Zigeunerin vom Erdbeergarten; Gipsy woman from the strawberry garden.) Quito: Talleres Gráficos Nacionales 1968.
Icaza, Jorge	Huasipungo. *(Huasipungo.)* Quito: Casa de la Cultura Ecuatoriana 1963.
Mejores cuentos	Los mejores cuentos ecuatorianos. (Die besten Märchen aus Ekuador; The best tales of Ecuador.) Quito: El Comercio 1948.
Mera, Juan León	Cumandá o un drama entre salvajes. *(Cumandá,* oder eine Tragödie unter Wilden; *Cumandá,* or a tragedy among wild men.) Quito: Talleres Gráficos Nacionales 1950.
Sevilla, Carlos Bolívar	Don Quijote en la gloria. Cuento fantástico. (*Don Quijote* im Himmel. Fantastische Erzählung; *Don Quijote* in glory. A fantastic tale.) Ambato: Miño 1928.
Tradiciones y leyendas	Tradiciones y leyendas del Ecuador. (Bräuche und Legenden aus Ekuador; Traditions and legends of Ecuador.) Quito: El Comercio 1947.

In irischer Sprache (Erse) / In Irish language (Erse)

7 – 9

Baoill, Brian Ó	An Bealach Rúnda. (Der geheime Weg; The secret road.) JII.: Tomás O'Toole. Baile Átha Cliath (Dublin): Oifig an tSoláthair 1967;1969.
Chormac, Máirín Ní	Cí-Cí agus scéalta eile. *(Cí-Cí* und andere Erzählungen; *Cí-Cí* and other stories.) JII.: Meadhbh Ní Chormac. Baile Átha Cliath (Dublin): Oifig an tSoláthair 1967.
Cliofort, Sigerson de / Muircheartaigh, Peadar Ó	An banbh beag. (Das kleine Schwein; The little pig.) JII.: William Bolger. Baile Átha Cliath (Dublin: Oifig an tSoláthair 1969.
Loinsigh, Bríghid Ní	An Díle. (Die Überschwemmung; The deluge.) JII.: Úna Ní MhaoilEoin. Baile Átha Cliath (Dublin): Sáirséal agus Dill 1971.
Loinsigh, Bríghid Ní	Scéalta ón mBíobla. (Erzählungen aus der Bibel; Stories from the Bible.) JII.: Úna Ní MhaoilEoin. Baile Átha Cliath (Dublin): Sáirséal agus Dill 1970.
Murthuile, Seosamh Ó	Aibítir na nAinmhithe. (Tier-Alfabet; Animal alphabet.) JII.: Úna Ní MhaoilEoin. Baile Átha Cliath (Dublin): Sáirséal agus Dill 1968.
Share, Bernard	An leaba a d'imigh Húis! (Das Bett, das mit einem Husch davonsauste; The bed that went with a hush!) JII.: William Bolger. Baile Átha Cliath (Dublin): Allen Figgis 1964.

10 – 12

O'Mulláin, Séan	Na Rianaigh abú. (Die *Rianaigh* siegen; The *O'Ryans* to victory!) JII.: Karl Uhlemann. Baile Átha Cliath (Dublin): Foilseacháin Náisiúnta Tta. 1970.

13 – 15

Criomtam, Tomás Ó	An tOileánać. *(An tOileánać.)* Baile Átha Cliath (Dublin): Clóluċt an Tálbóidiṡ Teór 1929;1969.

Sayers, Peig   Peig. Tuairisc a thug Peig Sayers ar imeachtaí a beatha féin.
(Peig. Die Selbstbiografie von *Peig Sayers;* The autobiography
of *Peig Sayers.)* Hrsg.: Máire Ní Chinnéide. Fotos. Baile
Átha Cliath (Dublin): Comhlacht Oideachais na hÉireann
um 1972.

Jack B. Yeats in P. Lynch: The turf-cutter's donkey

In englischer Sprache / In English language

10 — 12

Allen, Sybil / Tomelty, Roma	The guardian sword. (Das Schwert des Wächters.) Jll.: Gareth Floyd. London: Abelard-Schuman 1970.
Curtayne, Alice	Irish saints for boys and girls. (Irische Heilige für Jungen und Mädchen.) Jll.: Eileen Coghlan. Dublin: Talbot 1955; 1967.
Dillon, Eilís	A family of foxes. (Eine Familie von Füchsen.) Jll.: Richard Kennedy. London: Faber 1964;1965.
Duggan, Patrick	The travelling boy. (Der Landstreicher-Bub.) Jll.: Janina Ede. London: Heinemann 1965.
Lingard, Joan	The twelfth day of July. (Der 12. Tag im Juli.) London: Hamilton 1970.
Lynch, Patricia	The bookshop on the quay. (Der Buchladen auf dem Kai.) Jll.: Peggy Fortnum. London: Dent 1956;1967.
Lynch, Patricia	The turf-cutter's donkey. (Der Esel des Torfstechers.) Jll.: Jack Butler Yeats. London: Dent 1934;1962.
Lynch, Patricia	Knights of God. Tales and legends of the Irish saints. (Gottes Ritter. Geschichten und Legenden von den irischen Heiligen.) Jll.: Victor G. Ambrus (d.i. Gyösö László Ambrus). London: Bodley Head 1967.
MacManus, Seumas	Donegal fairy stories. *(Donegal*-Märchen.) Jll.: Frank Verbeck. New York: Dover 1968.
MacManus, Seumas	Hibernian nights. (Hibernische Nächte.) Jll.: Paul Kennedy. New York: Macmillan 1963;1965.
O'Faolain, Eileen	Children of the Salmon and other Irish folktales. *(Salmon*-Kinder und andere irische Volksmärchen.) Jll.: Trina Schart Hyman. Boston: Little, Brown 1965.
O'Grady, Standish	Fionn and his companions. *(Fionn* und seine Kameraden.) Jll.: Bríd Ní Rinn. Dublin: Talbot 1970.
Stephens, James	Irish fairy tales. (Irische Märchen.) Jll.: Arthur Rackham. New York: Macmillan 1920;1968.

Andrews, James Sydney	The bell of Nendrum. (Die Glocke von *Nendrum.*) London: Bodley Head 1969; New York: Hawthorn 1970.
Andrews, James Sydney	The man from the sea. (Der Mann vom Meer.) London: Bodley Head 1970.
Buddee, Paul	The escape of the Fenians. (Das Entkommen der *Fenians.*) Jll.: Anne Culvenor. London: Longman 1972.
Colum, Padraic	A treasury of Irish folklore. (Eine Schatzkammer irischer Folklore.) New York: Crown 1967.
Curtin, Jeremiah	Irish folk tales. (Irische Volksmärchen.) Red.: Seamus O'Duilearga. Dublin: Talbot 1944;1967.
Dillon, Eilís	A herd of deer. (Ein Hirschrudel.) Jll.: Richard Kennedy. London: Faber 1969.
Dillon, Eilís	The Coriander. (Die *Coriander.*) Jll.: Richard Kennedy. London: Faber 1963; New York: Funk and Wagnell 1965.
Joyce, Patrick Weston	Old Celtic romances. (Alte keltische Volkserzählungen.) Dublin: Talbot 1879;1966.
Lingard, Joan	Across the barricades. (Über die Barrikaden.) London: Hamilton 1972.
MacManus, Seumas	The bold heroes of Hungry Hill, and other Irish folk tales. (Die kühnen Helden vom *Hungerberg* und andere irische Volkserzählungen.) Jll.: Jay Chollick. New York: Farrar, Straus 1951;1967.
McGarry, Mary (Hrsg.)	Great folk tales of old Ireland. (Berühmte Volksmärchen aus dem alten Irland.) Jll.: Richard Hook. London: Wolfe 1972.
Nolan, Winefride	The night of the wolf. (Die Nacht des Wolfs.) Jll.: Bríd Ní Rinn. Dublin: Talbot 1969.
O'Faolain, Eileen	Irish sagas and folk tales. (Irische Sagas und Volkserzählungen.) Jll.: Joan Kiddell-Monroe. London: Oxford University Press 1954;1955.
O'Sullivan, Sean	Folktales of Ireland. (Volksmärchen aus Irland.) London: Routledge & Kegan Paul 1966.
Pilkington, Francis Meredyth	The three sorrowful tales of Erin. (Die 3 traurigen Geschichten von Irland.) Jll.: Victor G. Ambrus (d.i. Gyösö László Ambrus). London: Bodley Head 1965; New York: Walck 1966.

EL SALVADOR / EL SALVADOR

ELS

In spanischer Sprache (Castellano) / In Spanish language (Castellano)

13 – 15

Lars, Claudia   Tierra de infancia. (Land der Kindheit; The world of childhood.) San Salvador: Ministerio de Educación 1969.

Lars, Claudia   Girasol. (Sonnenblume; Sunflower.) Jll.: Rajo. San Salvador:
Ministerio de Educación 1971.

Erica Pedretti in:
Ils trais sudos
(CHlad, CHsurs)

ÄGYPTEN / EGYPT

In arabischer Sprache / In Arabic language

7 – 9

Al Hammady,
Yousif
The nightingale returns to sing. (Die Nachtigall kehrt zurück,
um zu singen.) Jll.: Kamel Amin. Cairo: Dar El Kalam 1971.

Bikar, H.
The black hen. (Das schwarze Huhn.) Jll.: H. Bikar. Cairo:
Dar El maaref 1969.

El Ibrashy, M. A.
The young shepherd. (Der junge Hirte.) Jll. Cairo: Misr
Book Shop 1970.

10 – 12

El Nagdy, Refaat
The martyr of Yemen. (Der Martyrer aus Jemen.) Cairo:
Dar Nahdet Misr 1966.

Yousif,
Abd Al Tawab
The scarecrow. (Die Vogelscheuche.) Cairo: Ministry of
Education 1972.

3 – 6

Brunhoff, Jean de	Le roi Babar. (Der König *Babar;* The King *Babar.)* Jll.: Jean de Brunhoff. Paris: Hachette 1933;1973.
Cauméry (d.i. Maurice Languereau)	L'enfance de Bécassine. (Die Kindheit von *Bécassine;* The childhood of *Bécassine.)* Jll.: Jean-Pierre Pinchon. Paris: Gautier-Languereau 1913;1974.
Chagnoux, Christine	Petit Potam. (Kleiner *Potam;* Little *Potam.*) Jll.: Christine Chagnoux. Paris: Dargaud 1970.
Claude-Lafontaine, Pascale	Bussy le hamster doré. *(Bussy,* der Goldhamster; *Bussy,* the gold hamster.) Jll.: Annick Delhumeau. Paris: Tisné 1968.
Cocagnac, Augustin Marie	La création du monde. (Die Erschaffung der Welt; The creation of the world.) Jll.: Colette Portal. Paris: Éd. du Cerf 1967.
Couratin, Patrick	Monsieur l'Oiseau. (Herr *Vogel;* Mister *Bird.)* Jll.: Patrick Couratin. Paris: Ruy-Vidal, Quist 1971.
Darbois, Dominique	Agossou, le petit africain. *(Agossou,* der kleine Afrikaner; *Agossou,* the little African.) Fotos: Dominique Darbois. Paris: Nathan 1955;1972.
Delessert, Étienne	Comment la souris reçoit une pierre sur la tête et découvre le monde. (Wie der Maus ein Stein auf den Kopf fällt und sie die Welt entdeckt; How the mouse gets hit in the head with a stone and discovers the world.) Jll.: Étienne Delessert. Paris: Éd. L'École des loisirs 1971.
François, André	Les larmes de crocodile. (Die Krokodilstränen; Crocodile tears.) Jll.: André François. Paris: Delpire 1956;1967.
Held, Claude / Held, Jacqueline	Poiravéchiche. *(Poiravéchiche.)* Jll.: Tina Marcié. Paris: Grasset 1973.
Ionesco, Eugène	Conte numéro 1. (Geschichte Nummer 1; Story number 1.) Jll.: Étienne Delessert. Paris: Ruy-Vidal, Quist 1969.
Lamorisse, Albert	Le ballon rouge. (Der rote Ballon; The red balloon.) Fotos: Albert Lamorisse. Paris: Hachette 1956;1965.
Louv'a	Les bêtes que j'aime. (Die Tiere, die ich liebe; The animals I like.) Jll.: Hélène Guertik. Paris: Flammarion 1934;1970.

Perrault, Charles	Le petit Chaperon rouge. *(Rotkäppchen;* Little *Red Riding Hood.)* Jll.: Bernadette Watts. Paris: Hatier 1969.
Tison, Annette / Taylor, Talus	Barbapapa. *(Barbapapa.)* Jll.: Annette Tison, Talus Taylor. Paris: Éd. L'École des loisirs 1970.

7 – 9

Aulnoy, Marie-Catherine Comtesse de	L'oiseau bleu et autres contes. (Der blaue Vogel und andere Märchen; The blue bird and other fairy tales.) Jll.: Françoise Estachy. Paris: Bourrelier 1698;1959.
Aymé, Marcel	Les contes bleus du chat perché. (Die blauen Märchen der sitzenden Katze; The blue fairy tales of the crouching cat.) Jll.: Jean Palayer. Paris: Gallimard 1937;1968.
Aymé, Marcel	Les contes rouges du chat perché. (Die roten Märchen der sitzenden Katze; The red fairy tales of the crouching cat.) Jll.: Jean Palayer. Paris: Gallimard 1937;1968.
Brisville, Jean-Claude	Un hiver dans la vie de Gros-Ours. (Ein Winter im Leben des *Grossen Bären;* A winter in the life of *Great Bear.)* Jll.: Danièle Bour. Paris: Grasset 1973.
Chansons de France	Chansons de France pour les petits enfants. (Lieder aus Frankreich für die kleinen Kinder; French songs for the little ones.) Jll.: Maurice Boutet de Monvel. Paris: Gautier-Languereau 1972.
Clair, Andrée / Hama, Boubou	La savane enchantée. (Die zauberhafte Savanne; The wonderful savannah.) Jll.: Béatrice Tanaka. Paris: Éd. La Farandole 1972.
Desnos, Robert	Chantefables et chantefleurs. (Fabelgedichte, Blumengedichte; Fables, flower songs.) Jll.: Ludmila Jiřincová. Paris: Grund 1972.
Gamarra, Pierre	Chantepierre et gras-gras-gras. (Chantepierre und gras-gras-gras.) Jll.: Kindermalerei; René Moreu. Paris: Éd. La Farandole 1973.
Goscinny, René	Le petit Nicolas. (Der kleine *Nikolaus;* The little *Nicolas.)* Jll.: Jacques Sempé. Bd 1. Paris: Denoël 1960;1970.
Held, Jacqueline	Le chat de Simoulombula. (Die Katze von *Simoulombula;* The cat of *Simoulombula.)* Jll.: Bernard Bonhomme, Nicole Claveloux, Maurice Garnier. Paris: Ruy-Vidal, Quist 1971.
Lida (d.i. Lida Faucher)	Bourru l'ours. (*Bourru,* der Bär; *Bourru* the bear.) Jll.: Feodor Rojankovsky. Paris: Flammarion 1936;1970.
Prévert, Jacques	L'opéra de la lune. (Die Mondoper; The moon opera.) Jll.: Jacqueline Duhême. Paris: Éd. G. P. 1953;1974.

Danièle Bour in J.-C. Brisville: Un hiver dans la vie de Gros Ours

Ségur, Sophie Comtesse de	Les malheurs de Sophie. *(Sophies* Unglücke; The misfortunes of *Sophie.)* Jll.: H. Castelli. Paris: Pauvert 1859;1964.
Vildrac, Charles	Amadou le bouquillon. *(Amadou,* das Böckchen; *Amadou,* the little kid.) Jll.: Romain Simon. Paris: Éd. G. P. 1949; 1972.

10 – 12

Baudouy, Michel-Aimé	Le seigneur des hautes-buttes. (Der Herr der hohen Hügel; The master of the high hills.) Jll.: Gaston de Sainte-Croix. Paris: Éd. de l'Amitié, Rageot 1957;1971.
Berna, Paul	Le cheval sans tête. (Das Pferd ohne Kopf; The horse without a head.) Jll.: Jean Reschofsky. Paris: Éd. G. P. 1955; 1973.
Cervon, Jacqueline	Ali, Jean-Luc et la gazelle. *(Ali, Jean-Luc* und die Gazelle; *Ali, Jean-Luc* and the gazelle.) Jll.: Monique Berthoumeyron. Paris: Éd. G. P. 1963;1965.
Charpentreau, Jacques	Poèmes d'auhourd'hui pour les enfants de maintenant. (Gedichte von heute für die Kinder von jetzt; Poems of today for the children of now.) Jll. Paris: Éd. Ouvrières 1972.
Druon, Maurice	Tistou les pouces verts. *(Tistou* mit den grünen Daumen; *Tistou* with the green thumbs.) Jll.: Jacqueline Duhème. Paris: Éd. G. P. 1957; 1972.
Escoula, Yvonne	Contes de la Ventourlère. (Märchen der *Ventourlère; Ventourlère* fairy tales.) Jll.: Tibor Csernus. Paris: Gallimard 1965.
Fonvilliers, Georges	L'enfant, le soldat et la mer. (Das Kind, der Soldat und das Meer; The child, the soldier and the sea.) Jll.: Xavier Saint-Justh. Paris: Magnard 1964.
Gamarra, Pierre	L'aventure du serpent à plumes. (Das Abenteuer der Federschlange; The adventure of the feathered serpent.) Jll.: Philippe Daure. Paris: La Farandole 1961;1972.
Gamarra, Pierre	La mandarine et le mandarin. (Die Mandarine und der Mandarin; The mandarine and the mandarin.) Jll.: René Moreu. Paris: Éd. La Farandole 1970.
Guillot, René	Grichka et son ours. *(Grischka* und sein Bär; *Grishka* and his bear.) Jll.: J.-P. Ariel. Paris: Hachette 1958.
Hugo, Victor	Belles histoires. (Schöne Geschichten; Beautiful stories.) Jll. Paris: Gautier-Languereau 1829–1874;1974.
La Fontaine, Jean de	Fables. (Fabeln; Fables.) Jll.: Jiří Trnka. Paris: Grund 1668; 1967.
Malot, Hector	Sans famille. (Ohne Familie; Without a family.) Paris: Éd. J'ai lu 1880;1964.

Ollivier, Jean	Les saltimbanques. (Die Gaukler; The jugglers.) JII.: René Moreu. Paris: Éd. La Farandole 1962.	**F**

Ollivier, Jean — Les saltimbanques. (Die Gaukler; The jugglers.) JII.: René Moreu. Paris: Éd. La Farandole 1962. **F**

Perrault, Charles — Les contes de Perrault. (Die Märchen von *Perrault;* The fairy tales of *Perrault.)* JII.: Gustave Doré. Paris: Ormeraie 1697; 1971.

Peisson, Charles — Le voyage d'Edgar. *(Edgars* Reise; *Edgar's* voyage.) JII.: Raoul Anger. Paris. Éd. G. P. 1953;1971.

Pourrat, Henri — Les contes du temps de Noël. (Die Erzählungen der Weihnachtszeit; Tales of Christmas time.) JII.: Jean-Pierre Eizikman. Paris: Gallimard 1948—1962;1967.

Saint-Exupéry, Antoine de — Le petit prince. (Der kleine Prinz; The little prince.) JII.: Antoine de Saint-Exupéry. Paris: Gallimard 1943;1967.

Ségur, Sophie Comtesse de — La forêt des lilas. (Der Fliederwald; The forest of lilacs.) JII.: Nicole Claveloux. Paris: Ruy-Vidal, Quist 1857;1970.

Vivier, Colette — La maison des petits bonheurs. (Das Haus der kleinen Glücke; The house of the little lucks.) JII.: Jacqueline Mathieu. Paris: Éd. La Farandole 1941;1970.

13 — 15

Alain Fournier (d.i. Henry Alban Fournier) — Le grand Meaulnes. (Der grosse *Meaulnes;* The grand *Meaulnes.)* Paris: Émile-Paul 1913;1963.

Bosco, Henri — L'enfant et la rivière. (Das Kind und der Fluss; The child and the river.) JII.: Madeleine Parry. Paris: Gallimard 1945; 1960.

Bourliaguet, Léonce — Les canons de Valmy. (Die Kanonen von *Valmy;* The cannons of *Valmy.)* JII.: René Péron. Paris: Éd. G. P. 1963; 1965.

Daudet, Alphonse — Lettres de mon moulin. (Briefe aus meiner Mühle; Letters from my mill.) JII. Paris: Gautier-Languereau 1866;1970.

Dhôtel, André — L'enfant qui disait n'importe quoi. (Das Kind, das irgendetwas sagte; The child who said whatever came into his head.) JII.: Giani Esposito. Paris: Gallimard 1968.

Dumas, Alexandre — Les trois mousquetaires. (Die 3 Musketiere; The 3 musketeers.) JII.: Jean Adolphe Beaucé. Paris: Gautier-Languereau 1844;1970.

Genevoix, Maurice — Raboliot. *(Raboliot.)* JII.: Paul Durand. Paris: Delagrave 1925;1960.

Gilard, Madeleine — Anne et le mini-club. *(Anne* und der Mini-Klub; *Anne* and the mini club.) JII.: Bernadette Desprès. Paris: Éd. La Farandole 1963;1971.

Gilles, Michelle	Quand revient la lumière. (Wenn das Licht zurückkehrt; When the light returns.) Jll.: Jean Reschofsky. Paris: Éd. G. P. 1970.
Grimaud, Michel (d.i. Marcelle Period / Jean-Louis Fraysse)	La terre des autres. (Das Land der anderen; The country of the others.) Paris: Éd. de l'Amitié, Rageot 1973.
Kessel, Joseph	Le lion. (Der Löwe; The lion.) Jll.: Jean Benoît. Paris: Gallimard 1958;1972.
Meynier, Yvonne	Un lycée pas comme les autres. (Ein Lyzeum — anders als die anderen; A girl's school other than the others.) Jll.: Félix Lacroix. Paris: Éd. G. P. 1962;1965.
Pagnol, Marcel	Souvenirs d'enfance. (Kindheitserinnerungen; Memories of childhood.) Bd 1.2. Monte Carlo: Pastorelly 1957;1964.
Pelot, Pierre	Le coeur sous la cendre. (Das Herz unter der Asche; The heart under the ashes.) Paris: Éd. de l'Amitié, Rageot 1974.
Pergaud, Louis	La guerre des boutons. (Der Krieg der Knöpfe; The war of the buttons.) Jll.: Michel Politzer. Paris: Gallimard 1912; 1972.
Premier livre de poésie	Premier livre de poésie. (Erstes Buch der Poesie; First book of poetry.) Jll. Paris: Gautier-Languereau 1970.
Séverin, Jean	Vauban, ingénieur du roi. (Vauban, der Ingenieur des Königs; Vauban the king's engineer.) Paris: Laffont 1970.
Solet, Bertrand (d.i. Bertrand Soletchnik)	Jl était un capitaine. (Es war ein Kapitän; There was a captain.) Paris: Laffont 1972.
Verne, Jules	Le tour du monde en quatre-vingt jours. (Die Reise um die Welt in 80 Tagen; Around the world in 80 days.) Jll.: Alphonse Marie de Neuville, L. Benet. Bd 1.2. Lausanne: Éd. Rencontre 1873;1967.
Verne, Jules	Vingt mille lieues sous les mers. (20.000 Meilen unter den Meeren; 20.000 leagues under the seas.) Jll.: Alphonse Marie Adolphe de Neuville. Paris: Hachette 1870;1966.

FRANKREICH / FRANCE

In provençalischer Sprache (Langue d'Oc) / In Provençal language (Langue d'Oc)

3 – 6

Melhau, Jan dau | lo grun empoeisonat. (Das vergiftete Korn; The poisoned grain.) Jll.: Jan dau Melhau. Meuzac da Sent-Germa: Adoc 1975.

Melhau, Jan dau | las noças de la senzilha e dau pinson. (Die Hochzeit der Frau Stieglitz und des Finks; The wedding of the goldfinch and the finch.) Jll.: Jan dau Melhau. Meuzac da Sent-Germa: Adoc 1975.

Melhau, Jan dau (Hrsg.) | Nostra pola blancha. tradicionau. (Unsere weisse Henne. Volkslied; Our white hen. Folksong.) Jll.: Jan dau Melhau. Meuzac da Sent-Germa: Adoc 1975.

7 – 9

Fournier, Andrée-Paule | Louis dô Limousin. *(Ludwig aus dem Limousin; Louis from Limousin.)* Bearb.: Maurice Robert. Jll.: May Angeli. Paris: Flammarion 1972. Text in Lemozí und in Französisch.

Jan dau Melhau
in: las noças de la senzilha e dau pinson

GROSSBRITANNIEN / GREAT BRITAIN

In englischer Sprache / In English language

3 − 6

Ambrus, Victor G. (d.i. Gyösö László Ambrus)	The three poor tailors. (Die 3 armen Schneider.) Jll.: Victor G. Ambrus (d.i. Gyösö László Ambrus). London: Oxford University Press 1965.
Ardizzone, Edward	Little Tim and the brave sea captain. (Der kleine *Tim* und der tapfere Seekapitän.) Jll.: Edward Ardizzone. London: Oxford University Press 1955;1970.
Briggs, Raymond	Jim and the beanstalk. *(Jim* und die Bohnenstange.) Jll.: Raymond Briggs. London: Hamilton 1970.
Briggs, Raymond	The Mother Goose treasury. (Die Schatzkammer der Mutter Gans.) Jll.: Raymond Briggs. London: Hamilton 1966.
Brooke, Leonard Leslie	Johnny Crow's garden. (Der Garten von *Hänschen Krähe.)* Jll.: Leonard Leslie Brooke. London: Warne 1903;1959.
Burningham, John	Borka. The adventures of a goose with no feathers. *(Borka.* Die Abenteuer einer Gans ohne Federn.) Jll.: John Burningham. London: Cape 1963.
Burningham, John	Humbert, Mr. Firkin and the Lord Mayor of London. *(Humbert,* Herr *Firkin* und der Lord Mayor von London.) Jll.: John Burningham. London: Cape 1965.
Caldecott, Randolph	Randolph Caldecott's first (second) collection of pictures and songs. *(Randolph Caldecotts* 1. (2.) Sammlung von Bildern und Liedern.) Jll.: Randolph Caldecott. Bd 1.2. London: Warne 1885−1887;1961.
Cresswell, Helen	The bird fancier. (Der Vogelzüchter.) Jll.: Renate Meyer. London: Benn 1971.
Godden, Rumer	The old woman who lived in a vinegar bottle. (Die alte Frau, die in einer Essigflasche wohnte.) Jll.: Mairi Hedderwick. London: Macmillan 1972.
Howard, Alan	Dick Whittington and his cat. *(Dick Whittington* und seine Katze.) Jll.: Alan Howard. London: Faber 1967.
Hutchins, Pat	Good-night owl. (Gute-Nacht-Eule.) Jll.: Pat Hutchins. London: Bodley Head 1973.
Hutchins, Pat	Rosie's walk. *(Rosies* Spaziergang.) Jll.: Pat Hutchins. London: Bodley Head 1968;1971.

Jacobs, Joseph	Lazy Jack. *(Jack,* der Faulenzer.) Jll.: Barry Wilkinson. London: Bodley Head 1890;1969.	**GB**
Keeping, Charles	Charley, Charlotte and the golden canary. *(Karlchen, Charlotte* und der goldene Kanarienvogel.) Jll.: Charles Keeping. London: Oxford University Press 1967.	
Milne, Alan Alexander	When we were very young. (Als wir ganz jung waren.) Jll.: Ernest Howard Shepard. London: Methuen 1924;1970.	
Milne, Alan Alexander	The world of Pooh. Containing Winnie the Pooh and The house at Pooh corner. (Die Welt von *Pu.* Enthält: *Winnie, der Pu.* Und: Das Haus an der *Pu*-Ecke.) Jll.: Ernest Howard Shepard. London: Methuen 1926—1928;1958.	
Oakley, Graham	The church mouse. (Die Kirchenmaus.) Jll.: Graham Oakley. London: Macmillan 1972.	
Piers, Helen	Snail and caterpillar. (Schnecke und Raupe.) Jll.: Pauline Baynes. London: Longman 1972.	
Potter, Beatrix	The tale of Peter Rabbit. (Die Geschichte von *Peter Kaninchen.)* Jll.: Beatrix Potter. London: Warne 1902;1965.	
Stobbs, William	The story of the three bears. (Die Geschichte von den 3 Bären.) Jll.: William Stobbs. London: Bodley Head 1964.	
Turska, Krystyna	The woodcutter's duck. (Die Ente des Holzfällers.) Jll.: Krystyna Turska. London: Hamilton 1972.	
Wildsmith, Brian	The little wood duck. (Die kleine Holz-Ente.) Jll.: Brian Wildsmith. London: Oxford University Press 1972.	
Wildsmith, Brian	Wild animals. (Wilde Tiere.) Jll.: Brian Wildsmith. London: Oxford University Press 1967.	

7 – 9

Aiken, Joan	A necklace of raindrops and other stories. (Eine Halskette von Regentropfen und andere Geschichten.) Jll.: Jan Pienowski. London: Cape 1968;1971.
Burnett, Frances Hodgson	The secret garden. (Der geheime Garten.) Jll.: Charles Robinson. London: Heinemann 1911;1968.
Carroll, Lewis (d.i. Charles Lutwidge Dodgson)	The hunting of the Snark. (Die Jagd auf den Snark.) Jll.: Helen Oxenbury. London: Heinemann 1876;1970.
Crossley-Holland, Kevin	The green children. (Die grünen Kinder.) Jll.: Margaret Gordon. London: Macmillan 1966;1972.
De la Mare, Walter	Collected stories for children. (Gesammelte Geschichten für Kinder.) Jll.: Robert Jacques. London: Faber 1957;1966.
De la Mare, Walter	Peacock pie. A book of rhymes. (Pfauen-Pastete. Ein Buch mit Reimen.) Jll.: Edward Ardizzone. London: Faber 1941; 1969.

Farjeon, Eleanor	The children's bells. A selection of poems. (Die Kinder-Glocken. Eine Auswahl von Gedichten.) Jll.: Peggy Fortnum. London: Oxford University Press 1957.
Farjeon, Eleanor	The little book-room. (Das kleine Bücher-Zimmer.) Jll.: Edward Ardizzone. London: Oxford University Press 1955;1972.
Godden, Rumer	The Diddakoi. (Die Zigeunerin.) Jll.: Creina Glegg. London: Macmillan 1972.
Godden, Rumer	The doll's house. (Das Puppenhaus.) Jll.: Tasha Tudor. London: Macmillan 1963.
Kipling, Rudyard	Just so stories. (Gerade-richtig-Geschichten.) Jll.: Rudyard Kipling. London: Macmillan 1902;1968.
Lang, Andrew	Fifty favourite fairy tales. (50 beliebte Märchen.) Jll.:Margery Gill. Hrsg.: Kathleen Lines. London: Nonesuch Press 1889—1910;1963.
Lear, Edward	Complete nonsense. (Völliger Unsinn.) Jll.: Edward Lear. London: Faber 1882;1961.
Lewis, Clive Staples	The lion, the witch and the wardrobe. (Der Löwe, die Hexe und der Kleiderschrank.) Jll.: Pauline Baynes. London: Bles 1950;1958.
MacDonald, George	At the back of the North wind. (Hinter dem Nordwind.) Jll.: Charles Mozley. London: Nonesuch Press 1871;1963.
MacDonald, George	The princess and the goblin. (Die Prinzessin und der Kobold.) Jll.: Jane Paton. London, Glasgow: Blackie 1910;1960.
Mayne, William	A day without wind. (Ein Tag ohne Wind.) Jll.: Margery Gill. London: Hamilton 1964.
Norton, Mary	The borrowers. (Die Borgmännchen.) Jll.: Diana Stanley. London: Dent 1952;1964.
Stevenson, Robert Louis	A child's garden of verses. (Versgarten für ein Kind.) Jll.: Brian Wildsmith. London: Oxford University Press 1885;1966.
Travers, Pamela Lyndon	Mary Poppins. *(Maria Poppins.)* Jll.: Mary Shepard. London: Collins 1934;1956.
Watkins-Pitchford, Denys J.	B. B. (d.i. Denys J. Watkins-Pitchford): The little grey men. (Die kleinen grauen Männchen.) Jll.: Denys J. Watkins-Pitchford. London: Eyre & Spottiswoode 1941;1952.

10 — 12

Boston, Lucy Maria	The children of Green Knowe. (Die Kinder von *Green Knowe.)* Jll.: Peter Boston. London: Faber 1954;1956.
Boston, Lucy Maria	A stranger at Green Knowe. (Ein Fremder auf *Green Knowe.)* Jll.: Peter Boston. London: Faber 1961;1973.

144

Brown, Roy	A Saturday in Pudney. (Ein Samstag in *Pudney.)* Jll.: James Hunt. London: Abelard-Schuman 1966;1968.	**GB**
Carroll, Lewis (d.i. Charles Lutwidge Dodgson)	Alice's adventures in wonderland. — Through the looking glass. (Die Abenteuer von *Alice* im Wunderland. — Durch den Spiegel.) Jll.: Dorothy Colles (nach John Tenniel). London: Collins 1865—1872;1966.	
Clarke, Pauline	The twelve and the Genii. (Die Zwölf und die Genien.) Jll.: Cecil Leslie. London: Faber 1962;1970.	
Creswell, Helen	The nightwatchmen. (Die Nachtwächter.) Jll.: Gareth Floyd. London: Faber 1969.	
Defoe, Daniel	Robinson Crusoe. *(Robinson Crusoe.)* Bearb,: Kathleen Lines. Jll.: Edward Ardizzone. London: Nonesuch Press 1719;1968.	
Dickinson, Peter	The dancing bear. (Der tanzende Bär.) Jll.: D. Smee. Lon- don: Gollancz 1972.	
Garner, Alan	Elidor. *(Elidor.)* Jll.: Charles Keeping. London: Collins 1965;1973.	
Grahame, Kenneth	The wind in the willows. (Der Wind in den Weiden.) Jll.: Ernest Howard Shepard. London: Methuen 1908;1965.	
Harnett, Cynthia	The wool-pack. (Der Woll-Sack.) Jll.: Cynthia Harnett. London: Methuen 1951.	
Jacobs, Joseph	English fairy tales. (Englische Märchen.) Jll.: Margery Gill. London: Bodley Head 1890;1968.	
Lewis, Clive Staples	The last battle. (Der letzte Kampf.) Jll.: Pauline Baynes. London: Bodley Head 1956;1964.	
Masefield, John	The midnight folk. (Die Mitternachtsleute.) Jll.: Rowland Hilder. London: Heinemann 1927;1957.	
Mayne, William	A grass rope. (Das Gras-Seil.) Jll.: Lynton Lamb. London: Oxford University Press 1957;1972.	
Morgan, Alison	Fish. (Fisch.) Jll.: John Sergeant. London: Chatto & Windus 1971.	
Nesbit, Edith	The Bastables. The story of the treasure seekers. — The wouldbegoods. (Die Familie *Bastable.* Enthält: Die Schatz- sucher. Und: Die Scheinbar-Guten.) Jll.: Susan Einzig. London: Nonesuch Press 1899—1901;1965.	
Opie, Iona / Opie, Peter	The Oxford book of children's verse. (Das Oxfordbuch der Kinderreime.) London: Oxford University Press 1973.	
Pearce, Ann Philippa	Tom's midnight garden. (Der Mitternachtsgarten von *Tho-* *mas.)* Jll.: Susan Einzig. London: Oxford University Press 1958;1970.	
Ransome, Arthur	Swallows and Amazons. *(Schwalben* und *Amazonen.)* Jll.: Nancy Blackett (d.i. Arthur Ransome). London: Cape 1930;1955.	

Tolkien, John Ronald Reuel	The Hobbit or There and back again. (Der *Hobbit* oder Dorthin und wieder zurück.) Jll.: John Ronald Reuel Tolkien. London: Allen & Unwin 1937;1955.
Treece, Henry	The dream time. (Die Traumzeit.) Jll.: Charles Keeping. Leicester: Brockhampton 1967;1973.

13 – 15

Avery, Gillian	A likely lad. (Ein prima Kerl.) Jll.: Faith Jacques. London: Collins 1971;1972.
Burton, Hester	The great gale. (Der grosse Sturm.) Jll.: Joan Kiddell-Monroe. London: Oxford University Press 1961;1963.
Burton, Hester	Thomas. *(Thomas.)* Jll.: Victor G. Ambrus (d.i. Gyösö László Ambrus). London: Oxford University Press 1963.
Burton, Hester	Time of trial. (Zeit der Versuchung.) Jll.: Victor G. Ambrus (d.i. Gyösö László Ambrus). London: Oxford University Press 1963.
Christopher, John	The guardians. (Die Wächter.) London: Hamilton 1970.
Christopher, John	The white mountains. (Die weissen Berge.) London: Hamilton 1967.
Gardam, Jane	A long way from Verona. (Ein langer Weg von Verona.) London: Hamilton 1971.
Garfield, Leon	Smith. *(Smith.)* Jll.: Antony Maitland. Harmondsworth: Kestrel 1967;1974.
Garner, Alan	The owl service. (Das Eulen-Geschirr.) London: Collins 1967.
Hodges, Cyril Walter	The namesake. A story of King Alfred. (Der Namensvetter. Eine Geschichte über König *Alfred.)* Jll.: Cyril Walter Hodges. London: Bell 1964.
Mayne, William	Earthfasts. (Grabstätten.) London: Hamilton 1966;1969.
Pearce, Ann Philippa	What the neighbours did and other stories. (Was die Nachbarn taten und andere Geschichten.) Jll.: Faith Jacques. London: Longman 1972.
Peyton, Kathleen M.	Edge of the cloud. (Wolkenrand.) Jll.: Victor G. Ambrus (d.i. Gyösö László Ambrus.) London: Oxford University Press 1967;1969.
Peyton, Kathleen M.	Flambards. (Das Haus *Flambard.*) Jll.: Victor G. Ambrus (d.i. Gyösö László Ambrus.) London: Oxford University Press 1967.
Peyton, Kathleen M.	A pattern of roses. (Ein Muster von Rosen.) Jll.: Kathleen M. Peyton. London: Oxford University Press 1972.

Plowman, Stephanie	Three lives for the Czar. (3 Leben für den Zaren.) London: Bodley Head 1969.	**GB**
Schlee, Ann	The consul's daughter. (Die Tochter des Konsuls.) London: Macmillan 1972.	
Stevenson, Robert Louis	Treasure Island. (Schatzinsel.) Jll.: Eleonore Schmid. London: Studio Vista 1884;1972.	
Sutcliff, Rosemary	The lantern bearers. (Die Laternenträger.) Jll.: Charles Keeping. London: Oxford University Press 1959;1972.	
Sutcliff, Rosemary	The mark of the horse lord. (Das Zeichen des Gebieters der Pferde.) Jll.: Charles Keeping. London: Oxford University Press 1965.	
Swift, Jonathan	Gulliver's travels and selected writings in prose and verse. *(Gullivers* Reisen und ausgewählte Schriften in Prosa und in Versform.) Hrsg.: John Hayward. London: Nonesuch Press 1726;1934.	
Symons, Geraldine	Miss Rivers and Miss Bridges. (Fräulein *Rivers* und Fräulein *Bridges.)* Jll.: Alexy Pendle. London: Macmillan 1971.	
Uttley, Alison	A traveller in time. (Rechtzeitig ein Reisender.) Jll.: Phyllis Bray. London: Faber 1931;1972.	
Willard, Barbara	A cold wind blowing. (Es blies ein kalter Wind.) London: Longman 1972.	
Willard, Barbara	A sprig of broom. (Ein Ginster-Zweig.) Jll.: Paul Shardlow. London: Longman 1972.	

Charles Keeping in
R. Sutcliff: The mark of
the Horse Lord

GROSSBRITANNIEN (WALES, CYMRU)
GREAT BRITAIN (WALES, CYMRU)

In walisischer (kymrischer) Sprache / In Welsh (Cambrian) language

3 − 6

Chatfield, Joan	Pablo. *(Pablo.)* Jll.: Joan Chatfield. Llandybie: C. Davies 1972.
Evans, Ann	Sioni Moni yn ddrwg. *(Sioni Moni* ist unartig; *Sioni Moni* being naughty.) Jll.: Ann Evans. Lerpwl: Cwmni Cyhoeddiadau Modern Cymreig 1973.
Jones, Rhiannon Davies	Hwiangerddi gwreiddiol. (Ursprüngliche Kinderreime; Original nursery rhymes.) Jll.: Alan Howard. Llandysul: Gomer 1973.
Roberts, Megan	Peintio. (Malen; Painting.) Jll.: Sue O'Brian. Y Bontfaen: D. Brown a'i Feibion 1972.
Roberts, Megan	Pysgota. (Fischen; Fishing.) Jll.: Sue O'Brian. Y Bontfaen: D. Brown a'i Feibion 1972.

7 − 9

Thomas, Jennie / Williams, John Owen	Llyfr mawr y plant. (Das grosse Buch für Kinder; The big book for children.) Jll.: Peter Fraser. Bd 1−3. Wrecsam: Hughes a'i Fab 1931−1939;1949.
Williams, Ernest Llwyd	Cerddi'r plant. (Die Gedichte der Kinder; The children's poems.) Jll.: D. J. Morris. Aberystwyth: Gwasg Aberystwyth 1936.
Williams, John Ellis	Stori Mops. (Die Geschichte von *Mops;* The story of *Mops.)* Jll.: Meirion Roberts. Llandybie: Llyfrau'r Dryw 1968.

10 − 12

Davies, Edward Tegla	Nedw. (*Nedw.*) Jll.: Adeline S. Jllingworth. Wrecsam: Hughes a'i Fab 1922.
Evans, Aeres / Morgans, John Marshall	Chwedlau Cymru. (Volksmärchen aus Wales; The folk tales of Wales.) Llandybie: C. Davies 1974.
Hughes, Gwilym Rees / Jones, Islwyn	Blodeugerdd y plant. (Anthologie von Gedichten für Kinder; The anthology of verse for children.) Llandysul: Gomer 1971.

Jones, Thomas Llewelyn	Trysor y môr-ladron. (Der Seeräuber-Schatz; The pirate's treasure.) Llandybie: Llyfrau'r Dryw 1960.	**GB**w
Rees, Gwynfil	Brenin Teifi. (Der König der *Teifi;* The king of the *Teifi.)* Abercynon: Cwmni Cyhoeddiadau Modern Cymreig 1965.	
Roberts, Kate	Deian a Loli. *(Deian* und *Loli.)* Jll.: Tom Morgan. Caerdydd: W. Lewis 1926.	
Watkin-Jones, Elizabeth	Y Dryslwyn. (Der *Dryslwyn;* The *Dryslwyn.)* Lerpwl: Gwasg y Brython 1947.	
Williams, Richard Bryn	Y march coch. (Das rote Ross; The red steed.) Llandysul: Gomer.	

13 — 15

Jones, Thomas Llewelyn	Anturiaethau Twm Siôn Cati. (Die Abenteuer des *Twm Siôn Cati;* The adventures of *Twm Siôn Cati.)* Bd 1—3. Aberyst- wyth: Cymdeithas Lyfrau Ceredigion 1963—1968. Enthält: 1. Y ffordd beryglus. (Die gefährliche Strasse; The dangerous road.) 1963. — 2. Ymysg lladron. (Unter Dieben; Amongst thieves.) 1965. — 3. Dial ór diwedd. (Am Ende Rache; Revenge at last.) 1968.
Jones, William John	Y cleddyf aur. (Das goldene Schwert; The golden sword.) Dinbych: Gee 1972.
Watkin-Jones, Elizabeth	Luned Bengoch. *(Luned,* der Rotkopf; *Luned* the redhead.) Lerpwl: Gwasg y Brython 1946.

Alan Howard in R. D. Jones:
Hwiangerddi Gwreiddiol

GHANA / GHANA

In englischer Sprache / In English language

7 – 9

Asare, Meshack
Tawia goes to sea. (*Tawia* fährt zur See.) Jll.: Meshack Asare. Tema: Ghana Publishing Corporation 1970.

10 – 12

Amoaku, Joseph Kwesi
The christmas hut. (Die Weihnachtshütte) Jll.: Kwabena Addo Osafo. Tema: Ghana Publishing Corporation 1970.

Appiah, Peggy
Gift of the Mmoatia. (Die Gabe der *Mmoatia* = Elfen.) Jll.: Nii O. Quao. Tema: Ghana Publishing Corporation 1972.

Apraku, L.D.
A prince of the Akans. (Ein Prinz der *Akans*.) Accra: Waterville 1964.

Blay, John Benibengor
Coconut boy. (Der Kokosnuss-Junge.) Accra: West African Publishing Corporation 1970.

Cowrie girl
The cowrie girl and other stories. (Das Kauri-Muschel-Mädchen und andere Erzählungen.) Tema: Ghana Publishing Corporation 1971.

Graft Hanson, J.O. de
The little Sasabonsam. (Der kleine *Sasabonsam*.) Jll.: Yaw Boakye Ghanatta. Tema: Ghana Publishing Corporation 1972.

Graft Hanson, J.O. de
Papa and the animals. (*Papa* und die Tiere.) Jll.: Yaw Boakye Ghanatta. Tema: Ghana Publishing Corporation 1973.

Graft Hanson, J. O. de
Papa and the magic marble. (*Papa* und die Zauberkugel.) Jll.: Yaw Boakye Ghanatta. Tema: Ghana Publishing Corporation 1973.

Graft Hanson, J. O. de
The secret of Opokuwa. (Das Geheimnis von *Opokuwa.*) Accra: Anowuo Educational Publications 1967.

Keelson, Mahdi Benjamin
Story time with the animals. (Erzählstunde, mit den Tieren.) Jll. Tema: Ghana Publishing Corporation 1974.

Mensah, Atta Annan
Folk songs for schools. (Volkslieder für Schulen.) Jll.: John Kedjanyi. Tema: Ghana Publishing Corporation 1971.

Mensah, John Sampany
Nimbo the driver. (*Nimbo*, der Fahrer.) Tema: Ghana Publishing Corporation 1973.

Mfodwo, Esther	Folk tales and stories from around the world. (Volksmärchen und Geschichten von der ganzen Welt.) Tema: Ghana Publishing Corporation 1971.
Odom, Alex Kwame	Some short fire side stories. (Ein paar kurze Kamin-Geschichten.) Accra: Waterville 1975.
Osusu, Martin	The adventures of Sasa and Esi. (Die Abenteuer von *Sasa* und *Esi*.) Jll.: Yaw Boakye Ghanatta. Tema: Ghana Publishing Corporation 1968.
Sangster, Ellen Geer (Hrsg.)	To know my own. (Ich kenne mein eigenes Volk.) Jll.: Kwabena Addo-Osafo. Tema: Ghana Publishing Corporation 1971.
Sutherland, Efua	Vulture! Vulture! (Geier! Geier!) Fotos: Willis E. Bell. Tema: Ghana Publishing Corporation 1968.
Wiredu, Anokye	Nii Ayi Bontey. (*Nii Ayi Bontey.*) Jll.: S. Frank Odoi. Tema: Ghana Publishing Corporation 1972.

GH**e**

13 – 15

Abruquah, Joseph W.	The catechist. (Der Religionslehrer.) Tema: Ghana Publishing Corporation 1971.
Agyeman, Fred:	Accused in the Gold Coast. (Angeklagt auf der Goldküste.) Fotos. Tema: Ghana Publishing Corporation 1972.
Odonkor, Thomas Harrison	The rise of the Krobos. (Die Entwicklung der *Krobos.*) Fotos. Hrsg.: E. O. Apronti. Tema: Ghana Publishing Corporation 1971.

Meshack Asare in: Tavia goes to sea

GRIECHENLAND (ELLAS) / GREECE (ELLAS)

In griechischer Sprache / In Greek language

7 − 9

Delta, Penelope — Paramythi choris onoma. (Märchen ohne Namen; A tale without name.) JII.: Maria Paparregopulu, Euangelos Spyridonos. Athenai: Estia 1910;1972.

Gregoriadu Surele, Galateia — O spurgites me to kokkino gileko. (Der Spatz in der roten Weste; The sparrow in the red waistcoat.) JII.: Petros Zampelles. Athenai: Papyros um 1969.

Gumenopulu, Maria Kubalia- — Pes mu kati, manula. (Sag mir etwas, Mütterchen; Tell me something, mamma.) JII.: Litsa Patrikiu. Athenai: Elaphos 1971.

Krokos, Giorges — E megale istoria. (Die grosse Geschichte; The great story.) JII.: Euangelos Spyridonos, Athena Tarsule, Alexander Alexandrakes. Athenai: Athena 1964.

Lappas, Takes — Mikroi eroes tu eikosiena. (Kleine Helden von 21; Young heroes of 21.) JII.: Mentes Mpostantsoglu. Athenai: Atlantis um 1970.

Maximu, Penelope — Le-leon, o basilias tu dasus. *(Le-leon,* der König des Waldes; *Le-leon,* the king of the forest.) JII.: Petros Zampelles. Athenai: Epta 1972.

Melas, Leon — O Gerostathes. (Der alte *Stathes;* Old *Stathes.)* JII.: Kostas Malamos. Bearb.: N. Katephores. Athenai: Aster 1858;1972.

Metaxa, Antigone — Elate na paixume. (Kommt, wir wollen spielen; Come, let us play.) JII.: Kostas Karyotakes. Athenai: Dorikos um 1970.

Metaxa, Antigone — Elate na taxidepsume. Archaiologikoi peripatoi kai ekdromes. (Kommt, wir wollen reisen. Archäologische Spaziergänge und Ausflüge; Come, let us travel. Archeological walks and excursions.) Bd 1−4. JII.: Kostas Malamu; Kostas Karyotakes, Maria Buduroglu; Fotos. Athenai: Phytrakes 1958; 1964. um 1959; um 1965. 1960; um 1961.

Metaxa, Antigone — Kalemera paidakia. (Guten Morgen, Kinderchen; Good morning, little children.) JII.: Eleni Peraki, Maria Buduroglu. Athenai: Dorikos 1970.

Metaxa, Antigone — Ta paramythia ton theon tu Olympu. (Die Sagen der olympischen Götter; The legends of the olympic gods.) JII.: Agenoras Asteriades. Athenai: Dorikos um 1969.

Potamianos, Themos	Edo bythos! (Hier Meeresgrund!; Here the bottom of the sea!) JII. Athenai: Estia um 1968.	GR
Potamianos, Themos	Gialo-gialo. (An der Küste entlang; Along the coast.) JII.: Euangelos Spyridonos. Athenai: Estia um 1967.	
Sakellariu, Chares	Oi mikroi cosmonautes. (Die kleinen Kosmonauten; The little cosmonauts.) JII.: Byron Aptosoglu. Athenai: Atlantis 1965. o.p.	
Sperantsas, Stelios	To biblio pu tragudei. (Das singende Buch; The singing book.) JII.: D. Darzenta. Athenai: Basileiu 1949; um 1960.	
Stathatu, Phranse	Etan kapote mia neraida. (Es war einmal eine Nymphe; Once upon a time there was a nymph.) JII.: Artemis Nikolaidu. Athenai: Chryse Penna 1968.	
Tropaiates, Alkes	E kyria me ten lampa. (Die Dame mit der Lampe; The lady with the lamp.) JII.: Byron Aptosoglu. Athenai: Alkaios 1972.	

10 – 12

Barella, Angelike	E Ellada ki emeis. (Griechenland und wir; Greece and us.) JII.: Paulos Balasakes; Fotos. Athenai: Chryse Penna um 1966.
Blame, Eua	O kosmos tu bythu. (Die Welt des Meeresgrundes; The world at the bottom of the sea.) JII. Athenai: Estia um 1960. o.p.
Delegianne- Anastasiade, Georgia	Megas Alexandros. *(Alexander* der Grosse; *Alexander* the Great.) JII.: Takes Tsanateas; Fotos. Athenai: Minoas 1972.
Delta, Penelope	Trellantones. (Der lustige *Antonius;* Merry *Anthony.)* JII.: Maria Paparregopulu. Athenai: Estia 1932;1961.
Gregoriadu Surele, Galateia	Ta dodeka phengaria. (Die 12 Monde; The 12 moons.) JII.: Anna Mendrinu-Ioannidu. Athenai: Damaskos 1972.
Gulime, Alke	O chamenos thesauros. (Der verlorene Schatz; The lost treasure.) JII.: Lena Panutsopulu, Kostas Papadopulos. Athenai: Biblioekdotike um 1967.
Gulime, Alke	O chrysaphenios krinos. (Die goldene Lilie; The golden lily.) JII.: Artemis Nikolaidu. Athenai: Biblioekdotike um 1968.
Kerasiote, Xene	E tyche krymmene s'ena kalamaki. (Das Glück im Schilfrohr versteckt; Luck hidden in a reed.) JII.: Petros Zampelles. Athenai: Eptalophos 1970.
Lappas, Takes	Doxasmene exodus. (Glorreicher Auszug; Glorious exodus.) JII.: Nikos Zographos. Athenai: Atlantis um 1967.
Megas, Georgios A.	Ellenika paramythia. (Griechische Märchen; Greek fairy tales.) Bd 1.2. JII.: Ralle Kopside, Photios Kontoglu. Athenai: Estia 1927; um 1965.1971.

Ralle Kopside in G. A. Megas: Ellenika paramythia. Bd 2

Melas, Leon	O mikros Plutarchos. (Der kleine *Plutarch;* Little *Plutarch.)* JII.: S. Apostolos. Bearb.: Dionysios Mpatistatos. Athenai: Ankyra um 1858;1971.	**GR**
Myribeles, Strates	O argonautes. (Der Argonaut; The argonaut.) JII.: Euangelos Spyridonos. Athenai: Estia um 1968.	
Palaiologu, Galateia A.	Me to podelato . . . Gnorimia me ton topo mas. (Mit dem Fahrrad . . . Bekanntschaft mit unserem Land; With the bicycle . . . Meeting our country.) JII.: Chara Bienna. Athenai: Athena 1967.	
Panagiotopulos, Ioannes Michael	Aphrikanike peripeteia. (Afrikanisches Abenteuer; African adventure.) JII.: Kostas Grammatopulos. Athenai: Aster 1969.	
Panagiotopulos, Spyros	Istories tu Kapetan Arme. (Die Geschichten des Kapitän *Arme;* The stories of Captain *Arme.)* JII.: Paulos Balasakes. Athenai: Atlantis 1972.	
Papadiamantes, Alexandros	Sto Christo, sto kastro. (Zu Christus, zur Burg; To Christ, to the castle.) JII.: Gerasimos Gregores. Bearb.: Georgia Tarsule. Athenai: Atlantis um 1913; um 1970.	
Papaluka, Phane	O Gero-Olympos. (Der alte *Olymp;* The old *Olympus.)* JII.: Giorgos Ioannu. Athenai: Aster 1972.	
Papantoniu, Zacharias	Ta psela buna. (Die hohen Berge; The high mountains.) JII.: Euangelos Spyridonos. Athenai: Estia 1918; um 1965.	
Phloros, Paulos	Blases Asinares. *(Blases Asinares.)* JII.: Byron Aptosoglu. Athenai: Blessas um 1960. o.p.	
Sarante, Galateia	Charazei e leuteria. (Es dämmert die Freiheit; The dawn of freedom.) JII.: Marios Angelopulos. Athenai: Estia um 1970.	
Sphaellu-Benizelu, Kalliope	O boskos ki'o regas. (Der Hirt und der König; The shepherd and the king.) JII.: Marios Angelopulos. Athenai: Estia um 1967.	
Sphaellu-Benizelu, Kalliope	O choros tes doxas. (Der ruhmreiche Tanz; The glorious dance.) JII.: Takes Tzaneteas. Athenai: Minoas um 1970.	
Tarsule, Georgia	Dyo ellenopula sta chronia tu Neronos. (Zwei Griechenkinder zu *Neros* Zeiten; Two Greek children in *Nero's* time.) JII.: Gerasimos Gregores. Athenai: Estia um 1968.	
Tsimikale, Pipina	Psela ste stane tes Garyphallias. (Hoch im Stall der *Garyphallia;* High in *Garyphallia's* stable.) JII.: Giannes Simeonides. Athenai: Kibotos 1968;1971.	
Tzortzoglu, Nitsa	O Sinaposporos enan kairo sto Mesolongi . . . (Der *Sinaposporos* = das Senfkorn — einmal in *Mesolongi . . .; Sinaposporos* = grain of mustard seed — once upon a time in *Mesolongi . . .)* JII.: Petros Zampelles. Athenai: Epta 1972.	

Tzortzoglu, Nitsa	To mystiko ton philikon. (Das Geheimnis der Befreundeten; The secret of the Befriended.) Jll.: Takes Katsulides. Athenai: Estia 1972.
Xenopulos, Gregorios	Diegemata gia paidia. (Erzählungen für Kinder; Stories for children.) Jll. Athenai: Estia um 1940. o.p.
Xenopulos, Gregorios	E adelphula mu. (Mein Schwesterchen; My little sister.) Jll.: Antonios Bottes. Athenai: Papadopoulos 1923.

13 – 15

Balabane, Elene G.	Morphes tu neu ellenismu. (Gestalten des neuen Hellenismus; People of new Hellenism.) Jll.: Spyros Basileiu. Athenai: Estia 1965.
Balabane, Elene G.	Sto Mystra ton Palaiologon. (Auf dem *Mystras* der *Palaiologen;* On *Palaiologos' Mystras.)* Jll.: Agenoras Aster Asteriades. Athenai: Dodone 1971.
Chatzeanagnostu, Takes	Ite, paides . . . (Vorwärts, Kinder . . .; Go ahead, children ...) Jll.: Marios Angelopulos. Athenai: Estia um 1966.
Delta, Penelope	Gia ten patrida. (Fürs Vaterland; For the country.) Jll.: Nikephoros Lytras. Athenai: Estia 1909;1970.
Delta, Penelope	Mankas. *(Mankas.)* Jll.: D. Panagiota Zographu, Antonios Polykandriotes, K. L. Konstantinides. Athenai: Estia 1935; 1971.
Grammenos, Euangelos	O gios tu Kissabu. (Der Sohn des *Kissabos;* The son of the *Kissabos.)* Athenai: Toxotes um 1970.
Stathatu, Phranse	Phos apo to Arkadi. (Licht aus *Arkadi;* Light from *Arkadi.)* Jll.: Paulos Balasakes. Athenai: Estia 1971.
Zei, Alke	To kaplani tis bitrinas. (Die Wildkatze unter Glas; The wild cat under glass.) Athenai: Kedros um 1965;1974.

UNGARN / HUNGARY   H

In ungarischer Sprache / In Hungarian language

3 — 6

Aszódi, Éva (Timár Miklósné) / Tótfalusi, István (Hrsg.)	Cini-cini muzsika. Óvodások verseskönyve. *(Cine-cine-Musik. Gedichtbuch für kleine Kinder; Cine-cine music. Book of verses for small children.)* Jll.: Endre Bálint. Budapest: Móra 1969;1972.
Donászy, Magda	Arany ABC. (Goldenes ABC; Golden ABC.) Jll.: Károly Reich. Budapest: Minerva 1961;1967.
Janikovszky, Éva	Ha én felnőtt volnék. (Wenn ich ein Erwachsener wäre; If I were a grown-up.) Jll.: László Réber. Budapest: Móra 1965;1969.
Jankovich, Ferenc	Szalmapapucs. (Strohpantoffel; Straw slipper.) Jll.: Kató Lukáts. Budapest: Móra 1951;1962.
Kormos, István	Mese Vackorról, egy pisze kölyök mackóról. (Ein Märchen von *Vackor,* einem stupsnasigen Bärlein; A tale of *Vackor,* a small snubnosed bear.) Jll.: Károly Reich. Budapest: Móra 1956;1968.
Lázár, Ervin	A nagyravágyó feketerigó. (Die ehrgeizige Amsel; The ambitious thrush.) Jll.: László Réber. Budapest: Móra 1969.
Móra, Ferenc	Zengő ABC. (Das klingende ABC; The clanging ABC.) Jll.: Kató Lukáts. Budapest: Móra 1958;1970.
Móricz, Zsigmond	A török és a tehenek. (Der Türke und die Kühe; The Turk and the cows.) Jll.: Gyula Hincz. Budapest: Móra 1970.
Weöres, Sándor	Zimzizim. *(Zimzizim.)* Jll.: Gyula Hincz. Budapest: Móra 1969.

7 — 9

Áprily, Lajos	Fegyvertelen vadász. (Ein Jäger ohne Gewehr; A hunter without a gun.) Jll.: Ádám Würtz. Budapest: Móra 1966.
Arany, László	Magyar népmesék. (Ungarische Volksmärchen; Hungarian folktales.) Jll.: Emmy Róna. Budapest: Móra 1867;1958.
Benedek, Elek	A kék liliom és más mesék. (Die blaue Lilie und andere Märchen; The blue lily and other fairy tales.) Jll.: Tamás Szecskó. Budapest: Móra 1968.

Benedek, Elek	Többsincs királyfi és más mesék. (Königssohn *Többsincs* = einzigartig, und andere Märchen; Prince *Többsincs* = unique, and other tales.) Jll.: Tamás Szecskó. Budapest: Móra 1900; 1969.
Benedek, Elek	Világszép Nádszál kisasszony és más mesék. (Die wunderschöne Schilfprinzessin und andere Märchen; The wonderful princess of the reeds and other fairy tales.) Jll.: Kató Lukáts. Budapest: Móra 1956;1973.
Benedek, Elek	A vitéz szabólegény. (Der brave Schneidergeselle; The brave young taylor.) Jll.: Tamás Szecskó. Budapest: Móra 1959; 1974.
Garai, Gábor / Kormos, István (Hrsg.)	Magyar versek könyve. (Das Buch der ungarischen Poesie; The book of Hungarian poetry.) Jll.: Gyula Hincz. Budapest: Móra 1963.
Illyés, Gyula	Hetvenhét magyar népmese. (77 ungarische Volksmärchen; 77 Hungarian folk tales.) Jll.: Piroska Szántó. Budapest: Móra 1956;1974.
Janikovszky, Éva	Bertalan és Barnabás. *(Berthold* und *Barnabas.)* Jll.: László Réber. Budapest: Móra 1969.
József, Attila	Lángos csillag. (Flammender Stern; Flaming star.) Jll.: Károly Reich. Budapest: Móra 1965.
Kis, Jenő (Hrsg.)	Szülőföldünk. Olvasókönyv külföldön élő magyar gyermekek számára. (Unsere Heimat. Lesebuch für ungarische Kinder, die im Ausland leben; Our homeland. Reader for Hungarian children living in foreign countries.) Jll.: Károly Reich. Budapest: Tankönyvkiadó 1966.
Kriza, János	Az álomlátó fiu. Székely népmesék. (Der träumende Junge. Szeklerische Volksmärchen; The dreaming boy. Folktales of the Szeklers.) Hrsg.: Ágnes Kovács. Jll.: Kató Lukáts. Budapest: Móra 1863;1961.
Lipták, Gábor	Aranyhid. Balatoni mesék, mondák történetek. (Die goldene Brücke. Märchen, Sagen und Erzählungen vom *Plattensee;* The golden bridge. Tales and stories from Lake *Balaton.)* Jll.: Piroska Szántó. Budapest: Móra 1961;1968.
Mikszáth, Kálmán	A két koldusdiák. (Die 2 Bettelstudenten; The 2 beggar students.) Jll.: János Kass. Budapest: Móra 1885;1975.
Móra, Ferenc	Müvei. Válogatás a gyermekek számára. (Werke. Eine Auswahl für Kinder; Works. A selection for children.) Jll.: Károly Reich. Bd 1—3. Budapest: Móra 1959;1970.
Nemes Nagy, Ágnes	Lila fecske. (Die lila Schwalbe; The lilac swallow.) Jll.: Piroska Szántó. Budapest: Móra 1965.
Szabó, Magda	Sziget-kék. (Inselblau; Island blue.) Jll.: Ádám Würtz. Budapest: Móra 1959;1967.

Szécsi, Katalin	Parányi bölcsőlakók. (Winzige Wiegenbewohner; The little **H** inhabitants of cradles.) Jll.: Magdolna Csépe. Budapest: Móra 1967;1974.
Tersánszky, Józsi Jenő	Misi Mókus kalandjai. (Die Abenteuer des *Micha Mókusch* = Eichhörnchen; The adventures of *Mike Mókush* = squirrel.) Jll.: Emmy Róna. Budapest: Móra 1953;1958.
Turcsányi, Ervin	Nyolclábu vadászok. (Die Jäger mit den 8 Beinen; The eightlegged hunters.) Jll.: László Réber. Budapest: Móra 1964.
Varga, Katalin	Gőgös Gúnár Gedeon. (Hochmütiger Gänserich *Gideon;* Highbrow gander *Gideon.)* Jll.: Kató Lukáts. Budapest: Móra 1962;1974.
Várnai, György	Kettő meg kettő az négy. (2 und 2 sind 4; 2 and 2 are 4.) Jll.: Gyula Macskássy. Budapest: Móra 1966.
Weöres, Sándor	Bóbita. *(Bobita.)* Jll.: Gyula Hincz. Budapest: Móra 1955; 1968.

10 − 12

Arany, János	Toldi. *(Toldi.)* Jll.: János Kass. Budapest: Móra 1847;1966.
Dékány, András	Matrózok, hajók, kapitányok. (Matrosen, Schiffe, Kapitäne; Sailors, ships, captains.) Jll.: Pál Csergezán. Budapest: Móra 1958;1965.
Fazekas, Mihály	Lúdas Matyi. *(Matthias Lúdasch* = mit der Gans; *Matthew Ludash* = with the goose.) Jll.: Piroska Szántó. Budapest: Móra 1815;1962.
Fekete, István	Bogáncs. (Die Distel; The thistle.) Jll.: József Cselényi. Budapest: Móra 1957;1958.
Gárdonyi, Géza	Egri csillagok. (Die Sterne von *Eger;* The stars of *Eger.)* Jll.: Ádám Würtz. Budapest: Móra 1901;1966.
Gyermekenciklopédia	Gyermekenciklopédia. (Kinder-Enzyklopädie; Children's encyclopedia.) Jll. Bd 1−5. Budapest: Móra 1961−1967.
Hegedüs, Géza	A milétoszi hajós. (Der Schiffer von *Milet;* The skipper from *Milet.)* Jll.: Miklós Győri. Budapest: Móra 1957;1972.
Hevesi, Lajos	Jelky András kalandjai. (Die Abenteuer des *Andreas Jelky;* Andrew Jelky's* adventures.) Jll.: Lajos Kondor. Budapest: Móra 1872;1975.
Karinthy, Frigyes	Tanár ur, kérem. (Herr Lehrer, bitte! Please, teacher!) Jll.: János Kass. Budapest: Móra 1916;1972.
Komjáthy, István	Mondák könyve. (Buch der Heldensagen; Book of legends.) Jll.: Zsolt Boromisza. Budapest: Móra 1955;1971.

Krúdy, Gyula	A százgalléros. Elbeszélések. (Der mit 100 Kragen. Erzählungen; The one with 100 collars. Stories.) Jll.: Gyula Hincz. Budapest: Móra 1971.
Mándy, Iván	Csutak szinre lép. (Csutak = Wisch, betritt die Bühne; Csutak = wisp, appears.) Jll.: László Réber. Budapest: Móra 1957;1969.
Mikszáth, Kálmán	A beszélő köntös. — A kis primás. (Der sprechende Mantel. — Der kleine Erzbischof; The talking coat. — The little archbishop.) Jll.: Miklós Győry. Budapest: Móra 1889;1970.
Molnár, Ferenc	A Pál utcai fiuk. (Die Jungen von der Paulstrasse; The boys of Paul Street.) Jll.: Károly Reich. Budapest: Móra 1907; 1973.
Móra, Ferenc	Müvei. Válogatás az ifjuság számára. (Werke. Eine Auswahl für die Jugend; Works. A selection for young people.) Jll.: Károly Reich. Bd 1—3. Budapest: Móra 1959;1970.
Nagy, Katalin	Intőkönyvem története. (Das Sündenregister einer Schülerin; The catalogue of sins of a pupil.) Jll.: Vera Zsoldos. Budapest: Móra 1968.
Petőfi, Sándor	János vitéz. (Held Janosch; Hero Janosh.) Jll.: Ádám Würtz. Budapest: Móra 1845;1974.
Szabó, Magda	Születésnap. (Geburtstag; Birthday.) Jll.: Károly Reich. Budapest: Móra 1962;1973.
Thury, Zsuzsa	A francia kislány. (Das Mädchen aus Frankreich; The girl from France.) Jll.: Ágnes Rogán. Budapest: Móra 1953; 1964.

13 — 15

Fekete, István	Tüskevár. (Dornenburg; Thorn castle.) Jll.: Tamás Scecskó. Budapest: Móra 1957;1974.
Fekete, Sándor	Igy élt a szabadságharc költője. (So lebte der Dichter des Freiheitskampfes; So lived the poet of the liberation.) Jll. Budapest: Móra 1972.
Jókai, Mór	És mégis mozog a föld. (Und die Erde dreht sich doch; But the earth revolves.) Jll.: Mária Tury. Budapest: Móra 1872;1963.
Jókai, Mór	A kőszivü ember fiai. (Die Söhne des Mannes mit dem eisernen Herz; The sons of the man with the iron heart.) Fotos. Budapest: Móra 1869;1967.
Móricz, Zsigmond	Légy jó mindhalálig. (Sei rechtschaffen bis in den Tod; Be brave until death.) Jll.: Károly Reich. Budapest: Móra 1920;1974.

Rónaszegi, Miklós	Hináros tenger. Kolumbusz első utjának regénye. (Das Tang-meer. Erzählung von der ersten *Kolumbus*-Reise; The sea-weed ocean. Novel from *Columbus'* first voyage.) Jll.: János Kass. Budapest: Móra 1959;1967.
Somogyi Tóth, Sándor	Gabi. *(Gabi.)* Jll.: László Bornemisza. Budapest: Magvető 1969.
Somogyi Tóth, Sándor	Gyerektükör. (Kinderspiegel; Mirror of childhood.) Budapest: Magvető 1963;1968.
Szabó, Magda	Mondják meg Zsófikának. (Sagt es der *Sophie;* Tell it to *Sophie.)* Budapest: Magvető 1958;1968.
Tamási, Áron	Hazai tükör. (Spiegel des Vaterlandes; Mirror of the father-land.) Jll.: Tamás Szecskó. Budapest: Móra 1953;1963.
Tatay, Sándor	Puskák és galambok. (Gewehre und Tauben; Guns and doves.) Jll.: Gyula Szőnyi. Budapest: Móra 1960;1967.

H

László Réber in É. Janikovszky: Bertalan és Barnabás

HONG KONG / HONG KONG

In chinesischer Sprache / In Chinese language

7 – 9

Chen, Hsiao-wei   Hsiao-hei-man-lü hsing-chi. (Erlebnisberichte eines kleinen schwarzen Aales; Adventure reports of a little black eel.) Jll. Hong Kong: Primary Students' Series Press 1970.

Hsiao-hua-t'u   Hsiao-hua-t'u chao shih-wu. (Ein kleines Kaninchen geht auf Nahrungssuche; Little Rabbit goes hunting for food.) Jll. Hong Kong: Sun Ya Children Education 1968.

10 – 12

Li, Yen   Chou Ch'u ch'u san-hai. *(Chou Ch'u* rottet 3 Teufel aus; *Chou Ch'u* exorcises 3 devils.) Jll. Hong Kong: Children's Paradise 1968.

Ts'ai, Kuang   Shui-hsing tê tao-lu ch'ü. (Forschungsreise zum Merkur; Expedition Mercury.) Jll. Hong Kong: Primary Students' Series Press 1969.

HASCHEMITISCHES KÖNIGREICH JORDANIEN   HKJ
HASHEMITE KINGDOM OF JORDAN

In arabischer Sprache / In Arabic language

10 – 12

Abid El-Hadi, Radi	Hālid wa-Fātina. *(Khalid* und *Fatinah.)* Jll.: Radi Abid Ěl-Hadi. Jerusalem: Maktabit El-Andalos.
al-'Aṣfūr al-aḥdar	al-'Aṣfūr al-aḥdar. (Der grüne Vogel; The green bird.) Jll. Hrsg.: Children's Friend Association. Amman: Estiklal Library.
Ghraib, Rose	al-Ihwāt aṭ-talāt. (Die 3 Schwestern; The 3 sisters.) Jll.: Rose Ghraib. Beirut: Dar Al Kitab al Lebnani.

13 – 15

Haki, Badi	at-Turāb al-ḥazīn. (Das traurige Land; The sad land.) Jll.: Ridwan Shahal. Damascus: Matba'it El Ensha'.
Hatar, Jihad Jamil	Aina 'adālatī. (Wo ist Gerechtigkeit für mich? Where is my justice?) Jll.: Jihad Jamil Hatar. Irbid: El-Matba'a El-Ahliah.

ITALIEN / ITALY

In italienischer Sprache / In Italian language

3 – 6

Agostinelli,
Maria Enrica
Sembra questo, sembra quello. (Es könnte dies, es könnte das sein; It can be this, it can be that.) Jll.: Maria Enrica Agostinelli. Milano: Bompiani, Emme 1969.

Delaunay, Sonia
Alfabeto. (Das Alfabet; The alphabet.) Jll.: Sonia Delaunay. Milano: Emme 1970.

Fortis de Hierony-
mis, Elve
Chicco nero. (Schwarzer Kern; Black kernel.) Jll.: Elve Fortis de Hieronymis. Torino: SEI 1968.

Gunthorp, Karen
Primavera nel bosco. (Frühling im Wald; Spring in the woods.) Jll.: Attilio Cassinelli. Firenze: Giunti 1968.

Luzzati, Emanuele
La gazza ladra. (Die diebische Elster; The thieving magpie.) Jll.: Emanuele Luzzati. Milano: Mursia 1964.

Luzzati, Emanuele
I paladini di Francia. (Die französischen Hofritter; The paladines at the French court.) Jll.: Emanuele Luzzati. Milano: Mursia 1962.

Mari, Iela /
Mari, Enzo
L'uovo e la gallina. (Das Ei und die Henne; The egg and the hen.) Jll.: Iela Mari, Enzo Mari. Milano: Emme 1969.

Munari, Bruno
Da lontano era un'isola. (In der Ferne war eine Insel; Far away there was an island.) Fotos: Bruno Munari. Milano: Emme 1971.

Munari, Bruno
Nella nebbia di Milano. (Der Nebel von *Mailand;* Fog in *Milan.)* Jll.: Bruno Munari. Milano: Emme 1968.

Soldati, Mario
Il polipo e i pirati. (Der Polyp und die Piraten; The octopus and the pirates.) Jll.: Alberto Longoni. Milano: Emme 1973.

Tagliapietra
Il tagliapietra. (Der Steinmetz; The stone carver.) Jll.: Alberto Longoni. Milano: Emme 1970.

7 – 9

Accornero,
Vittorio
Due storie di Tomaso. (2 Geschichten von *Thomas;* 2 stories about *Thomas.)* Jll.: Vittorio Accornero. Milano: Mondadori 1972.

Capuana, Luigi
C'era una volta. (Es war einmal; Once upon a time.) Jll. Firenze: Giunti, Bemporad Marzocco 1882;1970.

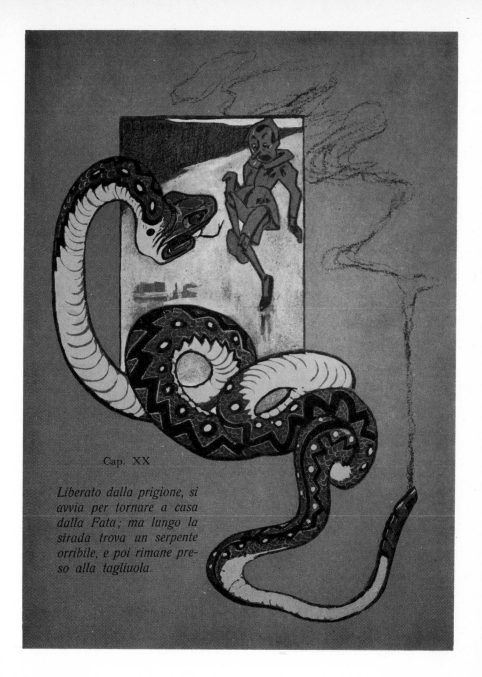

Cap. XX

Liberato dalla prigione, si avvia per tornare a casa dalla Fata; ma lungo la strada trova un serpente orribile, e poi rimane preso alla tagliuola.

Attilio Mussino in C. Collodi: Le avventure di Pinocchio

Collodi, Carlo (d.i. Carlo Lorenzini)	Le avventure di Pinocchio. *(Pinocchios* Abenteuer; The adventures of *Pinocchio.)* Jll.: Attilio Mussino. Firenze: Giunti 1883;1971.
Collodi, Carlo (d.i. Carlo Lorenzini)	Storie allegre. (Heitere Geschichten; Gay stories.) Jll. Firenze: Giunti 1887;1970.
Masini, Giancarlo/ Pacini, Alessandro	S.O.S. per il pianeta terra. (SOS für den Planeten Erde; SOS save the earth.) Jll.: Alessandro Pacini. Firenze: Centro internazionale del libro 1971.
Motti, Angela	Mussimac ovvero la palla ritrovata. *(Mussimac* oder der wiedergefundene Ball; *Mussimac* or the recovered ball.) Jll.: Angela Motti. Genova: Sagep 1972.
Rodari, Gianni	Gli affari del Signor Gatto. (Die Geschäfte des Herrn Kater; Mr. Tomcat's business.) Jll.: Maria Enrica Agostinelli. Torino: Einaudi 1972.
Rodari, Gianni	Gip nel televisore. *(Gip* im Fernsehgerät; *Gip* in the television set.) Jll.: Giancarlo Carloni. Milano: Mursia 1962; 1967.
Tumiati, Lucia	Caro bruco capellone. (Liebe behaarte Raupe; Dear hairy caterpillar.) Jll.: Tullio Ghiandoni. Milano: Mondadori 1972.

10 – 12

Amicis, Edmondo de	Cuore. (Herz; Heart.) Torino: Einaudi 1886;1972.
Brizzolara, Carlo	Titina F.5. *(Titina* F.5.) Jll.: Carlo Brizzolara. Torino: Einaudi 1972.
Buzzati Traverso, Dino	La famosa invasione degli orsi in Sicilia. (Der berühmte Einfall der Bären in Sizilien; The famous invasion of the bears in Sicily.) Jll.: Dino Buzzati Traverso. Milano: Mondadori 1945;1974.
Calvino, Italo (Hrsg.)	Fiabe italiane. (Italienische Märchen; Italian fairy tales.) Bd 1.2. Torino: Einaudi 1956;1971.
Calvino, Italo	Marcovaldo. *(Marcovaldo.)* Jll.: Sergio Tofano. Torino: Einaudi 1963.
Libenzi, Ermanno	Il pianeta dei matti. (Der Planet der Irren; The planet of the crazy people.) Jll.: Maria Luisa Gioia. Milano: Garzanti 1971.
Lodi, Mario	Il permesso. (Die Erlaubnis; The permit.) Firenze: Giunti, Bemporad Marzocco 1968.
Marianelli, Sauro	Damiano dal viaggio strano. *(Damiano* und seine seltsame Reise; *Damiano* and his strange journey.) Jll.: Gianni Ciferri. Torino: Paravia 1971.

Milani, Mino	I cavalieri della tavola rotonda. (Die Ritter der Tafelrunde; **I** The knights of the round table.) Jll.: Carlo Alberto Miche- lini. Milano: Mursia 1971.
Milani, Mino	Il fiume non si ferma. (Der Fluss steht nicht still; The river keeps flowing.) Jll.: Bruno Faganello. Milano: Mursia 1958; 1973.
Orvieto Cantoni, Laura	Storie di bambini molto antichi. (Geschichten von Kindern der Antike; Stories of children in the classical age.) Jll.: Fulvio Bianconi. Milano: Mondadori 1971–1972.
Padoan, Gianni	Robinson dello spazio. *(Robinson* im Weltall; *Robinson* in space.) Jll.: Giancarlo Cereda, Giuseppe Laganà. Milano: AMZ 1969.
Pezzetta, Silvano	Ragazzo indio. (Indianerjunge; Indian boy.) Fotos: Gianni Renna. Milano: Fabbri 1972.
Reggiani, Renée	Le avventure di cinque ragazzi e un cane. (Die Abenteuer von fünf Jungen und einem Hund; The adventures of five boys and a dog.) Jll.: Paul Durand. Bologna: Cappelli 1960.
Rodari, Gianni	Il pianeta degli alberi di Natale. Der Planet der Weihnachts- bäume; The planet of the Christmas trees.) Jll.: Bruno Munari. Torino: Einaudi 1962.
Rodari, Gianni	La torta in cielo. (Die Torte im Himmel; The cake in the air.) Jll.: Bruno Munari. Torino: Einaudi 1966.
Salgari, Emilio	Avventure di prateria, di giungla e di mare. (Steppen-, Dschungel- und Seegeschichten; Tales of the jungle, the sea and the plains.) Torino: Einaudi 1893–1907;1972.
Vamba (d.i. Luigi Bertelli)	Il giornalino di Gian Burrasca. (Das Tagebuch des *Gian* *Burrasca;* The diary of *Gian Burrasca.*) Jll. Firenze: Giunti, Bemporad Marzocco 1912;1964.

13 – 15

Anguissola, Giana	Le straordinarie vacanze di Violetta. *(Violettas* ausserge- wöhnliche Ferien; *Violetta's* extraordinary holidays.) Jll.: Maria Luigia Falcioni Gioia. Milano: Mursia 1968.
Argilli, Marcello	Ciao, Andrea. (Ciao, *Andrea.)* Milano: Mondadori 1971.
Bertola, Roberto	Pablo grandoso detto Pablò. *(Pablo* der Grosse, genannt *Pablò; Pablo* the Great, named *Pablò.)* Jll.: Roberto Bertola. Milano: Rizzoli 1972.
Boldrini, Giuliana	Maja delle streghe. *(Maja* und die Hexen; *Maja* and the witches.) Jll.: Leonardo Mattioli. Firenze: Le Monnier 1971.
Bufalari, Giuseppe	La barca gialla. (Das gelbe Boot; The yellow boat.) Fotos: Carla Cerati. Torino: Einaudi 1966.

Bufalari, Giuseppe	Pezzo da novanta. (Kaliber 90; Caliber 90.) Jll. Firenze: Le Monnier 1971.
Capuana, Luigi	Gambalesta. (Der Leichtfüssige; The Lightfoot.) Jll.: Giuliano Pini. Firenze: Sandron 1903;1966.
Capuana, Luigi	Scurpiddu. *(Scurpiddu.)* Jll. Torino, Milano, Padova: Paravia 1898;1968.
Cassini, Marino	Il tesoro del medico di Toledo. (Der Schatz des Arztes von Toledo; The doctor of Toledo and his treasure.) Jll.: Antonio de Rosa. Milano: Mursia 1969.
Cassini, Marino	Torpedini umane. (Menschliche Torpedos; Human torpedoes.) Jll.: Antonio de Rosa. Milano: Mursia 1971.
Guarnieri, Rossana Valeri	Gente d'Irlanda. (Menschen in Irland; People in Ireland.) Jll.: Florenzio Corona. Milano: Mursia 1972.
Guarnieri, Rossana Valeri	Nel sud qualcosa si muove. (Im Süden rührt sich etwas; Something is moving in the South.) Jll.: Beppe Zago. Brescia: La Scuola 1972.
Leonardo da Vinci	Favole e leggende. (Fabeln und Legenden; Fabels and legends.) Jll.: Adriana Saviozzi Mazza. Firenze: Giunti, Centro internazionale del libro 1972.
Martini, Luciana	Addio al pianeta terra. (Auf Wiedersehen, Erde; Good-bye, earth.) Milano: Bompiani 1965;1973.
Milani, Mino	Aka-Hor. *(Aka-Hor.)* Jll.: Gino D'Achille. Milano: Mursia 1971.
Nardini, Bruno	Incontro con Michelangielo. (Begegnung mit *Michelangelo;* Meet *Michelangelo.*) Jll. Firenze: Giunti, Centro internazionale del libro 1972.
Petter, Guido	I ragazzi della banda senza nome. (Die Jungen von der Bande ohne Namen; The boys of the nameless gang.) Firenze: Giunti 1972.
Ugolini, Luigi	Con te babbo. (Mit dir, Papa; With you, daddy.) Torino: Paravia 1967.
Valle, Guglielmo	Magellano. *(Magellan.)* Milano: Bompiani 1966.

ITALIEN / ITALY

In friaulischer Sprache / In Friulian language

3 – 6

Bidin e Bidine	Bidin e Bidine. *(Bidin* und *Bidine.)* JII.: Kindermalerei. Udin: Societât Filologjche Furlane 1968.
Il pulz e la pulze	Il pulz e la pulze. (Der Floh und seine Gemahlin; The flea and his wife.) JII.: Kindermalerei. Udin: Societât Filologjche Furlane 1970.
Valtingojer, Maria Luigia / Venuti, Tarcisio	Pomul e scus. (Äpfelchen und Schale; Little apple and skin.) JII.: Claudio Bisaro. Reane dal Rojal: Società Editrice Friulana 1973.
Valtingojer, Maria Luigia / Venuti, Tarcisio	Zuanut e Blancjeflôr. *(Hänschen* und *Weissblume;* Little *Hans* and *White Flower.)* JII.: Claudio Bisaro. Udin: La Nuova Base 1974.
Valtingojer, Maria Luigia / Venuti, Tarcisio	Venzùt e Teodore. *(Venzùt* und *Teodore.)* JII.: Claudio Bisaro. Udin: La Nuova Base 1974.
Virgili, Dino	La bielestele. (Der Schönstern; The beautiful star.) JII.: Emilio Caucigh. Udin: Societât Filologjche Furlane 1972.

7 – 9

Galeri, Zuan Batiste	Creaturis di Diu. (Gottesgeschöpfe; God's creatures.) JII.: Lucian del Zotto. Udin: Clape Cultural Aquilee 1973.
Gioitti del Monaco, Maria	Co al chriche al dì. (Wenn es tagt; When dawn comes.) JII.: Edoardo de Finetti. Udin: Società Filologica Friulana 1972.
Placereani, Francesco	Bocons di Vanseli pai fruz furlans des scuelì. (Evangelienbissen für friaulische Schulkinder; Bits from the gospels for Friulish school children.) Udin: Edizions di Int Furlane 1970.

10 – 12

La cjanzon di Nadâl	La cjanzon di Nadâl. (Der Weihnachtsgesang; The Christmas song.) JII.: Lucian del Zotto. Udin: Clape Cultural Aquilee 1973.

L'orloi dai nonos   L'orloi dai nonos. (Die Uhr der Grosseltern; The grand-
parents' clock.) Udin: Grafiche Fulvio 1969.

13 – 15

Gioitti del Monaco,   Lis mascarutis. (Die kleinen Masken; The little masks.)
Maria   Udin: Società Filologica Friulana 1970.

Miniantologia   Miniantologia di poesie friulane. (Kleinstanthologie von
friaulischen Gedichten; The littlest anthology of Friulian
poems.) Udin: Edizione dell'A.I.M.C. 1970.

Kindermalerei in: Il pulz e la pulze

In hebräischer Sprache (Iwrit) / In Hebrew language (Iwrit)

3 – 6

Agmon, David	Geśem riśon. (Erster Regen; First rain.) Jll.: Ẓilla Binder. Tel Aviv: Dvir 1959.
Bergśtein, Fania	Bo elai parpar neḥmad. (Komm zu mir, hübscher Schmetterling; Come to me, lovely butterfly.) Jll.: Ilse Kantor. Tel Aviv: Hakibbutz Hameuḥad 1945.
Bialik, Chaim Naḥman	Śirim uphizmonot l'iladim. (Gedichte und Lieder für Kinder; Poems and songs for children.) Jll.: Naḥum Gutman. Tel Aviv: Dvir 1933;1973.
Gar'in, Michael	Biglal Buki. (Wegen *Buki;* Because of *Buki.)* Fotos: Hans Pin. Tel Aviv: Levin-Epstein 1965.
Goldberg, Leah	Ayeh Plutu? (Wo ist *Plutu?* Where is *Plutu?)* Jll.: Arie Ron. Merḥavia: Sifriat Po'alim 1957.
Hillel, O. (d.i. Hillel Omer)	Boker Tov. (Guten Morgen; Good morning.) Jll.: Miḥal Efrat. Tel Aviv: Hakibbutz Hameuḥad 1961.
Hillel, O. (d.i. Hillel Omer)	Oti lir'ot af eḥad lo yaḥol. (Keiner kann mich sehen; Nobody can see me.) Jll.: Ruth Ẓarfati. Ramat Gan: Massada 1967.
Kipnis, Levin	Keter hanarkis. (Die Narzissenkrone; The narcissus crown.) Jll.: Isa Herschkovitz. Tel Aviv: Tverski 1951;1960.
Kuś (d.i. Karmi Tcharni)	Śmulik-Kipod. (Das Stachelschwein *Schmulik;* The porcupine *Shmulik.)* Jll.: Śośana Heimann. Merḥavia: Sifriat Po'alim 1955.
Yalan-Śtekelis, Miriam	Śir Hagdi. (Das Lied vom Zicklein; The kid's song.) Jll.: Ẓilla Binder. Tel Aviv: Dvir 1968.
Yizhar, S. (d.i. Yizhar Smilanski)	Alilot chumit. (Die Geschichte einer Ameise; The story of an ant.) Jll.: Naomi Smilanski. Tel Aviv: Hakibbutz Hameuḥad 1958.

7 – 9

Asscher-Pinkhoff, Clara	Haśir śehalaḳ letayel. (Das Lied, das auf die Wanderschaft ging; The song that went for a walk.) Jll.: Bina Gvirtz. Tel Aviv: Newman 1956.
Bergśtein, Fania	Haruzim adumim. (Rote Perlen; Red pearls.) Jll.: Ẓilla Binder. Tel Aviv: Hakibbutz Hameuḥad 1960.

Bergśtein, Fania	Śir jadati. (Ich kenne ein Lied; I know a song.) JII.: Źilla Binder. Tel Aviv: Hakibbutz Hameuḥad 1954.
Gefen, Jonathan	Yom eḥad. (Ein Tag; One day.) JII.: Nurit Betzer Gefen. Tel Aviv: Dvir 1970.
Goldberg, Leah	Nissim veNiflaot. (Mirakel und Wunder; Miracles and wonders.) JII.: Yeḥezkel Kimḥi. Merḥavia: Sifriat Po'alim 1954; 1960.
Goldberg, Leah	Źrif katan. (Die kleine Hütte; The small hut.) JII.: Arieh Navon. Merḥavia: Sifriat Po'alim 1959.
Hillel, O. (d.i. Hillel Omer)	Dodi Simḥa. (Mein Onkel *Simcha;* My uncle *Simha.)* JII.: Ruth Źarfati. Tel Aviv: Hakibbutz Hameuḥad 1958.
Ofek, Uriel	Sira aḥat ketana. (Ein kleines Boot; One little boat.) JII.: Shulamith Salinger. Tel Aviv: Chachik 1959.
Omer, Debora	Lean ne'elam kapitan Kuk? (Wo verschwand Kapitän *Cook?* Where Captain *Cook* has disappeared?) JII.: Tirźa Tani. Tel Aviv: Sreberk 1969.
Shlonsky, Abraham	Ani veTali, sefer me'eretz haLama. (Ich und *Tali,* ein Buch vom Warumland; Me and *Tali,* a book from Whyland.) JII.: Yeḥezkel Kimḥi. Merḥavia: Sifriat Po'alim 1958.
Yalan-Śtekelis, Miriam	Baḥalomi. (In meinem Traum; In my dream.) JII.: Aiala Gordon. Tel Aviv: Dvir 1960.
Yalan-Śtekelis, Miriam	Yeś li sod. (Ich erhielt ein Geheimnis; I got a secret.) JII.: Aiala Gordon. Tel Aviv: Dvir 1962.
Źarfati, Ruth	Huś-Huśit. (Eilig; Speedy.) JII.: Ruth Źarfati. Tel Aviv: Ám Óved 1970.
Ze'ev (d.i. Ze'ev Aharon)	Pirḥei-bar. (Wilde Blumen; Wild flowers.) JII.: Tirźa Tanni. Tel Aviv: Hakibbutz Hameuḥad 1951; 1966.

10 – 12

Agnon, Samuel Joseph	Sefer ha-Mitpachat. (Die Taschentuch-Geschichte; The handkerchief story.) Tel Aviv: Schocken 1933.
Avidar-Tscherno-vitz, Yemima	Migdalim b'Yeruśalaim. (Türme in Jerusalem; Towers in Jerusalem.) JII.: Avi Margalit. Ramat Gan: Massada 1968.
Bar, Amos	Nigmar Li ha-sus. (Mein Pferd verendete; My horse came to an end.) JII.: Ya'el Braverman. Ramat Gan: Massada 1972.
Ben-Śalom, Źeviah	Eźlenu Ba-Shekuna. (In unserer Nachbarschaft; In our neighbourhood.) JII.: Meir Moses. Tel Aviv: Yavne 1971.
Ben-Śaul, Moshe	Halonot laśamaim. (Fenster zum Himmel; Windows to the sky.) JII.: Moshe Ben-Śaul. Tel Aviv: Newman 1964.

172

Ben-Śaul, Moshe	Sod Ha-Millim Ha-Bodedot. (Das Geheimnis einfacher Wörter; The secret of single words.) Jll.: Elisheva Landau. Ramat Gan: Massada 1970. **IL**
Bialik, Chaim Nahman	Waihi hajom. (Es war einmal; Once upon a time.) Jll.: Nahum Gutman. Tel Aviv: Dvir 1934;1974.
Bieber, Yoash	Gagot adumim. (Rote Dächer; Red roofs.) Jll.: Ora Ethan. Ramat Gan: Massada 1965.
Gutman, Nahum	B'erez Lobengulu, melek Zulu. (Im Lande *Lobengulu,* König *Zulu;* In the country of *Lobengulu,* king *Zulu.)* Jll.: Nahum Gutman. Ramat Gan: Massada 1940;1970.
Gutman, Nahum	Hahofeś Hagadol. (Sommerferien; Summer holydays.) Jll.: Nahum Gutman. Tel Aviv: Am Oved 1946;1966.
Gutman, Nahum	Śvil klipot hatapuzim. (Apfelsinenschalen-Weg; Orange-peel path.) Jll.: Nahum Gutman. Tel Aviv: Yavne 1962.
Hurgin, Joseph	Yahalom haplaim. (Zauberdiamant; Magic diamond.) Jll.: Bina Gvirtz. Tel Aviv: Amihai 1956.
Lerman, Israel	Dorbanot l'Ig-al. (Sporen für *Ig'al;* Spurs for *Ig'al.)* Jll.: Ora Ethan. Tel Aviv: Am Oved 1966.
Lerman, Israel	Kol haśevet haze. (Der ganze Stamm; All this tribe.) Jll.: Ora Ethan. Tel Aviv: Am Oved 1966;1968.
Ofek, Uriel	Aśan kisa et ha-Golan. (Rauch über *Golan;* Smoke over *Golan.)* Jll.: Henrik Hechtkopf. Tel Aviv: Mizrahi 1974.
Ofek, Uriel	Hahazaga hayevet lehimaśeh. (Die Vorstellung muss weitergehen; The show must go on.) Jll.: Tirza Tani. Ramat Gan: Massada 1968.
Omer, Deborah	Sara Giborat Nili. *(Sara,* die Heldin von *Nili; Sara,* the heroine of *Nili.)* Jll.: Tirza Tani. Tel Aviv: Sreberk 1967.
Rosman, Ya'el	Hamazhika im ha'agilim. (Der Spassige mit den Ohrringen; The funny one with the earrings.) Jll.: Śośana Heiman. Tel Aviv: Am Oved 1968.
Smolli, Eliezer	Anśei Breśit. (Volk des Anfangs; People of genesis.) Jll.: Avigdor Luisada. Ramat Gan: Massada 1933;1969.
Tamus, Benjamin	Hayey ha-Kelev Rizi. (Das Leben des Hundes *Rizi;* The life of *Rizi* the dog.) Jll.: Ruth Zarfati. Tel Aviv: Dvir 1971.
Yalan-Śtekelis, Miriam	Perah haŚani. (Die rote Blume; The red flower.) Jll.: Nahum Gutman. Tel Aviv: Dvir 1955.
Zarhi, Nurit	Ha-Kursa Ha-Mitnadnedet. (Der Schaukelstuhl; The rocking chair.) Jll.: Dani Karman. Tel Aviv: Hakibbutz Hameuhad 1970.

Agnon, Samuel Joseph	Sipur paśut. (Eine einfache Geschichte; A simple story.) Tel Aviv: Schocken 1960.
Alterman, Natan	Sefer Hateva Hamzameret. (Das Buch vom Musikautomaten; The book of the music box.) Jll.: Ẕilla Binder. Tel Aviv: Machbarot l'sifrut 1958.
Asscher-Pinkhoff, Clara	Yaldej kochavim. (Sternkinder; Star children.) Tel Aviv: Am Oved 1961.
Berkovitz, Yiẓhak Dov	Pirkei Yaldut. (Kindheitskapitel; Childhood chapters.) Tel Aviv: Am Oved 1962.
Beẓer, Oded	Na lo lidrokal hadeśe. (Bitte den Rasen nicht betreten; Please, don't tread the grass.) Jll.: Ora Ethan. Tel Aviv: Sreberk 1969.
Kritz, Reuben	Boker ḥadaś. (Ein neuer Morgen; New morning.) Merḥavia: Sifriat po'alim 1955.
Metiv, Benny	Be-Ẕel Ẕe'elim. (Im Akazien-Schatten; In the shadow of acacias.) Jll.: Margalit Sommer. Tel Aviv: Tcherikover 1969.
Ofek, Uriel	MeRobinson ad Lobengulu. (Von *Robinson* bis *Lobengulu;* From *Robinson* to *Lobengulu.)* Jll., Fotos. Ramat Gan: Massada 1965.
Omer, Deborah	Habḥor Iweit Avi. (Der Erstgeborene in meinem Vaterhause; The first-born in my father's house.) Jll.: Śimon Ẕabar. Tel Aviv: Am Oved 1967.
Orlev, Uri	Hayalei oferet. (Stahlsoldaten; Steel soldiers.) Merḥavia: Sifriat Po'alim 1958.
Poochoo (d.i. Yizrael Wissler)	Pere Adam. (Der Wilde; Wild one.) Jll.: Erela Horovitz. Ramat Gan: Massada 1964.
Shamir, Moshe	Hagalgal haḥamiśi. (Das 5. Rad; The 5th wheel.) Jll.: Samuel Katz. Merḥavia: Sifriat Po'alim 1960.
Streit-Wurtzel, Esther	Na'arei hamaḥteret. (Jungen im Untergrund; Underground boys.) Jll.: Ziva Krohnson. Ramat Gan: Massada 1969.
Talmi, Menaḥem	Be'oz ruḥam. (Mit ihrem Mut; With their courage.) Jll.: Arie Moskovitz. Tel Aviv: Amiḥai 1956.
Yizhar, S. (d.i. Yizhar Smilanski)	Beraglaim Yeḥefot. (Barfuss; Barefooted.) Jll.: Naomi Wollman. Yeruśalaim: Tarshish 1959.
Yizhar, S. (d.i. Yizhar Smilanski)	Śiśa sipurej Kaiẓ. (6 Sommergeschichten; 6 summer stories.) Jll.: Naomi Smilanski. Merḥavia: Sifriat Po'alim 1950;1970.
Yonatan, Natan	Ve-Od Sippurim Beyn Aviv Le-Anan. (Neue Erzählungen über die Wolken und den Frühling; More stories about clouds and spring.) Jll.: Ruth Ẕarfati. Merḥavia: Sifriat Po'alim 1972.

13 — 15

Lampel, Rusia   . . . als ob wir in Frieden lebten. (. . . as if we lived in peace.)
                       Jll.: Walter Grieder. Freiburg i.Br., Basel, Wien: Herder
                       1974.

Lampel, Rusia   Der Sommer mit Ora. (The summer with *Ora.)* Aarau,
                       Frankfurt a.M.: Sauerländer 1964;1965.

בְּטַח!
שֶׁזֶּה דּוֹדִי שִׂמְחָה,
הָעוֹשֶׂה אֶת הַמְּלָאכָה!
כִּי מִי רָאָה
וְאֵיפֹה יֵשׁ
כָּזֶה מִין דּוֹד,
מְכַבֶּה־אֵשׁ?
אִם בְּיֶגוֹר נִצַּת גִּפְרוּר –
שִׂמְחָה לֹא שׁוֹאֵל "מַה יֵּשׁ?"
וְהַגִּפְרוּר מִיָּד אֵין־יֵשׁ!

אַל תַּגִּידוּ בְנֹת:
"נִשְׂרַף שַׂרְפְרַף!"
כִּי תּוֹךְ שָׁלֹשׁ שְׁנִיּוֹת אוֹ שְׁתַּיִם
הַשַּׂרְפְרַף יִשְׂחֶה בַמַּיִם!
מוֹדִיעִין בְּטֶלְפוֹן:
"בְּחוֹלוֹן בּוֹעֵר וִילוֹן!"
טֶרֶם מוֹרִידִים שְׁפוֹפֶרֶת –
עַל הַבַּיִת מִסְתָּעֵר הוּא
שִׂמְחָה זֶה. וְ. . .
שְׁטֶפוֹן!

Ruth Zarfati in O. Hillel: Oti lir'ot at ehad lo yahohl

INDIEN (BHARAT) / INDIA (BHARAT)

In Hindi / In Hindi language

10 – 12

Awasthi, Rajendra	Bans key phool. (Bambus-Blüten; Bamboo flowers.) Jll.: Sukumar Chatterje. New Delhi: National Publishing House 1971.
Dwivedi, Sohan Lal	Doodh Batasha. (Milch und Zucker; Milk and sugar.) Jll. Allahabad: Indian Press.
Lulla, Yogendra Kumar	Sare se Achha Hindustan Hamara. (Geliebt und besser ist mein Indien als die ganze Welt; My beloved India is better than the whole world.) Jll. Delhi: Arts and Letters.
Misra, Rudra Dutt	Phool Khile haen Dali Dali. (Blumen blühen auf jedem Stiel; Flowers blossom on every stem.) Jll. Delhi: Rajpal.
Misra, Veerandra	Jai Jawahar. (Gruss an *Nehru;* Salute to *Nehru.)* Jll. Delhi: Shakun.
Sharma, Ramkrishan	Soron ka Sant. (Heiliger von *Soron;* Saint from *Soron.)* Jll. Delhi: Arya Book Depot.
Shukla, Durga Prasad	Samudra ka sher. (Der Löwe des Meeres; The lion of the sea.) Jll.: P. Sen, Harpal Tyagi. New Delhi: National Pub- lishing House 1969.
Shukla, Shatru Dhanlal	Madura ki Meenakshi. *(Meenakschi-*Tempel von *Madura;* Meenakshi* Temple of *Madura.)* Jll. Delhi: Umesh Prakashan.
Telang, Hari Krishan	Jootha Charcha. (Falscher Spass; False joke.) Jll. Delhi: Rajkamal.
Upadhya, Bhagwati Sharan	Bharat ki Kahani. (Geschichte Indiens; History of India.) Jll. Delhi: Rajpal.

13 – 15

Awasthi, Rajendra	Choti badhi lahar. (Kleine und grosse Welle; Small and big wave.) Jll.: Manik Pandey. Bombay: Bombay Prakashan 1968.
Bharati, Jaya Prakash	Desh Hamara, Desh Hamara. (Mein Land, mein Land; My country, my country.) Jll. Delhi: Shakun Prakashan.
Chauhan, Manhar	Hathi ka Shikar. (Elefantenjagd; Elephant hunt.) Jll. Delhi: Umesh Prakashan.

Dutt, Chandra	Boond aur Boond. (Tropfen auf Tropfen; Drop by drop.) **IND** Jll. Delhi: Sarswati Prakashan.
Hadya, Vyathit	Batiyan Kaee, Deep Ek. (Viele Lampen, eine Flamme; Many lamps, one flame.) Jll. Lucknow: Brem Publishers.
Kamleshwar	Paison ka Ped. (Geld-Baum; Tree of money.) Jll. Delhi: Shakun Prakashan.
Madaria, Man Mohan	Aankh Michauni. (Augenzwinkern; Twinkling of an eye.) Jll. Bombay: Bombay Prakashan.
Manjal, Valleru	Nanhe Langur ki Kahani. (Geschichte eines kleinen Affen; Story of a small monkey.) Jll. Delhi: Rajkamal.
Sharma, Rewati Sharan	Delhi ki Aap Beeti. (Autobiografie von Delhi; Autobiography of Delhi.) Delhi: National Publishing House.
Shree, Krishan	Heere Moti. (Edelsteine und Perlen; Gems and pearls.) Jll. Delhi: Lok Priya Prakashan.
Shree, Krishan	Tota Ram. *(Tota Ram.)* Jll.: Neela Chatterje. New Delhi: National Publishing House 1971.
Thanvi, Yog Raj	Bharat Desh Hamara Hae. (Indien ist meine Heimat; India is my home country.) Jll. Delhi: Sankrat Prakashan.

In Marathi / In Marathi language

10 – 12

Bhagwat, B.R.	Taimurlaṅgacha Bhala. (Lanze des *Tamerlan;* Lance of *Tamarlane.)* Jll.: Pratap Mullick. Bombay: Majestic Book Stall 1972.

INDIEN (BHARAT) / INDIA (BHARAT)

In englischer Sprache / In English language

10 – 12

Ghosh, Priti — Gopal the wise fool. *(Gopal,* der weise Narr.) Jll. New Delhi: Hemkunt Press 1973.

Phatak, Anjali — Folk tales of Maharashtra. (Volksmärchen von *Maharaštra.)* Jll.: Mina Kapadia. Bombay: India Book House Education Trust 1974.

Shankar — Hari and other elephants. *(Hari* und andere Elefanten.) Jll.: Pulak Biswas. New Delhi: Children's Book Trust 1967.

13 – 15

Khandpur, Swarn — India. The land and its people. (Indien. Das Land und seine Menschen.) Jll.: Narayan A. Padmashalli. Bombay: Punit Batra Ratnabharati 1971.

Sinha, Sarojini — The goddess of the river. (Die Göttin des Flusses.) Jll.: Jaya Wheaton. New Delhi: Children's Book Trust 1972.

Souza, Eunice de — More about Birball. (Mehr über *Birball.)* Jll.: Fatima Ahmed. Bombay: India Book House Education Trust 1973.

Thomas, Vernon — The little girl of Dove Cot. (Das kleine Mädchen von *Dove Cot.)* Jll. New Delhi: Hemkunt Press 1974.

In persischer Sprache / In Persian language

7 – 9

Azad, Moshref Mahmood	Lili, lili, hauzak. (*Lili, lili,* kleiner Teich; *Lili, lili,* little pool.) Jll.: B. Dadkhah. Tehran: Farzin.
Azad, Moshref Mahmood	Ghesseh toughi. (Rotkehlchen-Märchen; The tale of the little robin.) Jll.: Nahid Haghighat. Tehran: Institute for the Intellectual Development of Children and Young People 1968.
Baghtcheban, Jabbar	Baba barfi. (Väterchen Schneemann; Daddy Snowman.) Jll.: Alain Baillache. Tehran: Institute for the Intellectual Development of Children and Young People 1970.
Bamdad, A. Shamloo	Ghesseh haft kalaghoon. (Das Märchen von den 7 Krähen; The tale of 7 crows.) Jll.: Z. Javid. Tehran: Zaman.
Bamdad, A. Shamloo	Khoroos zari, pirhan pari. (Goldener Hahn, gefiedertes Kleid; Golden cock, feathered dress.) Tehran: Zaman.
Dolat-abadi, Mahdokht	Gonjeshg va mardom. (Der Sperling und die Leute; The sparrow and the people.) Jll.: Morteza Momayez. Tehran: Pocket Book.
Dolat-abadi, Mahdokht	Jomjomak bargeh khazoon. (Das zitternde Herbstblatt; The trembling autumn leaf.) Jll.: Kalantari. Tehran: Pocket Book J.B.A.
Farjam, Faride	Amu Noruz. (Onkel *Neujahr*; Uncle *New Year*.) Jll.: Farsid-e Mesqali. Tehran: Institute for the Intellectual Development of Children and Young People 1967;1972.
Farjam, Faride	Mehmanhayeh nakhandeh. (Die nichteingeladenen Gäste; The uninvited guests.) Jll.: Judy Farman Farmayan. Tehran: Institute for the Intellectual Development of Children and Young People 1972.
Farjam, Faride	Hasani. (*Hasani.*) Jll.: Gjolamali Maktabi. Tehran: Sokhan.
Fat azam, Houshmand	Ghesseh, ghesseh. (Märchen, Märchen; Tale, tale.) Jll.: Morteza Momayez. Tehran: B.T.N.K.
Kasrai, Siavoosh	Bad az zemestan dar abadi ma. (Nach dem Winter in unserem Dorf; After winter in our village.) Jll.: Houshang Maleknia. Tehran: Institute for the Intellectual Development of Children and Young People 1968.
Na'istani, Manoochehr	Gol oomad bahar oomad. (Die Blumen kommen, wenn der Frühling kommt; The coming of spring and flowers.) Jll.: Parviz Kalantari. Tehran: Institute for the Intellectual Development of Children and Young People 1969.

Parsipur, Sahrnus	Qesse-ye tuppake qermez. (Die Geschichte vom roten Ball; The story of the red ball.) Jll.: Aydin aqdaslu. Tehran: Institute for the Intellectual Development of Children and Young People 1972.
Shahed	Parvaneha va baran. (Schmetterlinge und Regen; Butterflies and rain.) Jll.: Zaman Zamani. Tehran: Sokhan.
Shahed	Kadooyeh ghel-ghel-zan. (Der rollende Kürbis; The rolling pumpkin.) Jll. Tehran: Sokhan.
Xavar, N.	Baqe Vahse tala-yi. (Der goldene Zoo; The golden zoo.) Jll.: N. Xavar. Tehran: Ganjine 1972.
Yamini-sharif, Abbas	Avayeh nogolan. (Der Ruf der aufblühenden Blume; The sound of newly bloomed flower.) Jll.: M. Momayez. Tehran: Book Society.
Zandi, Maryam	Rahe dur. (Ein langer Weg; A long way.) Fotos: M. Zandi. Jll.: Nader-e Ebrahimi. Tehran: Amir Kabir 1972.

10 — 12

Azad, Moshref Mahmood	Simorgh va si morgh. (*Simorgh* und 30 Vögel; *Simorgh* and 30 birds.) Jll.: Bahman Dadkhah. Tehran: Farzin.
Azad, Moshref Mahmood	Sherhai barayeh koodakan. (Gedichte für Kinder; Poems for children.) Tehran: Institute for the Intellectual Development of Children and Young People 1972.
Azaryazdi, Mehdi	Asle mozu. (Das Herz einer Sache; The heart of the matter.) Tehran: Asrafi 1972.
Azaryazdi, Mehdi	Qessehaye xub baraye baccehaye xub. (Gute Geschichten für brave Kinder; Good tales for good children.) Jll.: Morteza Momayyez. Tehran: Amir Kabir 1972.
Bamdad, A. (Shamloo)	Paria. (Feen; Fairies.) Jll.: Jaleh Poorhang. Tehran: Rozan.
Bahar, Mehrdad	Bastoor. (*Bastoor.*) Jll.: Nikzad Nojoomi. Tehran: Institute for the Development of Children and Young People 1968.
Bahar, Mehrdad	Jamshid shah. (Schah *Jamshid*; King *Jamshid*.) Jll.: Farshid Mesghali. Tehran: Institute for the Intellectual Development od Children and Young People 1968.
Behazin, Mahmood-e Etemadzad-e	Xorsid xanum. (Frau *Sonnenschein;* Lady *Sunshine*.) Jll.: Jen-e Ramezani. Tehran: Institute for the Intellectual Development of Children and Young People 1969;1973.
Behrangi, Samad	Mahi-siah koo-choo-loo. (Der kleine schwarze Fisch; The little black fish.) Jll.: Farshid Mesghali. Tehran: Institute for the Intellectual Development of Children and Young People 1968;1972.

Behrangi, Samad	Gesseh-hayeh Behrang. (*Behrangi*s Märchen; *Behrangi*'s tales.) Tabriz: Ebn-sina.	IR
Ebrahimi, Nader	Kalagh-ha. (Die Krähen; The crows.) Jll.: N. Zarrinkelk. Tehran: Institute for the Intellectual Development of Children and Young People 1970.	
Ebrahimi, Nader	Door az khaneh. (Weit von daheim; Far from home.) Jll.: Lily Nahavandi. Tehran: Institute for the Intellectual Development of Children and Young People 1968.	
Ebrahimi, Nader	Sanjab-ha. (Eichhörnchen; Squirrels.) Jll.: Jean Ramazani. Tehran: Institute for the Intellectual Development of Children and Young People 1970.	
Fardjam, Farideh	Gol boloor va khorshid. (Die Kristallblume und die Sonne; The crystal flower and the sun.) Jll.: Nikzad Nojoomi. Tehran: Institute for the Intellectual Development of Children and Young People 1968;1970.	
Hedayatpour, Fereydoun	Shahre maran. (Die Schlangenstadt; The city of snakes.) Jll.: Farshid Mesghali. Tehran: Institute for the Intellectual Development of Children and Young People 1970.	
Khanlari, Zahra	Afsaneh Simorgh. (Das Märchen vom *Simorgh*; The tale of *Simorgh*.) Tehran: Pocket Book J.B.A.	
Kiarostami, Taghi	Ghahreman. (Der Held; The hero.) Jll.: Farshid Mesghali. Tehran: Institute for the Intellectual Development of Children and Young Adults 1970.	
Mersedeh	Dastanhayeh Shahnameh. (Erzählungen aus dem Königsbuch; Tales from Shahnameh.) Tehran: Padideh.	
Mojabi, Javad	Pesarake cesm abi. (Der blauäugige Junge; The blue-eyed boy.) Jll.: Farside Mesqali. Tehran: Institute for the Intellectual Development of Children and Young adults 1972.	
Nafisi, Madjid	Raz kalamehha. (Das Geheimnis der Wörter; The secret of words.) Jll.: Utah Azargin. Tehran: Institute for the Intellectual Development of Children and Young Adults 1970.	
Qazinur, Qodsi	Do Parande. (2 Vögel; 2 birds.) Jll.: Qodsi Qazinur. Tehran: Amir Kabir 1972.	
Qazinur, Qodsi	Mehmani-ye Mahtab. (Mondscheinparty; Moon party.) Jll.: Qodsi Qazinur. Tehran: Sabgir.	
Saadat, Esmail	Yek rooz ba Molla Nasreddin. (Ein Tag mit dem Mullah *Nasreddin;* One day with Molla *Nasreddin*.) Tehran: Institute for providing reading material for new literates.	
Sobhi	Afsaneh-hayeh bastani. (Alte Sagen; Ancient tales.) Tehran: Amir-Kabir.	
Sobhi	Afsaneha. (Märchen; Tales.) Tehran: Amir-Kabir.	
Sobhi	Afsanehhayeh Booali. (*Booali*s Märchen; *Booali's* tales.) Tehran: Amir-Kabir.	

Sobhi	Amoo Norooz. (Onkel *Neujahr*; Uncle *New Year*.) Tehran: Amir-Kabir.
Sobhi	Divan Balkh. (*Balkh*s Gerichtshof; *Balkh'*s court of justice.) Tehran: Amir-Kabir.
Tahbaz, Cyrus	Shaer va aftab. (Der Dichter und die Sonne; The poet and the sun.) Tehran: Institute for the Intellectual Development of Children and Young People 1973.
Vaziri, Alinaghi	Khandaniha-ye koodakan afsaneh ast. (Was die Kinder lesen, sind Märchen; Reading materials for children are tales.) Tehran um 1960.
Vaziri, Ferdos/ Dolat-abadi, Mahdokht / Gharavi, Mehdi	Ghesseh-hayeh paik. (Märchen aus der Zeitschrift Paik = Bote; Tales from Paik = messenger, magazine.) Tehran: Ebnesina.
Yarshater, Ehsan	Dastanhaye Shahnameh. (Erzählungen aus dem Königsbuch; Stories from Shahname.) Tehran: B.T.N.K.
Yusiji, Nima	Ahu va parandeha. (Das Wild und die Vögel; The deer and the birds.) Jll.: Bahman Dadkhah. Tehran: Institute for the Intellectual Development of Children and Young Adults 1970;1973.
Zakani, Obaid	Moosh va gorbeh. (Die Maus und die Katze; The mouse and the cat.) Tehran: Book Lovers Society.

13 -- 15

Abdolrazzaq-e Pahlevan	Abdolrazzaq-e Pahlevan. (*Abdolrazzaq* der Held; *Abdolrazzaq* the hero.) Jll.: Aliakbar-e Sadeqi. Tehran: Institute for the Intellectual Development of Children and Young People 1972.
Beiza-yi, Bahram	Haqiqat va marde dana. (Die Wahrheit und der weise Mann; The truth and the wise man.) Jll.: Morteza Momayyez. Tehran: Institute for the Intellectual Development of Children and Young People 1972.
Emami, Qolamreza	Farzande zamane xistan bas. (Sei der Sohn unserer Epoche; Be the son of your era.) Jll.: Aliakbar-e Sadegi. Tehran: Institute for the Intellectual Development of Children and Young People 1972.
Kasrai, Siavoosh	Aresh kamangir. (*Aresh* der Bogenschütze; *Aresh* the bowman.) Jll.: Farshid Mesghali. Tehran: Institute for the Intellectual Development of Children and Young People 1970.
Kazemeini, Kazem	Pooriaye Vallee. (*Pooriaye Vallee.*) Jll.: Sadeghi Akbar. Tehran: Institute for the Intellectual Development of Children and Young People.

Khanlari, Dr. Zahra Dastan-hayeh delangiz adabiat farci. (Lieblingsgeschichten   **IR**
aus der persischen Literatur; Favorite stories from Persian
literature.) Tehran: Nil.

Koohi-Khermani, Afsaneh-haye roostai. (Bauern-Märchen; Peasant tales.)
Hosein Tehran: Ebnesina.

Marzban, Reza Telesm shahre tariki. (Der Zauber auf der dunklen Stadt;
The spell of the dark town.) Jll.: Nikzad Nojoomi. Tehran:
Institute for the Intellectual Development of Children
and Young People 1969.

Parvizi, Farangis Afsaneh-haye haft gonbad. (Die Märchen der 7 Kuppeln;
The tales of the 7 cupolas.) Jll.: Nahid Haghighat. Tehran:
B.T.N.K.

Rasayel, Hosein Badbadeh. (Die Wachtel; The quail.) Tehran: Institute for
the Intellectual Development of Children and Young
People.

Sa'edi, Gomshodeh lab darya. (Der Verirrte am Meer; The lost
Gholam Hosein one at the sea.) Jll.: Zaman Zamani. Tehran: Institute
for the Intellectual Development of Children and Young
People 1970.

Sepanloo, Dastan amir hamzeh saheb-gharan va mehtar nasim ayar.
Mohammed Ali (Die Geschichte von *Hamzeh* und *Nassim Ayar*; The story
of *Hamzeh* and *Nassim Ayar*.) Jll.: Nooredin Zarrinkelk.
Tehran: Institute for the Intellectual Development of
Children and Young People 1969.

Tahbaz, Cyrus Tasvirha. (Die Bilder; The images.) Jll.: Bahman-e Dadxah.
Tehran: Institute for the Intellectual Development of
Children and Young People 1972.

امیر خوارزم اجازه‌ی زورآزمایی داد، دو پهلوان روبه‌روی هم ایستادند.

Ali Akbar Sadeghi in K. Kazemeini: Pooriaye Vallee

IRAK / IRAQ

In arabischer Sprache / In Arabic language

10 – 12

Ahmed, Mahmood	Hayan ibn el Zeid. (*Hayan ibn el Zeid.*) Jll. Baghdad: Majeleti 1973.
El-Muttalibi, Abdul Razzak	Thawrat al-ṭuyūr. (Der Aufstand der Vögel; The revolution of the birds.) Jll. Baghdad: Majeleti 1971.
Mohammad, Harbi	Ḥikāyat al-naft. (Die Geschichte des Erdöls; The story of oil.) Jll.: 'Ādil. Baghdad: Majeleti 1972.

In isländischer Sprache / In Icelandic language

3 − 6

Arason, Steingrímur	Snati og Snotra. (Der Hund *Snati* und die Katze *Snotra;* The dog *Snati* and the cat *Snotra.)* Jll.: Tryggvi Magnússon. Reykjavík: Björk 1945;1974.
Árnason, Jón	Bakkabraeður. Úr þjóðsögum Jóns Árnasonar. (Die Brüder von *Bakki.* Aus den Volkserzählungen Jón Árnasons; The brothers from *Bakki.* From Jón Árnason's folk tales.) Jll.: Eggert Guðmundsson. Reykjavík: Leiftur 1932;1949.
Dagbjartsdóttir, Vilborg	Sagan af Labba pabbakút. (Die Erzählungen von *Labbi,* Vaters Liebling; The story of *Labbi,* father's favorite.) Jll.: Vilborg Dagbjartsdóttir. Reykjavík: Ísafold 1971.
Daníelsson, Björn	Krummahöllin. (Das Schloss des Raben; The palace of the raven.) Jll.: Garðar Loftsson. Reykjavík: Aeskan 1968.
Egilsdóttir, Herdís	Sigga og skessan í fjallinu. *(Sigga* und die Riesin im Gebirge; *Sigga* and the giant in the mountain.) Jll.: Herdís Egilsdóttir. Reykjavík: Ísafold 1968.
Friðriksson, Kristján	Prinsessan í hörpunni. (Die Prinzessin in der Harfe; The princess in the harp.) Jll.: Bjarni Jónsson. Hafnarfjörður: Snaefell 1958.
Hallgrímsson, Jónas	Leggur og skel. (Bein und Schale; Leg and shell.) Jll.: Barbara Árnason. Reykjavík: Leiftur 1952.
Hugrún, Filippía Kristjánsdóttir	Sagan af Snaefríði prinsessu og Gylfa gaesasmala. (Die Erzählung von der Prinzessin *Snaefriður* und *Gylfi,* dem Gänsehüter; The story of princess *Snaefriður* and *Gylfi* the goosekeeper.) Jll.: Helgi Hróbjartsson. Reykjavík: Leiftur 1962.
Jónsdóttir Björnsson, Margrét	Tröllið og svarta kisa. (Der Riese und die schwarze Katze; The giant and the black cat.) Jll.: Margrét Jónsdóttir Björnsson. Reykjavík: Ísafold 1964.
Jónsson, Stefán	Sagan af Gutta og sjö önnur ljóð. (Die Erzählung von *Gutti* und 7 andere Lieder; The story of *Gutti* and 7 other songs.) Jll.: Tryggvi Magnússon. Reykjavík: Ísafold 1938;1974.
Lár, Ragnar	Moli litli. Saga um lítinn flugusträk. (Klein *Moli.* Die Geschichte von einem kleinen Fliegen-Jungen; Little *Moli.* A story about a tiny boy-fly.) Jll.: Ragnar Lár. Bd 1−5. Reykjavík: Leiftur 1968.

Thorsteinsson, Dimmalimm. *(Dimmalimm.)* III.: Guđmundur Thorsteins-
Guđmundur son. Reykjavík: Helgafell 1942;1963.

7 – 9

Ágústsson,   Vísnabókin. (Das Buch der Lieder; The book of songs.)
Símon Jóhann   JII.: Halldór Pétursson. Reykjavík: Hladbúd 1948;1973.
(Hrsg.)

Einarsson,   Gullrodin ský. (Goldene Wolken; Golden clouds.)
Ármann Kr.   JII.: Halldór Pétursson. Akureyri: Oddur Björnsson 1969.

Gíslason, Hjörtur   Salómon svarti. *(Salomon* das schwarze Schaf; *Salomon* the
                      black sheep.) JII.: Halldór Pétursson. Akureyri: Oddur
                      Björnsson 1960.

Guđbergsson,   Kubbur og Stubbur. *(Kubbur* und *Stubbur.)* Reykjavík:
þórir S.   Aeskan 1967.

Guđmundsson,   Lítil saga um litla kisu. (Eine kleine Geschichte von einer
Loftur   kleinen Katze; A tiny story about a tiny cat.) Reykjavík:
                      Bláfjallaútgáfan 1948.

Jóhannsson,   Grýla gamla og jólasveinarnir. (Die alte *Grýla* und ihre Weih-
Kristján   nachts-Jungen; Old *Grýla* and her sons the Christmas-boys.)
                      JII.: Bjarni Jónsson. Reykjavík: Leiftur 1969.

Jónasson, Jóhannes   Jólin koma. Kvaedi handa börnum. (Weihnachten naht. Ge-
úr Kőtlum   dichte für Kinder; Christmas is coming. Poems for children.)
                      JII.: Tryggvi Magnússon. Reykjavík:Heimskringla 1932;1972.

Jónsdóttir,   Todda í Sunnuhlíd. *(Todda* vom *Sonnenberg; Todda* from
Margrét   *Sun-Hill.)* Reykjavík: Aeskan 1953;1965.

Jónsson,   Álfagull. (Elfengold; The gold of the fairies.) JII.: Tryggvi
Bjarni M.   Magnússon. Reykjavík: Menningarsjódur 1961.

Júlíusson, Stefán   Kári litli og Lappi. (Klein *Kari* und sein Hund *Lappi;* Little
                      Kári and his dog *Lappi.)* JII.: Óskar Lárus. Reykjavík:
                      Aeskan 1938;1968.

Sigurdsson,   Glerbrotid. Barnasaga. (Die Glas-Scheibe. Kinder-Erzählung;
Ólafur Jóhann   The pane of glass. Children's story.) JII.: Gísli Sigurdsson.
                      Reykjavík: Örn og Örlygur 1971.

Stefánsson, Jenna /   Adda. *(Adda.)* Akureyri: Oddur Björnsson 1967.
Stefánsson, Hreidar

Tryggvason, Kári   Börn á ferd og flugi. (Kinder unterwegs; Children on the
                      move.) Reykjavík: Ísafold 1970.

Bjarnasson, Jóhann Magnús	Eiríkur Hansson. (*Eiríkur Hansson.*) Bd 1—3. Akureyri: Edda 1899—1903;1973.
Einarsson, Ármann Kr.	Víkingaferð til Surtseyjar. (Eine Wikingfahrt nach *Surtsey;* A viking-trip to *Surtsey.)* Jll.: Halldór Pétursson. Akureyri: Oddur Björnsson 1964.
Hagalín, Gudmundur G.	Útilegubörnin í Fannadal. (Die Gesetzlosen-Kinder im *Schneetal;* The outlaw children in *Snow Valley.)* Akureyri: Oddur Björnsson 1953.
Hallgrímsson, Fridrik	Sögur handa börnum og unlingum. (Erzählungen für Kinder und für die Jugend; Stories for children and youth.) Bd 1— 5. Reykjavík: Bókaverzlun Sigfúsar Eymundssonar 1931— 1935;1972.
Ísfeld, Jón Kr.	Sonur vitavarðarins. (Sohn des Leuchtturm-Wärters; Son of the lighthouse-keeper.) Jll.: Bolli Gústafsson. Akureyri: Oddur Björnsson 1965.
Jónsson, Stefán	Óli frá Skuld. *(Óli* von *Skuld; Óli* from *Skuld.)* Reykjavík: Ísafold 1957.
Magnúss, Gunnar M.	Suður heiðar. (Über die Hochmoore; Across the moors.) Jll.: Þórdís Tryggvadóttir. Reykjavík: Vinaminni 1937; 1969.
Óla, Árni	Lítill smali og hundurinn hans. (Ein kleiner Hirte und sein Hund; A small shepherd and his dog.) Reykjavík: Iðunn 1957.
Sigurðsson, Eiríkur	Týndur á öraefum. (Verloren in der Wildnis: Lost in the wilderness.) Jll.: Ragnheiður Ólafsdóttir. Reykjavík: Fróði 1966.
Sveinsson, Sigurbjörn	Ritsafn. (Gesammelte Werke; Collected works.) Jll.: Falke Bang, Jóhannes Kjarval, Tryggvi Magnússon, Halldór Pétursson, Eggert Guðmundsson. Bd 1.2. Reykjavík: Aeskan 1948;1972.

13 — 15

Björnsson, Jón	Sonur öreafanna. (Sohn der Wildnis; Son of the wilderness.) Akureyri: Oddur Björnsson 1949.
Friðfinnsson, Guðmundur	Bjössi á Tréstöðum. *(Bjössi* vom Waldhof; *Bjössi* from Forest Farm.) Jll.: Halldór Pétursson. Reykjavík: Iðunn 1971.
Friðriksson, Friðrik	Sölvi. (*Sölvi.*) Bd 1.2. Reykjavík: Bókagerðin Lilja 1947; 1948.

Jónsdóttir, Ragnheiður	Dóra. *(Dóra.)* Reykjavík: Skuggsjá 1945.
Jónsdóttir, Ragnheiður	Katla þrettán ára. (*Katla,* 13 Jahre; *Katla,* age 13.) Jll.: Sigrún Guðjónsdóttir. Reykjavík: Ísafold 1962.
Jónsson, Stefán	Sagan hans Hjalta litla. (Die Erzählung vom kleinen *Hjalti;* The story of little *Hjalti.*) Jll.: Orest Vereiski. Bd 1—3. Reykjavík: Isafold 1948—1951;1972—1974.
	1. Sagan hans Hjalta litla. — 2. Mamma skilur allt. (Mutter versteht alles; Mother understands everything.) — 3. Hjalti kemur heim. (*Hjalti* kommt heim; *Hjalti* comes home.)
Magnússon, Hannes J.	Úr fátaekt til fraegðar. (Von der Armut zum Ruhm; From poverty to honour.) Reykjavík: Aeskan 1969.
Ottóson, Hendrik	Gvendur Jóns og ég. *(Jóns Gvendur* und ich; *Jóns Gvendur* and I.) Akureyri: Pálmi H. Jónsson 1949.
Stefánsson, Jenna / Stefánsson, Hreiðar	Stúlka með ljósa lokka. (Ein Mädchen mit blonden Locken; A girl with golden locks.) Akureyri: Oddur Björnsson 1968.
Sveinsson, Jón Stefán	Á Skipalóni. (Auf *Skipalón;* On *Skipalón.)* Jll.: Halldór Pétursson. Reykjavík: Ísafold 1928;1960.
Thoroddsen, Jón þorðarson	Piltur og stúlka. (Ein Junge und ein Mädchen; A boy and a girl.) Jll.: Halldór Pétursson. Reykjavík: Helgafell 1850; 1951.

Tryggvi Magnússon in Jóhannes úr Kötlum: Jólin koma

JAMAIKA / JAMAICA

In englischer Sprache / In English language

7 — 9

Craig, Karl /
Craig, Christine
Emanuel and his parrot. *(Emanuel* und sein Papagei.)
Jll.: Karl Craig. London: Oxford University Press 1970.

Kirkpatrick,
Oliver
Naja the snake and Mangus the mongoose. *(Naja* die
Schlange und *Mangus* der Mungo.) Jll.: Enid Richardson.
New York: Doubleday 1970.

Ranston, Dennis /
Ranston, Jackie
The kite and the petchary. (Der Drachen und der Graue
Königsvogel.) Kingston: Twin Guinep 1974.

Sherlock, Philip
Anansi the spider man. *(Anansi,* der Spinnen-Mann.)
Jll.: Marcia Brown. London: Macmillan 1956;1971.

10 — 12

Salkey, Andrew
Hurricane. (Hurrikan.) Jll.: William Papas. London: Oxford
University Press 1964;1969.

Sherlock, Philip
West Indian folk-tales. (Westindische Märchen.) Jll.: Joan
Kiddell-Monroe. London: Oxford University Press 1966.

13 — 15

Palmer,
C. Everard
The cloud with a silver lining. (Die Wolke mit dem Silber-
rand.) Jll.: Laszlo Acs. London: Deutsch 1966;1973.

Reid, V. S.
The young warriors. (Die jungen Krieger.) Jll.: Dennis
Ranston. London: Longmans Green; Kingston: Jamaica
Ministry of Education 1967.

JAPAN (NIPPON) / JAPAN (NIPPON)

In japanischer Sprache (Nihon-go) / In Japanese language (Nihon-go)

3 – 6

Akaba, Suekichi	Ōkina ōkina oimo. (Die riesengrosse Süsskartoffel; The big big sweet potato.) Jll.: Suekichi Akaba. Tokyo: Fukuinkan Shoten 1972.
Gima, Hiroshi	Funahiki-Tara. *(Tarah,* der ein Schiff zieht; Ship-towing *Tarah.)* Jll.: Hiroshi Gima. Tokyo: Iwasaki Shoten 1971; 1974.
Inui, Tomiko	Kaze no omatsuri. (Das Wind-Fest; The wind festival.) Jll.: Toshio Kajiyama. Tokyo: Fukuinkan Shoten 1972.
Iwasaki, Chihiro	Kotori no kuru hi. (Der Tag, an dem der Vogel kommt; The day the bird comes.) Jll.: Chihiro Iwasaki. Tokyo: Shikosha 1972.
Kako, Satoshi	Kawa. (Der Fluss; The river.) Jll.: Satoshi Kako. Tokyo: Fukuinkan Shoten 1962;1971.
Kanzawa, Toshiko	Haketayo, haketayo. (Ich habe es geschafft; I dress myself.) Jll.: Kayako Nishimaki. Tokyo: Kaiseisha 1971.
Kinoshita, Junji	Kanimukashi. (Krabben und Affe; Crabs and monkey.) Jll.: Kon Shimizu. Tokyo: Iwanami Shoten 1959;1970.
Kishida, Eriko	Kaba-kun. (Das Nilpferd; Hippopotamus.) Jll.: Chiyoko Nakatani. Tokyo: Fukuinkan Shoten 1962.
Matsui, Tadashi	Daiku to Oniroku. *(Oniroku* und der Zimmermann; *Oniroku* and the carpenter.) Jll.: Suekichi Akaba. Tokyo: Fukuinkan Shoten 1962.
Matsuno, Masako	Fushigina takenoko. *(Taro* und der Bambusschoss; *Taro* and the bamboo shoot.) Jll.: Yasuo Segawa. Tokyo: Fukuinkan Shoten 1963;1971.
Matsutani, Miyoko	Yamamba no nishiki. (Die gutmütige *Yamamba* und ihr Sei-dentuch; The kind *Yamamba* and her silk cloth.) Jll.: Yasuo Segawa. Tokyo: Popurasha 1967.
Murayama, Keiko	Tarō no odekake. *(Taro* geht aus; *Taro's* outing.) Jll.: Seiichi Horiuchi. Tokyo: Fukuinkan Shoten 1963.
Nakagawa, Rieko	Guri to Gura. *(Guri* und *Gura.)* Jll.: Yuriko Ōmura. Tokyo: Fukuinkan Shoten 1963;1972.
Saitō, Ryusuke	Mochimochi no ki. (Der Sternenbaum; The twinkling tree.) Jll.: Jirō Takidaira. Tokyo: Iwasaki Shoten 1971.

Toshio Kajiyama in T. Inui: Kaze no omatsuri

Sugita, Yutaka	Ohayō. (Guten Morgen! Good morning!) Jll.: Yutaka Sugita. Tokyo: Shikosha 1968.
Taniuchi, Kōta	Natsu no asa. (An einem Sommermorgen; One summer morning.) Jll.: Kōta Taniuchi. Tokyo: Shikosha 1971.
Watanabe, Shigeo	Shōbōjidōsha-Jiputa. (*Jipta,* das kleine Feuerwehr-Auto; *Jeepta,* a small fire-engine.) Jll.: Tadayoshi Yamamoto. Tokyo: Fukuinkan Shoten 1963.
Yamashita, Haruo	Shimahiki-Oni. (Der Riese und seine Insel; The ogre and his island.) Jll.: Toshio Kajiyama. Tokyo: Kaiseisha 1973.
Yuno, Seiichi	Ondori no negai. (Ein Wunsch vom Gockelhahn; The wish of the cockerel.) Jll.: Seiichi Yuno. Tokyo: Iwanami Shoten 1971.

7 – 9

Imae, Yoshitomo	Kimi to boku. (Du und ich; You and I.) Jll.: Shinta Chō. Tokyo: Fukuinkan Shoten 1970.
Inui, Tomiko	Nagai nagai pengin no hanashi. (Die lange, lange Geschichte von den Pinguin-Zwillingen; A long, long story of the penguin twins.) Jll.: Saburō Yamada. Tokyo: Rironsha 1957;1972.
Ishii, Momoko	Sangatsu hina no tsuki. (Der Puppentag für *Yoshiko;* The doll's day for *Yoshiko.)* Jll.: Setsu Asakura. Tokyo: Fukuinkan Shoten 1963;1971.
Kako, Satoshi	Umi. (Das Meer; The sea.) Jll.: Satoshi Kako. Tokyo: Fukuinkan Shoten 1969;1974.
Kanzawa, Toshiko	Chibikko Kamu no bōken. (Abenteuer des kleinen *Kam;* Adventures of tiny *Kam.)* Jll.: Saburō Yamada. Tokyo: Rironsha 1961;1971.
Matsutani, Miyoko	Chiisai Momochan. (Die kleine *Momo;* Little *Momo.)* Jll.: Sadao Kikuchi. Tokyo: Kodansha 1964.
Matsutani, Miyoko	Tatsunoko Tarō. *(Taro,* das Drachenkind; *Taro,* dragon boy.) Jll.: Masakazu Kuwata. Tokyo: Kodansha 1960;1972.
Miyazawa, Kenji	Serohiki no Gōshu. *(Gorsch,* der Cellist; *Gerry,* the cello player.) Jll.: Takeshi Motai. Tokyo: Fukuinkan Shoten 1948;1972.
Nakagawa, Rieko	Iyaiyaen. (Der Nein-nein-Kindergarten; The no-no-nursery.) Jll.: Yuriko Ōmura. Tokyo: Fukuinkan Shoten 1962;1971.
Nakagawa, Rieko	Momoiro no kirin. *(Kirika,* die rosarote Giraffe; *Kirika,* the pink giraffe.) Jll.: Sōya Nakagawa. Tokyo: Fukuinkan Shoten 1965;1972.
Otsuka, Yūzō	Sūho no shiroi uma. *(Suho* und sein Schimmel; *Suho* and his white horse.) Jll.: Suekichi Akaba. Tokyo: Fukuinkan Shoten 1961;1971.

Saito, Ryūsuke	Kamakura. (Das Spiel *Kamakura* = Schneehöhle; The game *Kamakura* = snow cave.) Jll.: Miyoshi Akasaka. Tokyo: Kodansha 1972;1974.	**JAP**
Takashi, Yoichi	Gawappa. *(Gawappa.)* Jll.: Hiroyuki Saito. Tokyo: Iwasaki Shoten 1971;1972.	
Teramura, Teruo	Boku wa ōsama. (Ich bin ein König; I am the king.) Jll.: Makoto Wada. Tokyo: Rironsha 1961;1971.	
Yamashita, Haruo	Umi no shirouma. (Schimmel des Meeres; White horse on the sea.) Jll.: Shinta Chō. Tokyo: Jitsugyo-no-Nihon-sha 1972;1973.	

10 – 12

Inui, Tomiko	Hokkyoku no Mūshika, Mīshika. *(Mushika* und *Mishika* in der Arktis; *Mushika* and *Mishika* in the arctic.) Jll.: Kōichi Kume. Tokyo: Rironsha 1961;1968.
Ishii, Momoko	Non-chan kumo ni noru. (Die kleine *Non* reitet auf den Wolken; Little *Non* rides the clouds.) Jll.: Sōya Nakagawa. Tokyo: Fukuinkan Shoten 1951;1971.
Kinoshita, Junji	Warashibe chōja. (Millionär-Reisrohr; Millionare rice-stock.) Jll.: Suekichi Akaba. Tokyo: Iwanami Shoten 1962;1971.
Kitamura, Kenji	Maboroshi no kyogei Shima. *(Shima,* der Riesenwal; *Shima,* the big whale.) Jll.: Yasuo Segawa. Tokyo: Rironsha 1971.
Maekawa, Yasuo	Yan. *(Yan.)* Jll.: Kōichi Kume. Tokyo: Jitsugyo-no-Nihon-sha 1967;1974.
Matsuoka, Kyoko	Kushami, kushami, ten no megumi. (Niesen, Niesen, ein Geschenk des Himmels; Sneezes, sneezes, the gift of heaven.) Jll.: Ryūichi Terajima. Tokyo: Fukuinkan Shoten 1969;1971.
Miyaguchi, Shizue	Gen to Fudōmyoou. *(Gen* und *Fudomyoou.)* Jll.: Setsu Asakura. Tokyo: Komine Shoten 1958;1973.
Miyazawa, Kenji	Kaze no Matasaburō. *(Matasaburo,* der Windjunge; *Matasaburo,* the boy of the wind.) Jll.: Tasuku Kasugabe. Tokyo: Iwanami Shoten 1939;1964.
Muku, Hatojū	Kotō no yaken. (Der Wildhund auf der einsamen Insel; Wild dog on the lonesome island.) Tokyo: Maki Shoten 1963.
Niimi, Nankichi	Ojiisan no rampu. (Grossvaters Lampe; Grandfather's lamp.) Jll.: Suekichi Akaba. Tokyo: Iwanami Shoten 1942;1970.
Okano, Kaoruko	Giniro-Rakko no namida. (Tränen des silbernen Seeotters; Tears of the silver sea otter.) Jll.: Ryūichi Terajima. Tokyo: Jitsugyo-no-Nihon-sha 1964;1971.
Satō, Satoru	Daremo shiranai chiisana kuni. (Das Land, das niemand kennt; The country nobody knows.) Jll.: Tsutomu Murakami. Tokyo: Kodansha 1959;1971.

Satō, Satoru	Wampaku-tengoku. (Die Jungen am Denkmal; Boys at the monument.) Jll.: Kei Wakana. Tokyo: Kodansha 1970.
Tsubota, Jōji	Zenta to Sampei. *(Zenta* und *Sampei.)* Tokyo: Dowa-Shunjusha 1940;1962.

13 – 15

Hiroshima TV (Hrsg.)	Ishibumi. (Ein Grabmal in *Hiroshima;* A monument in *Hiroshima.)* Tokyo: Popurasha 1970.
Imanishi, Sukeyuki	Higo no ishiku. (Der Maurer aus *Higo;* The mason of *Higo.)* Jll.: Bunshū Higuchi. Tokyo: Jitsugyo-no-Nihon-sha 1965; 1973.
Inui, Tomiko	Kokage no ie no kobitotachi. *(Yuri* und die Lilliputaner-Familie; *Yuri* and the little people.) Jll.: Tadashi Yoshii. Tokyo: Fukuinkan Shoten 1967;1974.
Ishimori, Nobuo	Kotan no kuchibue. (Der Pfiff in *Kotan;* Whistle in *Kotan.)* Jll.: Yoshiharu Suzuki. Tokyo: Kaiseisha 1957;1973.
Katsuo, Kinya	Tempō no hitobito. (Die Leute in der *Tempo*-Zeit; The people in the *Tempo* period.) Jll.: Kimio Uchida. Tokyo: Maki Shoten 1968;1969.
Miyazawa, Kenji	Ginga-tetsudō no yoru. (Der Nachtzug auf dem Milchstrassen-Schienenstrang; The night train on the Milkyway-Railroad.) Jll.: Tasuku Kasugabe. Tokyo: Iwanami Shoten 1941;1970.
Morishita, Ken	Otokotachi no umi. (Das Meer der Fischer; The fisherman's sea.) Jll.: Kenji Ampo. Tokyo: Fukuinkan Shoten 1972.
Saito, Atsuo	Bōkenshatachi. (Die Abenteurer; Adventurers.) Jll.: Masa-yuki Yabuuchi. Tokyo: Maki Shoten 1972.
Watanabe, Shigeo	Teramachi 3-chome 11-banchi. *(Teramachi*strasse 3–11; 3–11 *Teramachi* Street.) Jll.: Daihachi Ota. Tokyo: Fukuin-kan Shoten 1969;1972.
Yamanaka, Hisashi	Akage no Pochi. *(Pochi,* der rote Hund; *Pochi,* the carrotty dog.) Jll.: Minoru Shirai. Tokyo: Rironsha 1960.

In koreanischer Sprache / In Korean language

7 – 9

Choe, Tae-Ho	Isanghan Ankyong. (Die seltsame Brille; The strange spectacles.) Jll.: Kim Kwang-Bae. Seoul: Kemongsa 1974.
Kim, Young-Il	Harmonika. (Die Mundharmonika; The mouth-organ.) Jll.: Li U-Kyong. Seoul: Kemongsa 1973.
Li, Won-Su	Changnankkam kwa Tokkisam-hyongze. (Das Spielzeug und die 3 Hasenbrüder; The toy and the 3 Hare brothers.) Jll.: U Kyong-Hi. Seoul: Kemongsa 1974.
Li, Won-Su	Isanghan Tanchu wa Ankyong. (Ein seltsamer Knopf und eine Brille; A strange button and a pair of spectacles.) Jll.: U Kyong-Hi. Seoul: Kemongsa 1974.
Lim, In-Su	Nuni kun Ai. (Das Kind mit den grossen Augen; The child with the large eyes.) Jll.: An Tong-Zun. Seoul: Kemongsa 1974.
Ma, Hae-Song	Kkotsshi wa Nunsaram. (Der Blumensamen und der Schneemann. The flower seed and the snowman.) Jll.: U Kyong-Hi. Seoul: Kemongsa 1973.
Ou, Hyo-Son	Tokkaebi naonun Zip. (Das Haus mit dem Teufel; The house with the devil.) Jll.: Paek Young-Su. Seoul: Kyohaksa 1974.
Shin, Chi-Shik	Ommaui Ttul. (Der Garten der Mutter; The mother's garden.) Jll.: Chong Tak-Young. Seoul: Kemongsa 1973.

10 – 12

Chang, Su-Chol	Shikolchongkochang. (Dorfbahnhof; Village station.) Jll.: U Kyong-Hi. Seoul: Omunkak 1974.
Choe, Byong-Hwa	Meari. (Der Widerhall; The echo.) Jll.: Chong Tok-Young. Seoul: Kemongsa 1973.
Choe, Hyo-Sop	Chongkaekuri wa Makcha. (Der Frosch und der letzte Zug; The frog and the last train.) Jll.: U Kyong-Hi. Seoul: Kemongsa 1974.
Kang, So-Chon	Dolmaengi. (Der Stein; The stone.) Jll.: Song Young-Bang. Seoul: Kemongsa 1974.

Kang, So-Chon	Ino. (Die Nixe; The waternymph.) JII.: Song Young-Bang. Seoul: Kemongsa 1973.
Kang, So-Chon	Kkotsshin. (Die Blumenschuhe; The flower shoes.) JII: Song Young-Bang. Seoul: Kemongsa 1973.
Kim, Yo-Sop	Unhasu. (Die Milchstrasse;The galaxy.) JII.: Kim Chong Zin. Seoul: Kemongsa 1968.
Kim, Young-Il	Sonangdang. (Das Gebethaus; The oratorium.) JII.: Li U-Kyong. Seoul: Kemongsa 1973.
Kwon, Yong-Chol	Mulkoul. (Der Wasserspiegel; The surface of the water.) JII.: Kim Chong-Zin. Seoul: Omunkak 1974.
Kwon, Yong-Chol	Sotschoksae. (Der Kuckuck; The cuckoo.) JII.: Kim Chong-Zin. Seoul: Omunkak 1974.
Li, Chu-Hong	Saltschini ui Ilki. (Das Tagebuch des Dicken; The Fat one's diary.) JII.: Kim Chong-Zin. Seoul: Kyohaksa 1974.
Li, Young-Hi	Haeka doeko Dali doeko. (Einmal in die Sonne, einmal in den Mond verwandelt; Once changed into the sun, then changed into the moon.) JII.: Song Young-Bang. Seoul: Kemongsa 1974.
Li, Young-Hi	Kasume Kkotsul kakkunun Chimsung. (Das Tier mit den Blumen auf dem Herzen; The animal who had flowers on his heart.) JII.: An Tong-Zun. Seoul: Omunkak 1974.
Lim, In-Su	Ttangwie kurin Kurim. (Die Zeichnung auf der Erde; The drawing on the earth.) JII.: Paek Young-Su. Seoul: Kemongsa 1974.
Ma, Hae-Song	Sasum kwa, Sanyangkae. (Der Hirsch und der Jagdhund; The stag and the hound.) JII.: U Kyong-Hi. Seoul: Kemongsa 1973.
Pak, Hwa-Mok	Bom kwa Nabi. (Der Frühling und der Schmetterling; The spring and the butterfly.) JII.: Kim Young-Zu. Seoul: Kemongsa 1973.
Pak, Hwa-Mok	Buongi wa Harabozi. (Die Eule und der Grossvater; The owl and the grandfather.) JII.: Kim Young-Zu. Seoul: Kemongsa 1973.
Yoo, Kyong-hwan	Onuikakae. (Kleines Geschäft von Bruder und Schwester; Brother and sister's little shop.) Seoul: Ilchokak 1974.

13 – 15

Choe, Tae-Ho	Ilhoborin Kusul. (Die verlorenen Perlen; The lost pearls.) JII.: Kim Kwang-Bae. Seoul: Kemongsa 1974.
Kang, So-Chon	Kkumul chiknun Sazinkwan. (Das Foto-Atelier, das den Traum aufnimmt; The studio, which photographs dreams.) JII.: Song Young-Bang. Seoul: Kemongsa 1974.

Kim, Yo-Sop   Ankae wa Gasdung. (Der Nebel und die Gaslampe; The fog **K** and the gas lamp.) Jll.: Kim Kwang-Bae. Seoul: Kemongsa 1970.

Kim, Yo-Sop   Haedodi. (Sonnenaufgang; Sunrise.) Jll.: An Dong-Zun. Seoul: Kemongsa 1968.

Kim, Yo-Sop   Inhyong ui Toshi. (Die Puppenstadt; The puppet town.) Jll.: An Dong-Zun. Seoul: Kemongsa 1968.

Kim, Yo-Sop   Sarang ui Namu. (Der Baum der Liebe; The tree of love.) Jll.: Kim Young-Zu. Seoul: Kemongsa 1971.

Park, Mok-wol /
Yoon, Suck-joon
(Hrsg.)   Han Kuk Geu Rim Dong Yo Jib. (Illustrierte koreanische Kinderlieder; Illustrated Korean children's songs.) Bd 1—5. Seoul: Kaemong 1966.

Shin, Chi-Shih   Kurium. (Die Sehnsucht; The longing.) Jll.: Chong Tak-Young. Seoul: Kemongsa 1973.

Yoo, Kyong-hwan   Shizip. Huktaeyang. (Die schwarze Sonne. Gedichtbuch; The black sun. Book of poetry.) Seoul: Ilchokak 1974.

Tae-Kyong in Ki-Hwan Bang: Seke Adong Chonki Jip

LUXEMBURG / LUXEMBOURG

In deutscher Sprache und in luxemburgischer Mundart (Lëtzebuergesch)
In German language and in Luxembourg dialect (Lëtzenbuergesch)

3 – 6

Lauschter emol	Lauschter emol. E Billerbuch fir dran ze kucken, ze molen, ze sangen, ze bieden. (Hör mal zu. Ein Bilderbuch zum Schauen, zum Malen, zum Singen, zum Beten; Listen awhile. A picture book to enjoy by looking, painting, singing, and praying.) Jll.: Guy Michels. Luxembourg: Sankt Paulus-Druckerei 1974.
Tompers, Nicole	Spréchelcher a Liddercher fir eis Kleng. (Sprüche und Lieder für die Kleinen; Sayings and songs for the little ones.) Jll.: Kindermalerei. Luxembourg: Bourg-Bourger 1969.

7 – 9

Binsfeld, Franz	Der Sonnenstein. Märchenseliges und Kinderfröhliches. (The sun stone. Tales-happiness and children's joyfulness.) Jll.: Nico Schneider. Luxembourg: Sankt Paulus Druckerei 1946.
Boissaux, Ry	Köpfchen. Die Geschichte des abgebrochenen Puppenkopfes und andere Erzählungen. (Little head. The story of the broken off doll's head and other stories.) Jll.: Fanny Michel. Luxembourg: Sankt Paulus-Druckerei 1949.
Boisseaux, Ry	Verziel mer eng Geschicht. (Erzähl mir eine Geschichte; Tell me a story.) Jll.: Fanny Haas-Michel; Christiane. Luxembourg: Sankt Paulus-Druckerei 1971.
Christen, Josy	Allerhand durcheneen! Letzebuergesch Gedichter a Lidder fier Kanner. (Allerhand durcheinander! Luxemburgische Gedichte und Lieder für Kinder; All sorts and kinds of confusion! Poems and songs for children in Luxembourg dialect.) Letzebuerg: Instituteurs Réunis 1974.
Dicks (d.i. Edmond de La Fontaine)	De Wöllefchen an de Fiisschen. (Der kleine Wolf und der kleine Fuchs; The little wolf and the little fox.) Differdange: Differdanger Volleksbildungsverein 1973.

Fabeck, Josette	Kannerlidderbuch. E Buch fir d'Kanner, ze sangen an ze **L** môlen. (Kinder-Liederbuch. Ein Buch für die Kinder, zum Singen und zum Malen; Children's song book. A book for the children, for singing and drawing.) Jll.: Josette Fabeck. Luxembourg: Fabeck 1966.
Gonner, Tunn	Allerlee fir d'Schoul fir Kleng a Grouss. Bd 1: Ee lëtzeburger Buch. (Allerlei für die Schule, für klein und gross. Bd 1: Ein Luxemburger Buch; Diverse for the school, for small and great. Vol. 1. A Luxembourg book.) Luxembourg: Editions du Centre 1971.
Gricius, Albert	Das Geheimnis der Schieferburg. Eine abenteuerliche Geschichte. (The secret of the *Schieferburg* = slate castle. An adventurous story.) Jll.: Rolf Bauer. Olten: Walter 1946.
Haan, Jean	Von Hexen und wildem Gejäg. (About witches and *Woden*'s chase.) Jll.: Félix Mersch, Gab Weis, Pit Weyer. Luxembourg: Éditions du Centre 1971.
Kanner gesin Männercher	Kanner gesin Männercher. Eng spannend Geschicht fir kleng a grouss Leit. (Kinder sehen Männchen = haben Gesichte; Children are seeing figures = have visions.) Jll.: Kindermalerei. Luxembourg: Art à l'École 1971.
Mersch, Félix	Die Brücke. (The bridge.) Luxembourg-Eich: Letzeburger Kanneractio'n 1952.
Marx, Emile	Die vom grauen Rand. Geschichten für Jungen und Mädchen. (Those of the grey edge. Stories for boys and girls.) Jll.: Kindermalerei. Luxembourg: Bourg-Bourger 1966. o.p.
Noesen, Paul	Die goldene Spur. Wiesenmärchen an einem Kinderkrankenbett. (The golden trace. Fairy tales of the meadows told at the bed of an ill child.) Luxembourg: Linden 1953.
Rodange, Michel	D'Léierchen. (Die Lerche; The lark.) Lëtzebuereg: Actioun Lëtzebuergesch 1973.
Roth, Lex	Faabeln op lëtzebuergesch verzielt. (Fabeln, auf Luxemburgisch erzählt; Fables told in Luxembourg dialect.) Jll.: Paule Fixmer. Lëtzebuerg: Sankt Paulus-Druckerei 1973.
Wagner-Weber, Lucie	Muck, der Kater. (*Muck* the tom-cat.) Jll.: Lucie Wagner-Weber. Esch-sur-Alzette: Wagner-Weber 1967.

10 – 12

Elsen, Albert	Die jungen Detektive aus dem Oesling. (The young detectives from the *Oesling*.) Luxembourg: Sankt Paulus-Druckerei 1967.
Fournelle, Hélène	Die Sieben aus der Häregâss. (The 7 of the *Häre* Alley.) Jll.: Jean Pierre Ker. Luxembourg: Sankt Paulus-Druckerei 1949.

Gredt, Nikolaus	Sagenschatz des Luxemburger Landes. (A legend treasury of the country of Luxembourg.) Bd 1.2. Esch-sur-Alzette: Kremer-Müller 1883;1963–1967.
Hilbert, Ferdi	Das leuchtende X. Eine kriminalistische Lagergeschichte für die Jugend. (The shining X. A detective story of a camp, written for the youth.) Jll.: Armin Bruggisser. Luzern, München: Rex Verlag 1962.
Kartheiser, René	De klenge Stär. (Der kleine Stern; The little star.) Jll.: Karin Kartheiser. Luxembourg: Action familiale et populaire 1971.
Kartheiser, René	D'Wichtelcher vum Holleschbierg. (Die Wichtel vom *Hollesch*-Berg; The brownies from *Hollesh* Hill.) Jll.: Karin Kartheiser. Letzebuerg: Sankt Paulus-Druckerei 1971.
Koltz, Anise	D'Krëschtkënnchen kënnt. (Das Christkind kommt; The child Christ is coming.) Jll.: Jean Koltz, Anise Koltz. Letzebuerg: Sankt Paulus-Druckerei 1964.
Liesch, August	D'Maus Ketti. (Die Maus *Ketti*; The mouse *Ketti*.) Jll.: Pe'l Schlechter. Luxembourg: Editions du Centre 1966.
Milmeister, Jean	Old Knatterhand und die Plattfussindianer. (*Old Knatterhand* and the flat-footed Indians.) Ill.: Gab Weis. Luxembourg: Sankt Paulus-Druckerei 1968.
Noesen, Paul	Besonnte Dinge. Ein Geschichtenbuch für Kinder. (Things in the sunshine. A book of stories for children.) Luxembourg: Sankt Paulus-Druckerei 1952.
Noesen, Paul	Das geheimnisvolle Läuten und andere Geschichten von Kindern, Tieren und Dingen. (The mysterious ringing and other stories of children, animals and things.) Luxembourg: Sankt Paulus-Druckerei 1955.
Noesen, Paul	Job der Baumeister. (Job the architect.) Jll.: Ger Maas. Luxembourg: Sankt Paulus-Druckerei 1961.
Reuland, Will	De Jempi. Jugenderënnerongen. (The *Jempi*. Memories of youth.) Jll.: René Wampach. Greiveldange: Reuland 1964.
Rodange, Michel	Renert. (*Renert*.) Jll.: Frantz Kinnen; Fotos: Michel Rodange. Letzebuereg: Sankt Paulus-Druckerei 1872;1972.
Veier luusseg Lëtzebuerger	Veier luusseg Lëtzebuerger. Eng spannend reiberech Geschicht fir kleng Leit erzielt vu Lëtzebuerger Kanner. (4 jolly ones from Luxembourg. An interesting robber story for little people told by children of Luxembourg.) Jll.: Kindermalerei. Letzebuereg: Art à l'école 1964.
Weis, Guillaume	De Bib an de Klautje vun Itzeg. Zwou seegercher. (*Bib* und der Nagelschmied von Itzig. 2 Sagen; *Bib* and the nail-smith of Itzig. 2 tales.) Jll.: Félix Mersch. Letzeburg: Sankt Paulus-Druckerei 1968.

Zenner, Théodore Biblische Bilder. (Pictures from the Bible.) Luxembourg: **L**
Sankt Paulus-Druckerei 1947.

13 – 15

Gind, Pier Wie ferne Morgenglocken: Jangli. Die Geschichte einer
(d.i. Jean Kindheit. (Like far-away morning bells: *Jangli*. The story
Friedrich of a childhood.) Luxembourg: De Frendeskrees 1973.

Guy Michels in: Lauschter emol

MALTA / MALTA

In maltesischer Sprache / In Maltese language

3 – 6

Henry, Brother | Madwari. Poeżiji għat-tfal. (Die Welt rings um mich. Gedichte für Kinder; The world around me. Poems for children.) Malta: De La Salle Brothers 1971.

7 – 9

Casha, Charles | Fra Mudest. Stejjer umoristici għat-tfal. (Bruder *Schlicht*. Humoristische Erzählungen für Kinder; Brother *Modest*. Humorous tales for children.) Jll.: Charles Casha. Blata l-Bajda: Merlin Library 1971.

10 – 12

Cachia, Pawlu | Madwar il-Milied. Kitbiet dwar il-Milied. (Weihnachtserzählungen und Weihnachtsbräuche; Stories and traditions connected with Christmas.) Jll. Rabat: P. Cachia 1971.

Galea, Ġuże' | Raġel bil-għaqal. Ġrajja ta' Malta. (Ein vorsichtiger Mann. Eine maltesische Geschichte; A prudent man. A Maltese story.) Malta: Empire Press 1971.

Sciberras, Joseph | Ilma safi. Ġabra ta' poeżiji għat-tfal. (Reines Wasser. Gedichtsammlung für Kinder; Pure water. Collection of poems for children.) Jll.: Kindermalerei. Malta: J. Sciberras 1971.

Zahra, Trevor | Dawra durella. Ġabra ta' poeżiji għat-tfal. (Tanzt einen Tanz der Rosen. Eine Sammlung von Kindergedichten; Ring a ring of roses. A collection of children's verse.) Jll.: Trevor Zahra. Malta: Aquilina 1972.

Zahra, Trevor | Dwal fil-fortizza. (Lichter im alten Fort; Lights in the old fort.) Jll.: Trevor Zahra. Blata l-Bajda: Merlin Library 1973.

Zahra, Trevor | Eden. Poeżiji. (Eden. Gedichte; Eden. Poems.) Malta: Zahra 1972.

Zahra, Trevor | Il-għar tax-xelter. (Der Luftschutzbunker; The air-raid shelter.) Jll.: Trevor Zahra. Blata l-Bajda: Merlin Library 1972.

| Zahra, Trevor | Il-pulena tad-deheb. (Die goldene Gallionsfigur; The golden figure-head.) Jll.: Trevor Zahra. Malta: Zahra 1971. | **M** |

Zammit, George — Mela Darba. (Es war einmal; Once upon a time.) Jll.: George Zammit. Bd 1.2. Blata l-Bajda: Merlin Library 1971.

13 – 15

Azzopardi, Mario — Civiltà. Kronaka illustrata tac-civiltajet ta' l-imgħoddi u l-effett tagħhom fuq ilgzejjer Maltin. (Zivilisation. Eine illustrierte Geschichte vergangener Zivilisationen und ihrer Einflüsse auf die maltesischen Inseln; Civilisation. An illustrated history of past civilisations and their influence on the Maltese Islands.) Fotos. Valletta: Klabb Kotba Maltin 1975.

Kindermalerei
in J. Sciberras:
Ilma safi

In norwegischer Sprache (Riksmål) / In Norwegian language (Riksmål)

3 – 6

Berle, Reidar Johan	Om natten skinner solen. (Während der Nacht scheint die Sonne; The sun shines during the night.) Jll.: Reidar Johan Berle. Oslo: Gyldendal Norsk Forlag 1970.
Bjørklid, Haakon	Mons Matglad. (*Mons Matglad* = isst gern; fond of food.) Jll.: Haakon Bjørklid. Oslo: Gyldendal Norsk Forlag 1972.
Bjørklid, Haakon	Den store blå bukken. (Der grosse blaue Bock; The big blue buck.) Jll.: Haakon Bjørklid. Oslo: Gyldendal Norsk Forlag 1969;1973.
Bringsyaerd, Tor Åge	Ruffen. Sjøormen som ikke kunne svømme. *(Ruffen.* Die Seeschlange, die nicht schwimmen konnte; The sea snake who could not swim.) Jll.: Thore Hansen. Oslo: Bokklubben 1973.
Holst, Elling	Norsk billedbok for barn. (Norwegisches Bilderbuch für Kinder; Norwegian picture book for children.) Jll.: Eivind Nielsen. Oslo: Damm 1888;1962.
Prøysen, Alf	Musevisa. (Mauselied; Mouse song.) Jll.: Willie Nordrå. Oslo: Tiden Norsk Forlag 1959;1972.
Prøysen, Alf	Snekker Andersen og julenissen. (Tischler *Andersen* und der Weihnachts-Wichtel; The carpenter *Andersen* and the Christmas brownie.) Jll.: Hans Norman Dahl. Oslo: Tiden Norsk Forlag 1971.

7 – 9

Asbjørnsen, Peter Christen / Moe, Jørgen Engelbretsen	Eventyr for barn. (Märchen für Kinder; Folk tales for children.) Jll.: Birger Moss Johnsen. Oslo: Damm 1841–1844;1968. o.p.
Asbjørnsen, Peter Christen / Moe, Jørgen Engelbretsen	Eventyrbok for de små. (Märchenbuch für die Kleinen; Book of folk tales for the little ones.) Hrsg.: Leiv Frodesen. Jll.: Theodor Kittelsen, Per Krogh u.a. Oslo: Gyldendal Norsk Forlag 1841–1844;1973.
Asbjørnsen, Peter Christen / Moe, Jørgen Engelbretsen	For barn. Asbjørnsen og Moe eventyr i udvalg. (Für Kinder. *Asbjørnsen* und *Moes* Märchen in Auswahl; For children. *Asbjørnsen* and *Moe's* selected fairy tales.) Hrsg.: Jo Tenfjord. Jll.: Theodor Kittelsen. Oslo: Bokklubben 1841–1844;1971.

Asbjørnsen, Peter Christen / Moe, Jørgen Engelbretsen	Jomfruen på Glassberget og andre eventyr. (Die Jungfrau auf dem Glasberg und andere Märchen; The virgin on the glass mountain and other folk tales.) Jll.: Theodor Kittelsen. Oslo: Aschehoug 1841–1844;1971.	**N**
Asbjørnsen, Peter Christen / Moe, Jørgen Engelbretsen	Rike Per Kremmer og andre eventyr. (Der reiche *Per Kremmer* und andere Märchen; Rich *Per Kremmer* and other folk tales.) Jll.: Theodor Kittelsen. Oslo: Aschehoug 1841–1844;1971.	
Brodtkorb, Reidar	Rokkesteinen. (Der wippende Stein; The rocking stone.) Jll.: Kjersti Scheen. Oslo: Damm 1967.	
Egner, Thorbjørn	Folk og røvere i Kardemomme by. (Leute und Räuber im Ort *Kardemomme;* People and robbers in *Kardemomme.)* Jll.: Thorbjørn Egner. Oslo: Cappelen 1955;1971.	
Egner, Thorbjørn	Klatremus og de andre dyrene i Hakkebakkeskogen. *(Klatremus* und die anderen Tiere im *Hakkebakke*-Wald; *Klatremus* and the other animals in *Hakkebakke* Wood.) Jll.: Thorbjørn Egner. Oslo: Grøndahl 1953;1961.	
Hagerup, Inger	Den sommeren. (In jenem Sommer; That summer.) Jll.: Paul René Gauguin. Oslo: Aschehoug 1971.	
Hagerup, Inger	Så rart. Barnevers. (Wie wunderlich. Kinderreime; How curious. Children's rhymes.) Jll.: Paul René Gauguin. Oslo: Aschehoug 1950;1973.	
Hamsun, Anne Marie	Bygdebarn. Hjemme og på setra. (Dorfkinder. Daheim und auf der Alm; Village children. At home and on the alm.) Jll.: Nina Martins. Oslo: Aschehoug 1939;1972.	
Hopp, Zinken (d.i. Signe Marie)	Trollkrittet. (Die Zauberkreide; The magic chalk.) Jll: Reidar Johan Berle. Bergen: Eide 1948;1971.	
Moe, Jørgen Engelbretsen	I brønnen og i tjernet. (Im Brunnen und im Teich; In the well and in the pond.) Jll.: Henrik Sørensen. Oslo: Aschehoug 1851;1972.	
Norman, Regine	Den grå katt og den sorte. (Die graue Katze und die schwarze; The grey cat and the black one.) Jll.: Arne Johnson. Oslo: Aschehoug 1916;1969.	
Prøysen, Alf	Den grønne votten. (Der grüne Fausthandschuh; The green mitten.) Jll.: Borghild Rud. Oslo: Tiden Norsk Forlag 1964;1971.	
Prøysen, Alf	Kjerringa som ble så lita som ei teskje. (Die Alte, die so klein wie ein Teelöffel wurde; The old woman who became as small as a teaspoon.) Jll.: Borghild Rud. Oslo: Tiden Norsk Forlag 1957;1972.	
Rønningen, Bjørn	Fru Pigalopp. (Frau *Pigalopp;* Mrs. *Pigalopp.)* Jll.: Vivian Zahl Olsen. Oslo: Gyldendal Norsk Forlag 1974.	

Rud, Nils-Johan	barna som gikk for å hente våren. (Die Kinder, die auszogen, um den Frühling zu suchen; The children who set out looking for spring.) Jll.: Sigrun Saebø Kapsberger. Oslo: Barnebladet Magne 1970. o.p.
Vestly, Ann-Catharina	Åtte små, to store og en lastebil. (8 kleine, 2 grosse und ein Lastwagen; 8 small, 2 big, and one truck.) Jll.: Johan Vestly. Oslo: Tiden Norsk Forlag 1957;1972.

10 – 12

Asbjørnsen, Peter Christen / Moe, Jørgen Engelbretsen	Samlede eventyr. (Gesammelte Märchen; Collected folk tales.) Jll. Bd 1–3. Oslo: Gyldendal Norsk Forlag 1841–1844;1975.
Brodtkorb, Reidar	Fuglen som fløy over land og hav. (Der Vogel, der über Land und See flog; The bird who flew over land and sea.) Jll.: Egil Torin Naesheim. Oslo: Barnebladet Magne 1971.
Døcker, Rolf	Marius. *(Marius.)* Jll.: Tonje Strøm Aas. Oslo: Aschehoug 1967;1972.
Elster, Kristian	Den ensomme øya. (Die einsame Insel; The lonesome island.) Jll.: William Lunden. Oslo: Aschehoug 1939;1968.
Fønhus, Mikkjel	Der villmarka suser. (Wo die Wildnis braust; Where the wilderness is soughing.) Jll.: Ridley Borchgrevink. Oslo: Aschehoug 1919;1967.
Friis-Baastad, Babbis	Du må vakne, Tor! (Du musst aufwachen, *Thor!;* You must wake up, *Thor!)* Jll.: Hans Normann Dahl. Oslo: Damm 1967; 1969.
Friis-Baastad, Babbis	Hest på ønskelisten. (Pferd auf der Wunschliste; Horse on the wishing list.) Jll.: Hans Normann Dahl. Oslo: Damm 1968.
Friis-Baastad, Babbis	Ikke ta Bamse. (Nimm *Bamse* nicht weg; Don't take *Bamse* away.) Oslo: Damm 1964;1972.
Haslund, Ebba	Barskinger på Brånåsen. (Die *Barskinger* = rauh und tapfer, auf *Brånåsen;* The *Barskinger* = rugged and brave, on *Brå-nåsen.*) Oslo: Aschehoug 1960;1972.
Havrevold, Finn	Marens lille ugle. (*Marens* kleine Eule; *Maren's* little owl.) Jll.: Finn Havrevold. Oslo: Damm 1957;1970.
Havrevold, Finn	Viggo. *(Viggo.)* Fredrik Matheson. Oslo: Aschehoug 1957; 1972.
Lie, Bernt	Svend Bidevind. *(Svend Bidevind.)* Oslo: Aschehoug 1897; 1959.
Sommerfelt, Aimée	Den farlige natten. (Die gefährliche Nacht; The dangerous night.) Jll.: Borghild Rud. Oslo: Damm 1971;1972.

Sommerfelt, Aimée	Veien til Agra. (Der Weg nach *Agra;* The way to *Agra.)* JII.: Ulf Aas. Oslo: Damm 1959;1967.
Svinsaas, Ingvald	Gaupe i fjellet. (Luchs im Fjäll; Lynx in the mountains.) JII.: Omar Andreen. Oslo: Tiden Norsk Forlag 1957;1967.
Zwilgmeyer, Dikken (d.i. Henrikke Barbara Wind Daae Zwilgmeyer)	Fra byen vår. — Hos onkel Max og tante Betty. — Morsomme dager. (Von unserem Dorf. — Bei Onkel *Max* und Tante *Betty.* — Kurzweilige Tage; From our village. — At uncle *Max* and aunt *Betty.* — Amusing days.) Oslo: Ansgar Forlag 1892, 1897, 1896;1972.
Zwilgmeyer, Dikken (d.i. Henrikke Barbara Wind Daae Zwilgmeyer)	Karsten og jeg. — Barndom. *(Karsten* und ich. — Kindheit; *Karsten* and I. — Childhood.) Oslo: Ansgar Forlag 1891, 1895;1972.
Zwilgmeyer, Dikken (d.i. Henrikke Barbara Wind Daae Zwilgmeyer)	Vi barn. — Sjustjernen. (Wir Kinder. — Das Siebengestirn; We children. — The Pleiades.) Oslo: Ansgar Forlag 1890; 1900;1972.

13 — 15

Hamre, Leif	Brutt kontakt. (Abgebrochene Verbindung; Interrupted contact.) JII.: Stein Davidsen. Oslo: Aschehoug 1965.
Hamre, Leif	Otter tre to kaller. *(Otter* 3 2 ruft; *Otter* 3 2 calls.) JII.: Arne Johnson, Oslo: Aschehoug 1957;1964.
Havrevold, Finn	Grunnbrott. (Strandung; Shipwreck.) Oslo: Damm 1960; 1969.
Hopp, Zinken (d.i. Signe Marie)	Arven fra Adamson. (Der Erbe von *Adamson;* The heir of *Adamson.)* JII.: Odd Brochmann. Oslo: Aschehoug 1969.
Kvasbø, Alf	Dueller. (Duelle; Duels.) JII.: Johan Kippenbroeck. Oslo: Gyldendal Norsk Forlag 1968.

In samischer Sprache / In Lappish language

3 — 6

Bruheim, Jan-Magnus	Guov'dagaeino Gab'ba. (Der Renbock *Gab'ba;* The reindeer buck *Gab'ba.*) JII.: Reidar Johan Berle. Oslo: Noregs Boklag 1963.

NORWEGEN / NORWAY

In neunorwegischer Sprache (Nynorsk) / In New Norwegian language (Nynorsk)

3 – 6

Bruheim, Jan-Magnus	Reinsbukken Kauto frå Kautokeino. (Der Renbock *Kauto* von *Kautokeino;* The reindeer buck *Kauto* from *Kautokeino.)* Jll.: Reidar Johan Berle. Oslo: Noregs boklag 1963.
Eggen, Arnljot	Tørres Brillesterk og andre barnerim. (*Tørres Brillesterk* und andere Kinderreime; *Tørres Brillesterk* and other children's rhymes.) Jll.: Grethe Berger. Oslo: Samlaget 1966.
Løland, Rasmus	Eventyr og dyresoger frå mange land. (Märchen und Tiermärchen aus vielen Ländern; Fairy tales and animal tales from many countries.) Jll.: Øistein Jørgensen. Oslo: Samlaget 1908;1969.
Økland, Einar	Du er så rar. (Du bist so wunderlich; You are so strange.) Jll.: Kari Bøge. Oslo: Samlaget 1973.

7 – 9

Floden, Halvor	Furuberg Finn. (*Furuberg* = Kiefernberg, *Finn; Furuberg* = pine hill, *Finn.*) Oslo: Noregs boklag 1927;1969.
Rongen, Bjørn	Bergteken i Risehola. (In die Trollhöhle des Berges eingeschlossen; Captured in the troll's mountain cave.) Oslo: Damm 1953;1970.

10 – 12

Lie, Haakon	Vegen til eventyret. (Der Weg zum Abenteuer; The way to adventure.) Jll.: Unni Lise Jonsmoen. Oslo: Noregs boklag 1960;1974.
Sivle, Per	Berre ein hund og andre soger. (Nur ein Hund und andere Erzählungen; Only a dog and other stories.) Jll.: Arne Johnson. Oslo: Samlaget 1887;1975.

Bjørgås, Nils	Siste sommaren. (Der letzte Sommer; The last summer.) Oslo: Aschehoug 1950;1965.
Duun, Olav	I eventyret. (Im Abenteuer; In the adventure.) Oslo:Norli 1921;1965.
Heggland, Johannes	Folket i dei kvite båtane. (Die Leute in den weissen Booten; The people in the white boats.) Oslo: Norske Samlaget 1962.
Heggland, Johannes	Den forfølgde. (Der Verfolgte; The pursued one.) Larvik: Norsk barneblad 1970.
Vesaas, Halldis Moren	Tidleg på våren. (Zeitig im Frühjahr; Early in spring.) Oslo: Aschehoug 1949;1965.

Erik Werenskiold in P. C. Asbjørnsen und J. Moe: Eventyrbok for de små

NIGER / NIGER

In französischer Sprache / In French language

7 – 9

Clair, Andrée / Hama, Boubou
Le baobab merveilleux. (Der wunderbare Baobab; The wonderful baobab.) JII.: Marianne Padé. Paris: Éd. La Farandole 1971.

Clair, Andrée / Hama, Boubou
La savane enchantée. (Die zauberhafte Savanne; The wonderful savannah.) JII.: Béatrice Tanaka. Paris: Éd. La Farandole 1972.

Béatrice Tanaka
in A. Clair u.
Boubou Hama:
La savane enchantée

NIEDERLANDE / NETHERLANDS

In niederländischer Sprache / In Dutch language

3 – 6

Abramsz, S.	Rijmpjes en versjes uit de oude does. (Kleine Verse und kleine Reime aus der alten Schachtel; Little verses and little rhymes out of the old box.) Jll.: Bert Bouman. Amsterdam: Meulenhoff 1910;1974.
Biegel, Paul	Het olifantenfeest. (Das Elefantenfest; The feast of the elephants.) Jll.: Babs van Wely. Haarlem: Holland 1973.

7 – 9

Dragt, Tonke	De blauwe maan. (Der blaue Mond; The blue moon.) Jll.: Tonke Dragt. Zutphen: Thieme 1970;1974.
Eykman, Karel	De vreselijk verlegen vogelverschrikker. (Die schrecklich verlegene Vogelscheuche; The terribly shy scarecrow.) Jll.: Charles Donker. Amsterdam: De Harmonie 1974.
Huygen, Wim	Scholletje. *(Scholletje.)* Jll.: Carl Hollander. Bussum: Van Holkema & Warendorf 1974.
Kooiker, Leonie	De heksensteen. (Der Hexenstein; The witch's stone.) Jll.: Carl Hollander. Amsterdam: Ploegsma 1974.
Reesink, Marijke	Grauwstaartje toverpaardje. *(Grauschweif,* das kleine Zauberpferd; *Greytail,* the small magic horse.) Jll.: Adrie Hospes. Rotterdam: Lemniscaat 1974.
Reesink, Marijke	Jan Klaassen en het roverskind. *(Jan Klaassen* und das Räuberkind; *Jan Klaassen* and the robber child.) Jll.: Margriet Heymans. Rotterdam: Lemniscaat 1974.
Schell, Simone	De nacht van de heksenketelkandji. (Die Nacht *van de heksenketelkandij* = Hexenkessel-Kandiszucker; The night *van de heksenketelkandij* = witches' cauldron candy sugre.) Jll.: Jes Spreekmeester. Amsterdam: Deltos Elsevier 1974.
Schmidt, Annie Maria Geertruida	Floddertje. *(Floddertje.)* Jll.: Fiep Westendorp. Amsterdam: Querido 1973.

Margriet Heymans in M. Reesink: Jan Klaassen en het roverskind

Barnard, Henk	De krakers en het huis van Tante Da. (Die Einbrecher und das Haus von Tante *Da;* The robbers and the house of aunt *Da.)* JII.: Reintje Venema. Bussum: Van Holkema & Warendorf 1973.
Bas, Rutger	De reus van Pech-zonder-end. (Der Riese von *Pech-zonder-end* = Pech ohne Ende; The giant of *pech-zonder-end* = bad luck without end.) JII.: Carl Hollander. Amsterdam: Ploegsma 1974.
Haar, Jaap ter	Het wereldje van Beer Ligthart. *(Beer Ligtharts* kleine Welt; *Beer Ligthart's* little world.) Bussum: Van Holkema & Warendorf 1973.
Hofman, Wim	Koning Wikkepokluk de Merkwaardige zoekt een rijk. (König *Wikkepokluk* der Merkwürdige sucht ein Reich; King *Wikkepokluk* the curious looks for a realm.) JII.: Wim Hofman. Bussum: Van Holkema & Warendorf 1973.
Schouten, Alet	Iolo komt niet spelen. (*Iolo* kommt nicht zum spielen; *Iolo* won't come to play.) JII.: Paul Hulshof. Bussum: Van Holkema & Warendorf 1974.
Vries, Anke de	De vleugels van Wouter Pannekoek. (Die Flügel von *Wouter Pannekoek* = Pfannkuchen; The wings of *Wouter Pannekoek* = pancake.) JII.: Laurent Félix Faure. Rotterdam: Lemniscaat 1972.
Werner, Hans	Gaatjes in de regenboog. (Das Loch im Regenbogen; The hole in the rainbow.) JII.: Hans Werner. Amsterdam: Deltos Elsevier 1973.

13 – 15

Beckman, Thea	Kruistocht in spijkerbroek. (Kreuzzug in Jeans; Crusade in jeans.) Rotterdam: Lemniscaat 1973.
Biegel, Paul	Het stenen beeld. (Das steinerne Bild; The stone picture.) JII.: Nel Maritz. Haarlem: Holland 1974.
Diekmann, Miep	Total loss, weet-je-wel. (*Total loss, weet-je-wel.*) JII.: The Tjong Khing. Amsterdam: Querido 1973.
Kerkwijk, Henk van	Meindert Swarteziel en het bloed van de duivel. (*Meindert Swarteziel* und das Blut des Teufels; *Meindert Swarteziel* and the blood of the devil.) JII.: Fiel van Veen. Amsterdam: Ploegsma 1973.
Terlouw, Jan	Oorlogswinter. (Kriegswinter; Winter of war.) JII.: Jan Wesseling. Rotterdam: Lemniscaat 1972;1973.

NIEDERLANDE (FRIESLAND) / NETHERLANDS (FRISIA)

In friesischer Sprache (Frasch) / In Frisian language (Frasch)

3 – 6

Heitmann, Elise	Ik kon frasch leese. (Ich kann friesisch lesen; I can read frasch.) JII.: Marijke Beintema. Ljouwert: De Terp 1963.
Huber, Diet	Tutte mei de linten. *(Tutte* mit ihren Schleifen; *Tutte* with her ribbons.) JII.: Diet Huber. Ljouwert: De Terp 1973.
Visser-Bakker, Jant	De moanne Kikeloer. (Der Mond *Kikeloer;* The moon called *Kikeloer.)* JII.: Jant Visser-Bakker. Ljouwert: De Terp 1973.
Visser-Bakker, Jant	De readmutskes. (Die Rotmützchen; The red caps.) JII.: Mare van der Woude. Boalsert: Osinga 1973.

7 – 9

Frasch leesebök	Frasch leesebök. (Friesisches Lesebuch; Frasch story book.) JII.: Hans Pfeiffer, Marie Vriesema. Leek: Clausen & Bosse 1966.
Halen, Jan van	Flapearke. *(Schlappöhrchen; Pig Ear.)* JII.: Frits Klein. Ljouwert: Friesch Dagblad 1970.
Halen, Jan van	Kwek en Kwekje. (*Kwek* und *Kwekje,* das Entenpaar; *Kwek* and *Kwekje,* the 2 ducks.) Ljouwert: Friesch dagblad 1970.
Halen, Jan van	Beltsje en Buntsje. (*Beltsje* und *Buntsje,* die beiden Zicklein; *Beltsje* and *Buntsje,* the 2 goats.) Boalsert: Osinga 1970.
Meester-De Vries, A.	Moarke. (*Mohrchen,* die Katze; The cat *Moarke.*) JII.: S. J. Kuperus. Ljouwert: De Terp 1974.
Mollinga, Th.	Dribbelkontsje. (Das *Trappelpferdchen;* The horse *Dribbelkontsje.)* JII.: E. S. de Jong. Boalsert: Osinga 1973.
Straatsma-Wiersma, T.	Trynke, Teun en Tilde. *(Trynke, Teun* und *Tilde.)* JII.: M. Kuipers. Boalsert: Osinga 1971.
Van der Meer, Aggie	It kemiel fan omke romke. (Das Kamel von Onkel *Romke;* The camel of Uncle *Romke.)* JII.: Aggie van der Meer. Boalsert: Osinga 1964.
Visser-Bakker, Jant	Durk en Djoke. (*Durk* und *Djoke.*) JII.: Meinte Walta. Ljouwert: Miedema 1969.

Visser-Bakker, Jant   Durk en Djoke wurde greater. *(Durk* und *Djoke* werden älter; *Durk* and *Djoke* get older.) Jll.: Meinte Walta. Ljouwert: Miedema 1969.

10 – 12

Dejong, Meindert   It tsjil boppe op 'e skoalle. (Das Rad auf der Schule; The wheel on the school.) Jll.: Jo Gall. Hoorn: West-Friesland 1954.

Hichtum, Nynke fan   Jonge Jaike fan it Aldhiem. (Der junge *Jaike* von *Aldhiem;* The young *Jaike* from *Aldhiem.)* Jll.: Tjeerd Bottema. Ljouwert: Fan Fryske Groun 1970.

Hichtum, Nynke fan   De jonge priiskeatser. (Der junge Ballwettkämpfer; The young rival.) Jll.: Tssjeard Bottema. Ljouwert: Fan Fryske Groun 1970.

Sjoerd Kuperus in A. Meester-De Vries: Moarke

In englischer Sprache / In English language

3 – 6

Bowes, Clare Christina Elizabeth (Sandall)
How many? (Wieviel?) Jll.: Clare Christina Elizabeth (Sandall) Bowes. Auckland: Longman Paul 1972.

Sutherland, Margaret
Hello, I'm Karen. (Hallo, ich bin *Karen.)* Jll.: Jane Paton. London: Methuen 1974.

Sutton, Eve
My cat likes to hide in boxes. (Meine Katze versteckt sich gern in Schachteln.) Jll.: Lynley Dodd. London: Hamilton 1973.

7 – 9

Atkinson, Tania Heather
Mr. Krenko's Wednesday visitor. (Herrn *Krenkos* Mittwoch-Besucher.) Jll.: Tessa Jordan. London: Chatto, Boyd & Oliver 1972.

Bacon, Ronald Leonard
The boy and the taniwha. (Der Junge und das Taniwha.) Jll.: Para Matchitt. Auckland: Collins 1966.

Bagnall, Jillian Mary (Mayer)
Crayfishing with grandmother. (Krebsfang mit der Grossmutter.) Jll.: Barbara Strathdee. Maori text: Hapi Potae. London, Auckland: Collins 1973.

Dallas, Ruth
A dog called Wig. (Ein Hund namens *Wig.)* Jll.: Edward Mortelmans. London: Methuen 1972.

Kohlap, Gay
David, boy of the high country. *(David,* Junge vom Hochland.) Fotos: Georg Kohlap. Auckland: Collins 1972.

Lawson, Pat
Kuma is a Maori girl. *(Kuma* ist ein Maori-Mädchen.) Fotos: Dennis Hodgson. London: Methuen 1961.

Mahy, Margaret May
A lion in the meadow. (Ein Löwe in der Wiese.) Jll.: Jenny Williams. London: Dent 1971.

Mahy, Margaret May
The first Margaret Mahy story book. (Das 1. *Margaret-Mahy*-Geschichtenbuch.) Jll.: Shirley Hughes. London: Dent 1972.

Mahy, Margaret May
The second Margaret Mahy story book. (Das 2. *Margaret-Mahy*-Geschichtenbuch.) Jll.: Shirley Hughes. London: Dent 1973.

Clare Bowes in: How many?

Poems to read	Poems to read to young New Zealanders. (Gedichte zum Vorlesen für junge Neuseeländer.) Jll.: Clare Christina Elizabeth (Sandall) Bowes. Auckland: Hamlyn 1974.
Powell, Lesley Cameron	Turi. *(Turi.)* Jll.: Pius Blank. Auckland: Longman Paul 1969.

10 – 12

De Hamel, Joan Littledale	X marks the spot. (X bezeichnet den Platz.) Guildford: Lutterworth 1973.
De Roo, Anne	The gold dog. (Der Goldhund.) London: Hart-Davis 1969.
De Roo, Anne	Moa Valley. (Das *Moa*-Tal.) London: Hart-Davis 1969.
Duggan, Maurice	Falter Tom and the water boy. (Humpel-*Tom* und der Seejunge.) Jll.: Faith Jacques. Harmondsworth: Kestrel Books; Auckland: Longman Paul 1974.
Ellin, E. M.	The children of Clearwater Bay. (Die Kinder von der *Klar-Wasser-Bucht.*) Jll.: Garth Tapper. Auckland: Minerva 1969.
Fergusson, Sir Bernard Edward	Captain John Niven. (Kapitän *John Niven.)* London, Auckland: Collins 1972.
Finlayson, Roderick David	The springing fern. (Der springende Farn.) Jll.: Joan Smith. Christchurch, Auckland: Whitcombe & Toms 1965.
Hill, Jane Ann / Hill, Bernie	Hey boy! (Hallo, Junge!) Fotos: Bernie Hill. Christchurch, Auckland: Whitcombe & Tombs 1962;1964.
Jones, Gwenyth Mary (Hrsg.)	These islands. A collection of New Zealand verse for young people. (Diese Inseln. Eine Sammlung von Neuseeland-Gedichten für junge Leute.) Auckland: Longman Paul 1973.
Locke, Elsie	The runaway settlers. (Die davongelaufenen Ansiedler.) Jll.: Antony Maitland. London: Penguin (Puffin) 1965.
Mitcalf, Barry	The long holiday. (Der lange Urlaub.) Jll.: Dennis Turner. Christchurch, Auckland: Whitcombe & Tombs 1964.
Moorhead, Diana	The green and the white. (Das Grün und das Weiss.) Auckland: Hodder 1974; Leicester: Brockhampton 1974.
Reed, Alexander Wyclif	Myths and legends of Maoriland. (Mythen und Sagen aus dem Maoriland.) Jll.: Dennis Turner. Sydney: A. H. Reed & A. W. Reed 1967.
West, Joyce	Drovers Road. (Schäferweg.) Jll.: Joyce West. London: Dent 1968.

In portugiesischer Sprache / In Portuguese language

3 – 6

Carlos, Papiniano	A menina gotinha de água. (Das Wassertröpfchen; The little drop of water.) Jll.: João da Câmara Leme. Lisboa: Portugália 1961;1969.
Correia, Maria Cecilia	Histórias da minha rua. (Geschichten meiner Strasse; Stories of my street.) Jll.: Maria Keil. Lisboa: Portugália.
Gomes, Alice Pereira	Poesia para a infância. (Poesie für die Kinder; Poetry for childhood.) Jll.: Costa Pinheiro. Lisboa: Ulisseia 1955;1974.
Menéres, Maria Alberta	Conversas com versos. (Gespräche mit Gedichten; Talks with poems.) Jll.: Manuel Baptista. Lisboa: Afrodite 1968.
Muralha, Sidónio	Bichos, bichinhos e bicharocos. (Würmer, Würmchen und Gewürm; Worms, small and large.) Cidade: Livraria Ler.
Muralha, Sidónio	Televisão da bicharada. (Das Fernsehen der Würmer; The worms' television.) Coimbra: Atlântida.
Namorado, Maria Lúcia	Era uma vez . . . (Es war einmal . . .; Once upon a time.) Jll.: Maria Almira Medina. Coimbra: Atlântida 1970.
Nóbrega, Isabel da	Rama, o elefante azul. (*Rama*, der blaue Elefant; *Rama,* the blue elephant.) Jll.: Leonor Praça. Lisboa: Moraes 1970;1973.
Praça, Leonor	Tucha e Bicó. (*Tucha* und *Bicó.*) Jll.: Leonor Praça. Lisboa: O Século 1969;1973.
Redol, Alves	A flor vai pescar num bote. (Die Blume geht im Boot fischen; The flower goes fishing in the boat.) Jll.: Leonor Praça. Lisboa: Publicações Europa-América 1968.
Redol, Alves	A flor vai ver o mar. (Die Blume geht das Meer ansehen; The flower goes to look at the sea.) Jll.: Leonor Praça. Lisboa: Publicações Europa-América 1968.
Ribeiro, Aquilino	O livro de Marianinha. (Das Buch von *Mariannchen; Marian's* book.) Jll.: Maria Keil. Lisboa: Bertrand 1967.
Sérgio, António	Os dez anõezinhos da Tia Verde Água. (Die 10 Jährchen von Tante *Grün-Wasser;* The 10 little years of Aunt *Green Water.*) Jll.: Mily Possoz. Lisboa: Ática 1945.
Vaz Raposo, Isabel Maria (Pseud.: Bió)	História da menina feia. (Geschichte vom hässlichen Mädchen; Story of the ugly girl.) Jll.: Isabel Maria Vaz Raposo. Lisboa: Verbo 1960;1963.

Vaz Raposo, Isabel Maria (Pseud.: Bió)	O menino gordo. (Der dicke Junge; The fat little boy.) JII.: Isabel Maria Vaz Raposo. Lisboa: Verbo 1960;1963.

7 — 9

Alberty, Ricardo	,A galinha verde. (Das grüne Huhn; The green hen.) JII.: Júlio Gil. Lisboa: Ática 1959.
Araújo, Matilde Rosa	O palhaço verde. (Der grüne Clown; The green clown.) JII.: Kindermalerei. Lisboa: Portugália 1962;1973.
Coelho, Aida Maria	A cigarra e a formiga. (Die Zikade und die Ameise; The cicada and the ant.) JII.: Zé Pedro. Lisboa: Aster 1969;1972.
Da Fonseca, Lília (d.i. Maria Lígia Valente da Fon- seca Severino)	O clube das três aldeias. (Der Klub der 3 Dörfer; The club of the 3 villages.) JII.: Kindermalerei. Santo João do Estoril: Socedade de Educação Social 1961.
Figueiredo, Campos de	A cabrinha branca. (Die weisse Ziege; The white she-goat.) JII.: António Botelho. Lisboa: Verbo 1961;1965.
Gomes, Alice Pereira	As histórias da Coca-Bichinhos.(Die Geschichten der *Coca*- Würmer; The stories of *Coca*-worms.) JII.: Zé Pedro. Lisboa: Aster 1968;1973.
Gomes, Madalena	A Maria pequenina. (Die kleine *Maria*; Little *Mary*.) JII.: A. Sobral Cid. Coimbra: Atlântida 1970.
Losa, Ilse	Um fidalgo de pernas curtas. (Ein Edelmann mit kurzen Beinen; A nobleman with short legs.) JII.: Júlio Resende. Lisboa: Portugália 1973.
Namorada, Maria Lúcia	A história de um bago de milho. (Die Geschichte von einem Maiskorn; The story of a kernel of corn.) JII.: Zé Manel. Lisboa: Estúdios Cor 1968;1972.
Redol, Alves	Uma flor chamada Maria. (Eine Blume, die *Maria* heisst; A flower called *Maria.*) JII.: Fausto Boavida. Lisboa: Publicações Europa-América 1969.
Ribeiro, Aquilino	O romance da raposa. (Das Fuchs-Gedicht; The fox's ballad.) JII.: Benjamin Rabier. Lisboa: Bertrand 1961;1974.
Soares, Maria Luísa Ducla	A história da papoila. (Geschichte vom Feldmohn; The story of a poppy.) JII.: Zé Manel. Lisboa: Estúdios Cor 1972.
Torrado, António	O veado florido. (Der blühende Hirsch; The deer in blossom.) JII.: Leonor Praça. Lisboa: O Século 1972;1973.
Vaz Raposo, Isabel Maria (Pseud.: Bió)	A formiga (Die Ameise; The ant.) JII.: Isabel Maria Vaz Raposo. Lisboa: Verbo 1960;1963.
Vaz Raposo, Isabel Maria (Pseud.: Bió)	O sábio e a borboleta. (Der Wissenschaftler und der Schmet- terling; The scholar and the butterfly.) JII.: Isabel Maria Vaz Raposo. Lisboa: Verbo 1960;1963.

Viana, Maria Manuela Couto	O mundo dos meninos verdes. (Die Welt der grünen Jungen; The world of the little green boys.) Jll.: Estrela Faria. Lisboa: Verbo 1970;1972.

10 – 12

Alberty, Ricardo	O príncipe de ouro. (Der Prinz aus Gold; The golden prince.) Jll.: Estrela Faria. Lisboa: Verbo 1971.
Alberty, Ricardo	A terra natal. (Die Heimat; The home-country.) Jll.: Matos Simões. Lisboa: Verbo.
Alves, Olga	Rumo à planície. (In Richtung zur Ebene; Direction to the flat-lands.) Jll.: Júlio Gil. Lisboa: Pórtico 1968;1972.
Andresen, Sofia de Melo Breyner	A noite de Natal. (Die Weihnachtsnacht; Christmas night.) Jll.: Maria Keil. Lisboa: Ática 1959.
Andresen, Sofia de Melo Breyner	O rapaz de bronze. (Der Junge aus Bronze; The bronze boy.) Jll.: Fernando de Azevedo. Lisboa: Moraes 1972.
Araújo, Matilde Rosa	O cantar da Tila. (*Tilas* Lied; *Tila's* song.) Jll.: Maria Keil. Coimbra: Atlântida 1967;1973.
Castel-Branco, Margarida	Aconteceu nas Berlengas. (Es geschah in *Berlengas;* It happened at *Berlengas.*) Jll.: José Antunes, Margarida Castel-Branco. Lisboa: Verbo 1967.
Cortesão, Jaime	Contos para crianças. (Kindermärchen; Tales for children.) Jll.: João de Câmara Leme. Lisboa: Portugália 1965.
Cortesão, Jaime	O romance das ilhas encantadas. (Die Romanze der bezaubernden Inseln; The tale of the enchanted islands.) Lisboa: Bertrand.
Da Fonseca, Branquinho (Hrsg.)	Contos tradicionais portugueses. Seleção. (Portugiesische Märchen. Auswahl; Traditional Portuguese tales. Selection.) Jll.: João de Câmara Leme. Bd 1.2. Lisboa: Portugália 1968.
Gomes, Madalena	Zora, a pequena árabe. (*Zora,* das kleine arabische Mädchen; *Zora,* the little Arabian girl.) Jll. Coimbra: Atlântida 1965.
Lemos, Esther de	A menina de porcelana e o general de ferro. (Das Mädchen aus Porzellan und der Eiserne Feldherr; The porcelain girl and the iron general.) Jll.: Viviane. Lisboa: Ática.
Losa, Ilse	Um artista chamado Duque. (Ein Künstler, der *Duque* hiess; An artist called *Duque.*) Jll.: Alexandra Losa. Lisboa: Sampedro.
Orey, Helena de Campos Henriques d'	Ruy e Concha fazem um cruzeiro. (*Ruy* und *Concha* unternehmen eine Seereise; *Ruy* and *Concha* make a voyage.) Jll.: Luís Manuel Alvelos. Porto: Civilização.
Pinto, Maria da Graça Rebelo	Praia Concha. (Der Strand von *Concha*; *Concha* beach.) Jll.: José de Arriaga Corrêa Guedes. Porto: Civilização 1968.

| Sérgio, António | Na terra e no mar. (Auf der Erde und im Wasser; On the earth and in the sea.) Lisboa: Bertrand. |
| Soares, Maria Isabel de Mendonça | A final não foi difícil. (Am Ende gab es keine Schwierigkeiten; In the end there were no difficulties.) Jll.: Zé Manel. Lisboa: Verbo 1970. |

13 – 15

Amado, José Carlos	História de Portugal. (Die Geschichte Portugals; History of Portugal.) Bd 1.2. Lisboa: Verbo 1966.
Andresen, Sofia de Melo Breyner	O cavaleiro da Dinamarca. (Der Ritter aus Dänemark; The knight of Denmark.) Jll.: Armando Alves. Porto: Figueirinhas 1964;1974.
Andresen, Sofia de Melo Breyner / Lacerda, Alberto (Hrsg.)	Poesia sempre. (Immer Dichtkunst; Always poetry.) Bd 1.2. Lisboa: Sampedro 1964.
Barros, João de	Os Lusíadas. (Die *Lusiaden;* The *Lusitanians.*) Jll.: Martins Barata. Lisboa: Sá da Costa 1930;1972.
Barros, João de	Viriato trágico. (Tragischer *Viriato;* Tragic *Viriato.*) Jll.: Emérico Nunes. Lisboa: Sá da Costa 1940;1968.
Dacosta, Luísa (Hrsg.)	De mãos dadas, estrada fora. Antologia de autores portugueses. (Die Hände gegeben, draussen auf der Strasse. Anthologie portugiesischer Autoren; Hands given, outside, on the street. Anthologie of Portuguese authors.) Jll.: Jorge Pinheiro. Porto: Figueirinhas 1970.
Lemos, Esther de	Dezoito anos. (18 Jahre; 18 years.) Lisboa: Verbo 1966;1972.
Müller, Adolfo Simões	A primeira volta ao mundo. (Die 1. Reise um die Welt; The first journey around the world.) Jll.: Fernando Bento. Porto: Tavares Martins.
Mundo em que	O mundo em que vivemos. (Die Welt, in der wir leben; The world in which we live.) Fotos. Bd 1–8. Lisboa: Verbo 1966.
Navarro, Judite	Ferreira de Castro e o Amazonas. (*Ferreira de Castro* und die Amazonen; *Ferreira of Castro* and the Amazones.) Jll.: Martins da Costa. Porto: Civilização 1967.
Rodrigues, Adriana	A vida aventurosa de João Cidade. (Das abenteuerliche Leben des *João Cidade;* The adventurous life of *João Cidade.*) Jll.: Fernando Lima. Porto: Salesianas 1961;1972.
Santos, Maria Alice de Andrade	A casa da falésia. (Das Haus an der Steilküste; The house on the cliffs.) Jll.: Tomaz d'Eça Leal. Lisboa: Verbo.
Silva, Maria Natália Duarte	Em verdade vos digo. (Ich sage euch die Wahrheit; I am telling you the truth.) Lisboa: Sampedro 1964.
Soares, Maria Isabel de Mendonça	A vida fascinante de Luisa Todi. (Das faszinierende Leben der *Luisa Todi;* The fascinating life of *Luisa Todi.*) Jll.: Vaz Pereira. Lisboa: Verbo 1967.

Vasconcelos,
Flórido de
A arte em Portugal. (Kunst in Portugal; Art in Portugal.)   P
Bd 1—2. Lisboa: Verbo 1973.

João de Câmara Leme in J. Cortesão: Contos para crianças

PAKISTAN / PAKISTAN

In englischer Sprache / In English language

10 -- 12

Ali, Ahmed (Hrsg.)	The falcon and the hunted bird. (Der Falke und der gejagte Vogel.) Karachi: Kitab Publishers 1950.
Haye, Kh. A.	Heroes and heroines of Islam. (Helden und Heldinnen des Islam.) Jll. Lahore: Ferozsons 1967.
NAZ	Abubakr. (*Abubakr.*) Lahore: Ferozsons 1970.
NAZ	Ali, the lion of Allah. (*Ali,* Allahs Löwe.) Lahore: Ferozsons 1970.
NAZ	Tales from Islamic history. (Erzählungen aus der Geschichte des Islam.) Lahore: Ferozsons 1970.
NAZ	Umar the great. (*Umar* der Grosse.) Lahore: Ferozsons 1970.
NAZ	Usman, the third caliph. (*Usman*, der 3. Kalif.) Lahore: Ferozsons 1970
Saeed, Ahmad	Abdur Rahman-I, the falcon of Spain. (*Abdur Rahman-I*, der Falke von Spanien.) Lahore: Ferozsons 1970.
Saeed, Ahmad	Sulaiman the magnificent. (*Sulaiman,* der Prächtige.) Lahore: Ferozsons 1970.
Walter, T.J.	The kidnapped boy. (Der entführte Junge.) Jll. Lahore: Ferozsons

In Urdu / In Urdu language:

Tabassum, Sufi Ghulam Mustafa	Jhoolne. (*Jhoolne.*) Lahore: Ferozsons

In spanischer Sprache (Castellano) / In Spanish language (Castellano)

3 – 6

Cremer, Gabriela de	Las aventuras de Chalaquito. (Die Abenteuer von *Chalaquito;* The adventures of *Chalaquito*.) Jll.: Gabriela de Cremer. Lima: Universo 1969.
González Zúñiga, Alberto	Un cielo con 48 estrellas. (Ein Himmel mit 48 Sternen; A sky with 48 stars.) Jll. Lima: Huascarán
González, Zúñiga, Alberto	Huevo de oro. (Das Goldei; The golden egg.) Jll. Lima: Huascarán
González Zúñiga, Alberto	La llamita del lago sagrado. (Das kleine Lama vom heiligen See; The little llama from the sacred lake.) Jll. Lima: Huascarán
Mar, Julia del	La niñez canta. (Die Kindheit singt; Childhood is singing.) Jll.: Julia del Mar. Lima: El Cóndor 1954.

7 – 9

Alayza de Gamio Amalia	El pastorcito de los Andes. (Der kleine Hirte aus den Anden; The little shepherd of the Andes.) Jll.: Grimaldo Romero. Lima: Sesator 1962.
Alayza de Gamio Amalia	Viaje a Macchu Picchu. (Die Reise nach *Macchu Picchu;* The trip to *Macchu Picchu*.) Jll.: Grimaldo Romero. Lima: Sesator 1963.
Carvallo de Núñez, Carlota	El pájaro -niño. (Der Pinguin; The penguin.) Jll.: Carlota Carvallo de Núñez. Lima: Mejía Baca 1958.
Elguera, Alida	Juguetes. Cuentos de Navidad. (Spielzeug. Weihnachtsgeschichten; Toys. Christmas tales.) Jll.: Jorge Vinatea Reinoso. Lima: Pablo L. Villanueva 1958.
Izquierdo, Ríos, Francisco	El árbol blanco. (Der weisse Baum; The white tree.) Jll.: Francisco Izquierdo López. Lima: Panamericana 1963.
Izquierdo Ríos, Francisco	El colibrí con cola de pavo real. (Der Kolibri mit dem Pfauenschwanz; The hummingbird with a pheasant's tail.) Jll.: Francisco Izquierdo López. Lima: Pablo L. Villanueva 1965;1969.
Izquierdo Rios, Francisco	Cuentos del tío Doroteo. (Erzählungen vom Onkel *Doroteo;* Stories of uncle *Doroteo*.) Jll.: Horacio March. Lima: Selva 1950.

Larrabure, Lucila	Mis doce cuentos de colores. (Meine 12 bunten Geschichten; My 12 colorful tales.) Jll.: F. Gutiérrez. Lima: Torres Aguirre 1938.
Nieri de Dammert, Graciela	Cuentos infantiles del Perú. (Kindergeschichten aus Peru; Children's tales of Peru.) Jll.: Elsa Villanueva A. Lima: Pablo L. Villanueva 1964.
Recavarren de Zizold, Catalina	La ronda en el patio redondo. (Der Rundgang im runden Hof; The way around in the round courtyard.) Jll.: Isajara. Lima: Bustamante 1941.

10 -- 12

Alegría, Ciro	Panky, el guerrero. (*Panky,* der Krieger; *Panky,* the warrior.) Jll.: Paco Cisneros. Lima: Universo 1968
Carvallo de Núñez, Carlota	El arbolito y otros cuentos. (Das Bäumchen und andere Geschichten; The little tree and other stories.) Jll.: Charo Núñez de Patrucco. Lima: Chalaca 1961; 1964.
Carvallo de Núñez, Carlota	Cuentos de Navidad. (Weihnachtsgeschichten; Christmas tales.) Jll.: Charo Núñez de Patrucco. Lima: Peisa 1970.
Cerna Guardia, Juana Rosa	Los días de Carbón. (Die Tage von *Carbon*; *Carbon*'s days.) Jll.: Francisco Izquierdo López. Lima: Pablo L. Villanueva 1966.
Cerna Guardia, Juana Rosa	El hombre de paja. (Die Strohpuppe; The straw man.) Jll.: Alicia Ferrarone. Lima: Universo.
Eguren, Mercedes / Hidalgo, José	Muñeco de aserrín. (Die Puppe aus Sägespänen; The sawdust doll.) Jll.: Charo Núñez de Patrucco. Lima: Municipio de San Isidro 1969.
Flores Ramos, Jorge	El niño de las torcazas. Cuentos. (Das Kind der Ringeltaube. Geschichten; The dove's boy. Stories.) Jll.: Francisco Izquierdo López. Lima: Pablo L. Villanueva 1964.
Herrera Gray, Enriqueta	Leyendas y fábulas peruanas. (Legenden und Fabeln aus Peru; Legends and fables of Peru.) Jll.: Paco Cisneros, Rolando Cisneros. Lima: Sesator 1945; 1963
Hughes , Pamela	Cuentos peruanos. (Märchen aus Peru; Folktales of Peru.) Jll.: Julio Montañés. Madrid: Doncel 1965.
Izquierdo Ríos, Francisco	En la tierra de los árboles. (Im Land der Bäume; In the country of the trees.) Lima: Selva 1952.
Izquierdo Ríos, Francisco	Papagayo, el amigo de los niños. (*Papagei*, der Freund der Kinder; *Parrot*, the children's friend.) Jll.: Francisco Izquierdo López. Lima: Escuela Nueva 1952.
Jiménez Borja, Arturo	Cuentos y leyendas del Perú. (Geschichten und Legenden aus Peru; Stories and legends of Peru.) Jll.: Arturo Jiménez Borja. Lima: Instituto Peruano del Libro 1932

Maguiña Cuevas, Teófilo	Muy cerca del cielo. (Sehr in der Nähe des Himmels; Very close to the sky.) Jll.: Mario Pastorelli. Lima: Sanmartí 1963.	**PE**

Palma, Angélica — Contando cuentos. (Geschichtenerzählen; Telling stories.) Jll.: Piqueras. Lima: Sanmartí 1958.

Rivas Mendo. Felipe — Títeres en el aula. (Handpuppen in der Klasse; Puppets in the classroom.) Jll.: Roberto Shaw. Lima: Pinocho 1965.

Rivas Mendo, Felipe — Cuatro obras para el retablillo. (4 Werke für das kleine Theater; 4 works for small theatre.) Lima: Pinocho 1967.

Tellería Solari, María — Carta de Luís Rodomiro a todos los niños. (Brief von *Luís Rodomiro* an alle Kinder; *Luís Rodomiro*'s letter to all children.) Jll.: María Tellería Solari. Lima: Consejo de Menores 1968

Tellería Solari, María — Mi amiga Paquiña. (*Paquiña,* meine Freundin; My friend *Paquiña.)* Jll.: María Tellería Solari. Lima: Compañía de Impresiones y Publicidad 1968.

Wiesse, María — Viaje al país de la música. (Reise ins Land der Musik; Journey to the land of music.) Jll.: José Sabogal. Lima: Lenta 1943.

Wiesse, María — Quipus. (*Quipus.*) Jll.: José Sabogal. Lima: Voce de Italia 1936

Zilbert, Omar — Azul y frío. (Blau und kalt; Blue and cold.) Jll.: Héctor Béjar. Lima: Simiente 1959.

Zilbert, Omar — Niños de mar y luna. (Kinder von See und Mond; Children of sea and moon.) Lima: Ruiz y Brito 1953.

13 — 15

Arguedas, José María — Canciones y cuentos del pueblo quechúa. (Lieder und Geschichten vom *Ketschua*-Stamm; Songs and Stories from the *Quechuan*tribe.) Lima: Huascarán 1949.

Arguedas, José María / Izquierdo Ríos, Francisco — Mitos, leyendas y cuentos peruanos. (Mythen, Legenden und Geschichten aus Peru; Myths, legends and tales of Peru.) Lima: Ministerio de Educación Pública 1946.

Carvallo de Núñez, Carlota — Cuentos fantásticos. (Fantastische Geschichten; Phantastic stories.) Jll.: Charo Núñez de Patrucco. Lima: Universo 1969.

Carvallo de Núñez, Carlota — Rutsí, el pequeño alucinado. (*Rutsí,* der kleine Träumer; *Rutsí,* the little dreamer.) Jll.: Carlota Carvallo de Núñez. Lima: Dirección de Educación Artistíca y Extensión Cultural 1947.

Izquierdo Ríos, Francisco — Gregorillo. (*Gregorillo* = Kleiner *Gregor;* Little *Gregory.*) Lima: Mejía Baca, Pablo L. Villanueva 1957.

Jiménez Borja, Arturo	Cuentos peruanos. (Märchen aus Peru; Peruvian folktales.) Jll.: Arturo Jiménez Borja. Lima: Instituto Peruano del Libro.
Jiménez Borja, Arturo	Moche. (*Moche.*) Jll.: Arturo Jiménez Borja. Lima: Lumen 1939.
Palma, Ricardo	El Palma de la juventud. (*Palma*s Jugendschriften; *Palma*'s youth writings.) Lima: Rosay 1921.
Vallejo, César	Paco Yunque. (*Paco Yunque.*) Jll.: Charo Núñez de Patrucco. Lima: Ecos 1969.
Wiesse, María	La flauta de Marsias. (*Marsias* Flöte; *Marsias'* flute.) Jll.: José Sabogal. Lima: Compañía de Impresiones y Publicidad 1950.
Wiesse, María	El mar y los piratas. (Das Meer und die Piraten; The sea and the pirates.) Jll.: José Sabogal. Lima: Compañía de Impresiones y Publicidad 1947.
Wiesse, María	Vida del Perú y de su pueblo. (Das Leben in Peru und seine Einwohner; The life in Peru and its people.) Lima: Compañía de Impresiones y Publicidad 1958.
Yauri Montero, Marcos E.	Ganchiscocha. Leyendas, cuentos y mitos de Ancash. (*Ganchiscocha.* Legenden, Märchen und Mythen aus Ancash; *Ganchiscocha.* Legends, folktales and myths from Ancash.) Lima: Piedra y Nieve 1961.

Charo Nuñez de Patrucco in
C. Carvallo de Nuñez:
Cuentos de Navidad

3 – 6

Bechlerowa, Helena · O kotku, który szukał czarnego mleka. (Wie das Kätzchen schwarze Milch suchte; When the kitten hunted for black milk.) JII.: Józef Wilkoń. Warszawa: Nasza Księgarnia 1959;1968.

Centkiewiczowa, Alina · Mufti, osiołek Laili. (*Mufti, Lailas* Eselschen; *Mufti, Laila's* little donkey.) JII.: Wiesław Majchrzak. Warszawa: BWP Ruch 1972.

Chotomska, Wanda · Bajki z 1001 dobranocy. (Märchen von 1001 guten Nacht; Fairy tales from 1001 good night.) JII.: Zbigniew Rychlicki. Warszawa: Nasza Księgarnia 1972.

Janczarski, Czesław · Bajki Misia Uszatka. (*Teddy Puschelohrs* Märchen; The tales of *Teddy Bear Sweet Ear.*) JII.: Zbigniew Rychlicki. Warszawa: Nasza Księgarnia 1967.

Kamieńska, Anna · W królewstwie Plastelinii. (Im Königreich der *Plastilina;* In the kingdom of *Plasticine.*) JII.: Anita Paszkiewicz. Warszawa: BWP Ruch 1972.

Kern, Ludwik Jerzy · Żyrafa u fotografa. (Die Giraffe beim Fotografen; The giraffe at the photographer.) JII.: Kazimierz Mikulski. Warszawa: Nasza Księgarnia 1961;

Konopnicka, Maria · Franek. (*Franek.*) JII.: Janusz Grabianski. Warszawa: Nasza Księgarnia 1895;1972.

Krzemieniecka, Lucyna · O Jasiu kapeluszniku. (*Hänschen,* der Huthändler; *Johnny,* the hat seller.) JII.: Antoni Boratyński. Warszawa: Nasza Księgarnia 1938;1966.

Słowacki, Juliusz · O Janku, co psom szył buty. (Vom *Hänschen,* das den Hunden Schuhe nähte; About *Johnny* who sewed shoes for the dogs.) JII.: Jan Marcin Szancer. Kraków: Wydawnictwo Książek Popularnych um 1840;1958.

Swirczyńska, Anna · O wesolej Ludwiczce. (Von der lustigen *Ludwitschka;* About the gay *Ludwichka.*) JII.: Janina Krzemińska. Warszawa: Nasza Księgarnia 1967;1972.

Bahdaj, Adam   O małej spince i dużym pstrągu. (Von dem kleinen Manschettenknopf und der grossen Forelle; About the little cuff-link and the big trout.) Jll.: Teresa Wilbik. Warszawa: BWP Ruch 1971.

Brzechwa, Jan   Brzechwa dzieciom. (*Brzechwa* den Kindern; *Brzechwa* for the children.) Jll.: Jan Marcin Szancer. Warszawa: Nasza Księgarnia 1953;1973.

Chotomska, Wanda   Klucze do jelenia. (Die Schlüssel zum Hirsch; The keys to the deer.) Ill.: Gabriel Rechowicz. Warszawa: Nasza Księgarnia 1972.

Januszewska, Hanna   Pierścionek Pani Izabelli. (Der Ring der Frau *Isabella;* The ring of Mrs. *Isabelle.*) Jll.: Jan Marcin Szancer. Warszawa: Nasza Księgarnia 1972.

Kern, Ludwik Jerzy   Mądra poduszka. (Das kluge Kopfkissen; The wise pillow.) Jll.: Zbigniew Rychlicki. Warszawa: Nasza Księgarnia 1972.

Konopnicka, Maria   O krasnoludkach i o sierotce Marysi. (*Marysia* und die Heinzelmännchen; *Marysia* and the brownies.) Jll.: Jan Marcin Szancer. Warszawa: Nasza Księgarnia 1895;1972.

Kownacka, Maria   Plastusiowy pamiętnik. (Memoiren von *Plastus;* Memories of *Plastus.*) Jll.: Zbigniew Rychlicki. Warszawa: Nasza Księgarnia 1936;1973.

Kulmowa, Joanna   Deszczowa muzyka. (Regenmusik; Rain music.) Jll.: Janusz Stanny. Warszawa: BWP Ruch 1971.

Leja, Madga   Kot pięciokrotny. (Die fünffache Katze; The fivefold cat.) Jll.: Zbigniew Piotrowski. Warszawa: BWP Ruch 1971.

Porazińska, Janina   Czarodziejska księga. (Das Zauberbuch; The book of charms.) Jll.: Michał Bylina. Warszawa: Nasza Księgarnia 1954;1962.

Szelburg-Zarembina, Ewa   Przez różową szybkę. (Durch die rosige Fensterscheibe; Through the pink window-pane.) Jll.: Jan Marcin Szancer. Warszawa: Nasza Księgarnia 1948;1971.

Tetter, Jan   Ryży placek i 13 zbójców. (Fuchsroter Fladen und 13 Banditen; Fowy red cake and 13 bandits.) Warszawa: BWP Ruch 1954;1973.

Tuwim, Julian   Wiersze dla dzieci. (Verse für Kinder; Rhymes for children.) Jll.: Olga Siemaszko. Warszawa: Nasza Księgarnia 1954;1973

Zdzitowiecka, Hanna   Pantofelek pięknej Radopis. (Das Pantöffelchen der schönen *Radopis;* The slipper of the beautiful *Radopis.*) Jll.: Antoni Boratyński. Warszawa: Nasza Księgarnia 1966;1972.

Bahdaj, Adam	Kapelusz za sto tysięcy. (Ein Hut für 100 000; A hat for 100 000.) Jll.: Ignacy Witz. Warszawa: Nasza Księgarnia 1966;1972.
Boglar, Krystyna	Mgła nad loniną Wiatrów. (Nebel über dem Tal der Winde; Fog over the Wind Valley.) Jll.: Teresa Wilbik. Warszawa: BWP Ruch 1973.
Broszkiewicz, Jerzy	Wielka, większa i największa. (Gross, grösser und die allergrösste; The big, the bigger and the biggest.) Jll.: Gabriel Rychowicz. Warszawa: Nasza Księgarnia 1960;1972.
Górska, Halina	O księciu Gotfrydzie, rycerzu gwiazdy wigilijnej. (Von Prinz *Gotfryd,* dem Ritter des Weihnachtssterns; About prince *Gotfryd,* the knight of the Christmas star.) Jll.: Janusz Towpik. Warszawa: Nasza Księgarnia 1958;1971.
Kamieńska, Anna	W Nieparyżu i gdzie indziej. (In *Nichtparis* und woanders; In *Notparis* and some where else.) Jll.: Józef Wilkoń. Warszawa: Nasza Księgarnia 1967.
Korczak, Janusz	Król Maciuś Pierwszy. (König *Hänschen* I.; Little King *John* I.) Jll.: Jerzy Srokowski. Warszawa: Nasza Księgarnia 1923;1966.
Korczak, Janusz	Król Maciuś na wyspie bezludnej. (König *Hänschen* auf der einsamen Insel; Little King *John* on the lonesome island.) Jll.: Jerzy Srokowski. Warszawa: Nasza Księgarnia 1923;1960.
Morcinek, Gustav	Jak górnik Bulandra diabła oszukał. (Wie der Bergmann *Bulandra* den Teufel betrog; When the miner *Bulandra* cheated the devil.) Jll.: Teofil Ociepka. Warszawa: Nasza Księgarnia 1958;1968.
Ożogowska, Hanna	Złota kula. (Die goldene Kugel; The golden bullet.) Jll.: Wanda Romeyko. Warszawa: Nasza Księgarnia 1957;1972.
Sienkiewicz, Henryk	W pustyni i w puszczy. (In Wüste und Wildnis; In desert and wilderness.) Jll.: Zbigniew Piotrowski. Warszawa: Nasza Księgarnia 1912;1972.
Woroszylski, Wiktor	Mniejszy szuka Dużego. (Der Kleine sucht den Grossen; The smaller one looks for the bigger one.) Jll.: Bogdan Butenko. Warszawa: Nasza Księgarnia 1973.
Wortman, Stefania	U złotego źródła. Baśnie polskie. (An der goldenen Quelle. Polnische Fabeln; At the golden well. Polish fables.) Jll.: Zbigniew Rychlicki. Warszawa: Nasza Księgarnia 1967; 1970
Żukrowski, Wojciech	Porwanie w Tiutiurlistanie. (Die Entführung in *Tiutiurlistan;* Kidnapping in *Tiutiurlistan.*) Jll.: Adam Marczyński. Warszawa: Nasza Księgarnia 1946;1971.

Józef Wilkoń in J. Kierst: Od gór do morza

Brandys, Marian — Śladami Stasia i Nel. (Auf der Fährte von *Staś* und *Nel;* On the track of *Staś* and *Nel*.) Warszawa: Nasza Księgarnia 1961;1971.

Broszkiewicz, Jerzy — Mister Di. (Mister *Di.*) JII.: Gabriel Rechowicz. Warszawa: Nasza Księgarnia 1972.

Centkiewicz, Alina/ Centkiewicz, Czesław — Fridtjöf, co z ciebie wyrośnie? (*Fridtjöf,* was wird aus dir? *Fridtjöf,* what are you going to become?) Fotos. Warszawa: Nasza Księgarnia 1968; 1974.

Domagalik, Janusz — Koniec wakacji. (Ende der Ferien; The end of vacation.) Warszawa: Nasza Księgarnia 1973.

Guze, Joanna — Na tropach sztuki. (Auf der Spur der Kunst; On the trace of art.) Graf. Bearb.: Krystyna Witkowska. Warszawa: Nasza Księgarnia 1972.

Jurgielewiczowa, Irena — Wszystko inaczej. (Alles ist anders; Everything is different.) JII.: Bożena Truchanowska. Warszawa: Nasza Księgarnia 1968;1973.

Kann, Maria — Góra Czterech Wiatrów. (Der Berg der 4 Winde; The mount of the Four Winds.) JII.: Zbigniew Piotrowski. Warszawa: Nasza Księgarnia 1948;1973

Kuczyński, Maciej — Gwiazdy suchego stepu. (Sterne der trockenen Steppe; Stars of the dry steppe.) JII.: Andrzej Strumiłło. Warszawa: Nasza Księgarnia

Milewska, Elwira / Zonn, Włodzimierz — Niebo y kalendarz. (Der Himmel und der Kalender; The sky and the calendar.) Grafische Bearbeitung: Bohdan Butenko. Warszawa: BWP Ruch 1973.

Niziurski, Edmund — Opowiadania. (Erzählungen; Stories.) Warszawa: Horyzonty 1973.

Ożogowska, Hanna — Dziewczyna i chłopak, czyli heca na 14 fajerek. (Ein Mädchen und ein Junge, oder ein toller Streich; A girl and a boy or a droll prank.) JII.: Zbigniew Piotrowski. Warszawa: Nasza Księgarnia 1960;1974.

Siesicka, Krystyna — Zapałka na zakręcie. (Streichholz in der Kurve; Match in the curv.) Warszawa: Ludowa Spółdzielnia Wydawnicza 1974.

Snopkiewicz, Halina — Tabliczka marzenia. (Das Einmaleins der Träume; The multiplication table of the dreams.) JII.: Teresa Wilbik. Warszawa: Nasza Księgarnia 1967;1973.

Stiller, Robert — Skamieniały statek. (Das versteinerte Schiff; The ship turned into stone.) JII.: Roman Opałka. Warszawa: Nasza Księgarnia 1967.

MALAYSIA / MALAYSIA

In malaiischer Sprache / In Malay language

10 – 12

Ahmad, Abdul Samad — Singapura di-langgar todak. (Der Angriff der Schwertfische auf Singapur; The attack on Singapore by swordfish.) Kuala Lumpur: Dewan Behasa dan Pustaka 1963. o.p.

Asli, Atan — Gugor-lah Melati pujaan Tumasek. (Der Fall von *Melati,* dem Stolz von *Tumasek;* The fall of *Melati,* the pride of Tumasek.) Penang: Sinaran

Basmeh, Abdullah — Singa Singapura. (Löwe von Singapur; Lion of Singapore.) Singapore: Pustaka Nasional 1963.

Salim, Agus — Dang Anum. (*Dang Anum.*) Singapore: Pustaka Nasional 1967.

J. Moore und P. Mackenzie:
The story of Malaya and
Singapore (SGP)

3 — 6

Arghezi, Tudor (d.i. Ion Nicolae Theodorescu)	Prisaca. (Der Bienengarten; The bee keeper's garden.) Jll.: Marcela Cordescu. Bucureşti: Editura tineretului 1954; 1967.
Arghezi, Tudor (d.i. Ion Nicolae Theodorescu)	Zece harapi, zece căţei, zece mîţe. (10 Neger, 10 Hündchen, 10 Kätzchen; 10 negroes, 10 puppies, 10 kittens.) Jll.: Eugen Taru. Bucureşti: Editura tineretului 1965.
Bardieru, Alexandru	Mreană, mreană, năzdrăvană! (Die Zauberbarbe; The magic barbel.) Jll. Bucureşti: Editura Ion Creangă 1972.
Cazimir, Otilia (d.i. Alexandra Gavrilescu)	Baba iarna intră-n sat . . . şi alte poezii. (Der Winter ist gekommen . . . und andere Gedichte; Winter is here . . . and other poems.) Jll.: Coca Creţoiu-Şeinescu. Bucureşti: Editura Ion Creangă 1954; 1972.
Coşbuc, George	Nunta în codru. (Die Hochzeit im Wald; The wedding in the wood.) Jll.: Ileana Ceauşu. Bucureşti: Editura tineretului 1900;1963.
Creangă, Ion	Capra cu trei iezi. (Die Geiss mit den 3 Geisslein; The goat with her 3 kids.) Jll.: Ileana Ceauşu-Pandele. Bucureşti: Editura Ion Creangă 1875;1971.
Creangă, Ion	Punguţa cu doi bani. (Das Beutelchen mit den 2 Groschen; The money bag with the 2 silver coins.) Jll.: Adrian Ionescu. Bucureşti: Editura Ion Creangă 1876;1972.
Eminescu, Mihail	Somnoroase păsărele. (Schläfrige Vöglein; Sleepy little birds.) Jll.: Ligia Macovei. Bucureşti: Editura tineretului 1883; 1968.
Farago, Elena	Puişorul moţat. (Das Haubenhühnchen; The chicken with the tuft.) Jll.: Ethel Lucaci Băiaş. Bucureşti: Editura tineretului 1966;1967.
Ispirescu, Petre	Prîslea cel voinic şi merele de aur. (Der tapfere *Prîslea* und die goldenen Äpfel; Gallant *Tom Thumb* and the golden apples.) Jll.: Done Stan. Bucureşti: Editura tineretului 1862;1967.
Labiş, Nicolae	Păcălici şi Tîndăleţ. (*Possenpitz* und *Murrematz*; *Possenpitz* and *Murrematz*.) Jll.: Angi Petrescu-Tipărescu. Bucureşti: Editura tineretului 1962.

Odobescu, Alexandru Ion	Jupîn Rănică Vulpoiul. (Meister *Reineke;* Master *Reynard,* the fox.) Jll.: Alexandru Alexe. Bucureşti: Editura tineretu- lui 1875;1966.
Theodorescu, Cicerone	Gogu Pintenogu. (Der Hahn; The cock.) Jll.: Ileana Ceauşu. Bucureşti: Editura tineretului 1966.
Tonitza, Nicolae Nicolae	Desenul alfabetului viu pentru copiii mici şi copiii bătrîni. (Das Zeichnen des lebenden Alfabets für kleine und auch für grosse Kinder; The drawing of the living alphabet for small and also for big children.) Bucureşti: Editura Ion Creangă 1931;1971.
Topîrceanu, George	Balada unui greier mic. (Die Ballade einer kleinen Grille; The ballad of a little cricket.) Jll. Bucureşti: Editura tinere- tului 1920;1969.
Topîrceanu, George	Topîrceanu scrie şi desenează pentru copii. (*Topîrceanu* schreibt und zeichnet für die Kinder; *Topîrceanu* writes and draws for children.) Jll. Iaşi: Editura Junimea 1928;1970.

7 — 9

Batzaria, Nicolae	Poveşti de aur. (Goldmärchen; Golden fairy tales.) Jll. Bucureşti: Editura tineretului 1968.
Brătescu-Voinesti,	Puiul. (Das Wachtelchen; The little quail.) Jll.: Roni Noël. Bucureşti: Editura Ion Creangă 1906;1970.
Cassian, Nina	Prinţul Miorlau. (Prinz *Miorlau*=Faxen; Prince *Miorlau*= buffoneries.) Jll.: Ileana Bratu. Bucureşti: Editura tinere- tului 1958;1965.
Creangă, Ion	Poveşti, povestiri, amintiri. (Märchen, Erzählungen, Erinne- rungen; Tales, stories, memories.) Jll.: Livia Rusz. Bucureşti: Editura Ion Creangă 1876;1972.
Delavrancea, Barbu Stefănescu	Bunicul şi bunica. (Der Grossvater und die Grossmutter; Grandfather and grandmother.) Jll.: Gheorghe Adoc. Bucureşti: Editura tineretului 1893;1968.
Eftimiu, Victor	Omul de piatră. (Der Steinmann; The stone man). Jll.: Val Munteanu. Bucureşti: Editura tineretului 1966;1969.
Gîrleanu, Emil	Din lumea celor care nu cuvîntă. (Aus der Tierwelt; From the world of animals.) Jll.: Ileana Ceauşu-Pandele. Bucureşti: Editura tineretului 1910;1967.
Ispirescu, Petre	Basme. (Märchen; Fairy tales.) Jll.: Done Stan. Bucureşti: Editura Ion Creangă 1862;1972.
Mitru, Alexandru	In ţara legendelor. (Im Sagenland; In the land of legends.) Bucureşti: Editura pentru turism 1956;1973.
Mitru, Alexandru	Muntele de aur. (Der Goldberg; The golden mountain.) Bucureşti: Editura pentru turism 1954;1974.

Done Stan in A. Mitru: Poveşti despre Păcală şi Tîndală

Pancu-Iaşi, Octav	Scrisori pe adresa băieţilor mei. (Briefe für meine Jungen; Letters to my boys.) Jll.: Iurie Darie. Bucureşti: Editura tineretului 1960.
Petrescu, Cezar	Fram, ursul polar. (*Fram,* der Eisbär; *Fram,* the polar bear.) Jll.: Adriana Mihăilescu. Bucureşti: Editura tineretului 1953; 1969.
Sadoveanu, Mihail	Măria sa puiul pădurii. (Seine Hoheit, der Sohn des Waldes; His Highness, the son of the wood.) Jll.: Ion Deac-Cluj. Bucureşti: Editura Ion Creangă 1931;1970.
Sadoveanu, Mihail	Printre gene. (Durch die Wimpern; Through the eyelashes.) Jll.: Coca Creţoiu. Bucureşti: Editura tineretului 1955.
Sîntimbreanu, Mircea	Recreaţia mare. (Die grosse Pause; The long break.) Jll.: Iurie Darie. Bucureşti: Editura Ion Creangă 1965;1973.
Slavici, Ioan	Zîna zorilor. (Die Fee des Morgengrauens; The fairy of dawn.) Bucureşti: Editura Ion Creangă 1872;1973.
Sorescu, Marin	Unde să fugim de acasă? (Wohin laufen wir weg von zu Hause? Where we do run away from home to?) Jll.: Sabin Bălaşa. Bucureşti: Editura tineretului 1966.
Tinerete fără bătrîneţe	Tinereţe fără bătrîneţe şi viaţă fără de moarte. (Jugend ohne Alter und Leben ohne Tod; Youth without old age, and life without death.) Jll.: Val Munteanu. Bucureşti: Editura Minerva 1862;1972.

10 – 12

Brătescu-Voineşti, Ioan Alexandru	Povestind copiilor. (*Brătescu-Voineşti* erzählt den Kindern; *Brătescu-Voineşti* narrates to children.) Jll.: Traian Brădean. Bucureşti: Editura tineretului 1906;1962.
Caragiale, Ion Luca	Abu-Hasan. (*Abu-Hassan.*) Jll.: Gheorghe Marinescu. Bucureşti: Editura tineretului 1915;1967.
Caragiale, Ion Luca	Momente şi schiţe. (Augenblicke und Skizzen; Moments and sketches.) Bucureşti: Editura Albatros 1901–1910; 1973.
Eminescu, Mihail	Basme. (Märchen; Fairy tales.) Jll.: Elena Chinschi. Bucureşti: Editura Ion Creangă 1876;1972.
Jebeleanu, Eugen	Povestea broscuţei ţestoase. (Die Geschichte einer kleinen Schildkröte; The story of a little tortoise.) Jll.: Florica Cordescu. Bucureşti: Editura tineretului 1963.
Labiş, Nicolae	Scrisoare mamei. (Brief an meine Mutter; Letter to my mother.) Jll.: Mihu Vulcănescu. Bucureşti: Editura tineretului 1969.
Mitru, Alexandru	Legendele Olimpului. (Die Sagen vom Olympus; Legends from Olympus.) Jll. Bd 1–3. Bucureşti: Editura Ion Creangă 1960–1962;1973.

Sadoveanu, Mihail	Nada florilor. (Blumenbucht; Bay of flowers.) Jll.: Nicolae Hilohi. Bucureşti: Editura tineretului 1950;1974.
Teodoreanu, Ionel	Uliţa copilăriei. (Die Gasse der Kindheit; The lane of childhood.) Jll.: György Mihail. Bucureşti: Editura Ion Creangă 1923;1970.

13 – 15

Agîrbiceanu, Ion	File din cartea naturii. (Blätter aus dem Buch der Natur; Leaves from nature's book.) Jll.: Coca Creţoiu-Şeinescu. Bucureşti: Editura tineretului 1959;1971.
Arghezi, Tudor (d.i. Ion Nicolae Theodorescu)	Din pragul casei. (Auf der Türschwelle; On the doorstep.) Jll.: Iulian Olariu. Bucureşti: Editura Ion Creangă 1972.
Brătescu-Voineşti, Ioan Alexandru	Niculăiţă Minciună. (*Niculăiţă,* der Lügner; *Niculăiţă,* the liar.) Jll.: Iacob Desideriu. Bucureşti: Editura tineretului 1911;1967.
Caragiale, Ion Luca	Proza. (Prosawerke; Works in prose.) Jll.: Iacob Desideriu. Bucureşti: Editura Ion Creangă 1892;1971.
Chiriţă, Constantin	Cireşarii. (Die *Kirschwinkler;* The people of *Cherryham.*) Bd 1–5. Bucureşti: Editura tineretului 1956–1968.
Constant, Paul	Volburi peste veacuri. (Wirbel der Jahrhunderte; Turmoil of the centuries.) Jll.: Ion Panaitescu. Bucureşti: Editura Ion Creangă 1973.
Eminescu, Mihail	Poezii. (Gedichte; Poems.) Jll.: Elena Chinschi. Bucureşti: Editura Ion Creangă 1883;1971.
Popa, Ion Victor	Sfîrlează cu fofează. (Kreisel mit Flügeln; A top with wings.) Bucureşti: Editura Ion Creangă 1949; 1974.
Sadoveanu, Mihail	Fraţii Jderi. (Die Brüder *Jderi*; The brothers *Jderi*.) Bd 1.2. Bucureşti: Editura tineretului 1935–1942;1969.
Teodoreanu, Ionel	In casa bunicilor. (Im Hause der Grosseltern; In the house of the grandparents.) Bucureşti: Editura tineretului 1938; 1969.
Tudoran, Radu	Toate pînzele sus. (Alle Segel hoch; Up the sails.) Bucureşti: Editura tineretului 1957;1967.
Vlăhuţă, Alexandru	România pitorească. (Malerisches Rumänien; Picturesque Rumania.) Bucureşti: Editura Ion Creangă 1901;1972.
Zotta, Ovidiu	O şansă pentru fiecare! (Eine Chance für jeden; A chance for everyone.) Bucureşti: Editura Ion Creangă 1973.

RUMÄNIEN / RUMANIA

In deutscher Sprache / In German language

3 – 6

Berg, Lotte — Die Erdbeerwiese. (The strawberry meadow.) Jll.: Liliana Roşianu. Bukarest: Jugendverlag 1966.

Berg, Lotte — Sandmanngeschichten. (Sand-man stories.) Jll.: Mihai Lebaci. Bukarest: Kriterion Verlag 1971.

Hauser, Hedi — Der grosse Kamillenstreit. (The great camomile quarrel.) Jll.: Edith Gross. Bukarest: Jugendverlag 1966.

Lissai, Ruth — Hopp, hopp, Reiter! (Hop, hop, rider!) Jll.: Renate Mildner-Müller. Bukarest: Jugendverlag 1969.

Suchanek, Anneliese — Buntfeders grosse Reise. (*Gaily-coloured Feather's* great voyage.) Jll.: Edith Gross-Schuster. Bukarest: Jugendverlag 1967.

7 – 9

Aichelburg, Wolf — Die Ratten von Hameln. (The rats of Hamlin.) Bukarest: Literaturverlag 1969.

Brandsch, Ursula — Lachen und Weinen in einem Sack. (Laughing and weeping in one sack.) Jll.: Liana Petruţiu Ghigorţ. Bukarest: Kriterion Verlag 1970.

Brandsch, Ursula — 10 Geschichten. (10 stories.) Jll.: Hans Stendl. Bukarest: Kriterion Verlag 1973.

Hauser, Heidi — Waldgemeinschaft „Froher Mut" und andere Geschichten. (Wood community "Joyful Courage" and other stories.) Jll.: Wladimir Grestschenko. Bukarest: Jugendverlag 1957; 1963.

Hübner-Barth, Erika — Bidibidibutzel. (*Bidibidibutzel.*) Jll.: Renate Mildner-Müller. Bukarest: Kriterion Verlag 1971.

Jacobi, Richard — Das Mädchen und die Bärin. (The girl and the bear.) Jll.: Johann Untch. Bukarest: Jugendverlag 1958;1968.

König Rother — König Rother. (King *Rother.*) Jll.: Renate Mildner-Müller. Bukarest: Ion Creangă Verlag Hs. 13. Jh.; 1872;1971.

Kornis, Else / Berg, Lotte — Summsi. (*Hummy.*) Jll.: Carola Fritz. Bukarest: Jugendverlag 1956;1964.

Lessing, Gotthold Ephraim	Der Schäfer und die Nachtigall. (The shepherd and the nightingale.) Jll.: Astrid Schmidt. Bukarest: Ion Creangă Verlag 1759;1973.
Lissai, Ruth (Hrsg.)	Die Wünschelrute. (The dowser's rod.) Jll.: Renate Mildner-Müller. Bukarest: Ion Creangă Verlag 1972.
Suchanek, Anneliese	Der rote Pfeil. (The red arrow.) Jll.: Simona Runcan. Bukarest: Jugendverlag 1966.
Rosenmädchen	Das Rosenmädchen. (The rose-girl.) Jll.: A. Poch. Bukarest: Jugendverlag 1856;1968.

10 – 12

Bote, Hermann	Ein kurzweilig Lesen von Till Eulenspiegel. (Amusing reading from *Till Eulenspiegel = Owlglass.*) Jll.: Val Munteanu. Bukarest: Kriterion Verlag 1510;1971.
Brandsch, Ursula	Das Holzpferdchen und andere Erzählungen. (The wooden horse and other stories.) Jll.: Roland Laub. Bukarest: Jugendverlag 1967.
Breitenhofer, Anton	Das Wunderkind und andere Erzählungen. (The wonder child and other stories.) Jll.: Ludovic Bardócz. Bukarest: Literaturverlag 1962.
Haltrich, Josef	Sächsische Volksmärchen aus Siebenbürgen. (Saxonian folktales from Siebenbürgen.) Hrsg.: Hanni Markel. Bukarest: Kriterion Verlag 1856;1973.
Lauer, Heinrich	Das grosse Tilltappenfangen und andere Schwabenstreiche. (The great *Tilltopp* hunting and other Swabian pranks.) Jll.: Helmut Lehrer. Bukarest: Jugendverlag 1967.
Margul-Sperber, Anton	Mein Tierbuch. (My animal book.) Jll.: Josif Cova. Bukarest: Jugendverlag 1958.
Mokka, Hans	Die Hahnenfeder. (The cock feather.) Bukarest: Jugendverlag 1967.
Mokka, Hans	Das Traumboot. (The dream boat.) Bukarest: Kriterion Verlag 1971.
Schneider, Pauline	Dixi, die Kunstreiterin. (*Dixi* circus rider.) Jll.: Agnes Lázár. Bukarest: Jugendverlag 1966.
Schuller, Bettina	Eine Mäusegeschichte. (A mouse story.) Jll.: Mircea Possa. Bukarest: Jugendverlag 1966.
Suchanek, Anneliese	Drei Jungen suchen Römerspuren. (3 boys in search of the Romans' tracks.) Jll.: Edith Schuster. Bukarest: Jugendverlag 1969.
Thudt, Anneliese / Richter, Gisela	Der tapfere Ritter Pfefferkorn und andere siebenbürgische Märchen und Geschichten. (Brave knight *Peppercorn* and other fairy tales and stories from Siebenbürgen.) Bukarest: Kriterion Verlag 1973.

Tietz, Alexander	Das Zauberbründl. (The little magic well.) Jll.: Viktor Stürmer. Bukarest: Jugendverlag 1958.

13 – 15

Alscher, Otto	Der Löwentöter. (The lion slayer.) Bukarest: Kriterion Verlag 1972.
Gregor, Gertrud	Krücken. (Crutches.) Bukarest: Kriterion Verlag 1970.
Hauser, Arnold	Neuschnee im März. (New snow in March.) Bukarest: Jugendverlag 1968.
Heinz, Franz	Vormittags. (In the forenoon.) Bukarest: Kriterion Verlag 1970.
Liebhardt, Hans	Die drei Tode meines Grossvaters. (The 3 deaths of my grandfather.) Bukarest: Jugendverlag 1960;1969.
Margul-Sperber, Alfred	Gedichte. (Poems.) Bukarest: Jugendverlag 1963.
Meschendörfer, Adolf	Leonore. (*Leonore.*) Bukarest: Jugendverlag 1967.
Müller-Guttenbrunn, Adam	Der kleine Schwab. (The small Swabian.) Bukarest: Jugendverlag 1910;1967.
Paulini, Oskar	In den Wäldern des Barnar. (In the woods of *Barnar.*) Bukarest: Jugendverlag 1967.
Scherg, Georg	Die Erzählungen des Peter Merthes. (The tales of *Peter Merthes.*) Jll.: Viktor Stürmer. Bukarest: Jugendverlag 1957;1969.
Schuster, Paul	Fünf Liter Zuika oder die Verwirrungen, Schicksalsprüfungen und allmähliche Erleuchtung des wenigwohlhabenden *Thomas Schieb* aus Kleinsommersberg . . . (5 liter Zuika or the confusions, sore trials and the gradual enlightment of the not so well-to-do *Thomas Schieb* from *Little Summer Hill.*) Bd 1–3. Bukarest: Jugendverlag 1961–1967.
Schuster, Paul	Der Teufel und das Klosterfräulein. (The devil and the novice.) Bukarest: Jugendverlag 1955;1957.
Storch, Franz	Am Rande des Kerzenscheins. (At the edge of the candle's light.) Bukarest: Jugendverlag 1969.
Storch, Franz	Im Krawallhaus. (In the house of riots.) Bukarest: Jugendverlag 1963;1970.
Wertheimer-Ghika, Jacques	Ein Bauernmarsch. (A march of peasants.) Bukarest: Ion Creangă Verlag 1966;1973.
Wertheimer-Ghika, Jacques	Fälscher am Werk. (Forgers at work.) Bukarest: Jugendverlag 1967.

Wertheimer-Ghika, Jacques	Die Perücke des Dr.Dr.h.c. (The wig of the Dr.Dr.h.c.) Bukarest: Kriterion Verlag 1971.	**R**d
Wertheimer-Ghika, Jacques	Die Postreiter der Moldau. (The *Moldavia* courier.) Bukarest: Ion Creangă Verlag 1964;1972.	
Wertheimer-Ghika, Jacques	Das Teufelsdokument. (The devil's document.) Bukarest: Jugendverlag 1969.	
Wittstock, Erwin	Die Begegnung. (The encounter.) Bukarest: ESPLA 1944;1957.	
Wittstock, Erwin	Freunde. (Friends.) Bukarest: Jugendverlag 1956.	

Renate Mildner-Müller in R. Lissai: Die Wünschelrute

RUMÄNIEN / RUMANIA

In ungarischer Sprache / In Hungarian language

3 – 6

Asztalos, István	A kis piros tehén. (Die kleine rote Kuh; The little red cow.) Jll.: Ferenc Deák. Bukarest: Ifjúsági Könyvkiadó 1963.
Asztalos, István	Mátyás, a jégtörő. (*Mátyás = Matthias,* der Eisbrecher; *Mátyás = Mathew,* the icebreaker.) Jll.: Béla Nagy. Bukarest: Ifjúsági Könyvkiadó 1960.
Bajor, Andor	Egy bátor egér viszontagságai. (Eine tapfere Maus; A brave mouse.) Jll.: Gusztáv Cseh. Bukarest: Ion Creangă Könyvkiadó 1960;1971.
Bede, Olga	Két kis csibész kalandjai. (Die Abenteuer von 2 Gassenjungen; The adventures of 2 alleyboys.) Jll.: Livia Rusz. Bukarest: Ifjúsági Könyvkiadó 1960.
Benedek, Elek	A taltos kecske. (Die sonderbare Ziege; The strange goat.) Jll.: József Bene. Bukarest: Ifjúsági Könyvkiadó 1960.
Csire, Gabriella	Turpi meséi. (*Turpi*s Märchen; *Turpi*'s fairy tales.) Jll.: László Labancz. Bukarest: Ion Creangă Könyvkiadó 1971.
Szépréti, Lilla	Zsuzsu Seremberekben. (*Zsuzsu* in Seremberek; *Zsuzsu* in Seremberek.) Jll.: Amre Ambrus. Bukarest: Ion Creangă Könyvkiadó 1971.
Szilágyi, Domokos	Erdei iskola. (Die Waldschule; The school in the forest.) Jll.: Béla Kiss. Bukarest: Kriterion Könyvkiadó 1970.
Tamás, Mária	Eszterlánc. (Kinderreigen; Nursery rhymes.) Jll.: Sándor Plugor. Bukarest: Kriterion Könyvkiadó 1971.

7 – 9

Áprily, Lajos	Álom a vár alatt. (Traum unter der Burg; Dream under the castle.) Jll.: István Árkossy. Bukarest: Kriterion Könyvkiadó 1972.
Benedek, Elek	Arany mesekönyv. (Das goldene Märchenbuch; The golden fairy tale book.) Jll.: Ferenc Deák. Bukarest: Kriterion Könyvkiadó 1975.
Faragó, József	Farkas-barkas. (*Farkas-barkas.*) Jll.: György Szabó Béla, Júlia Ferenczy. Bukarest: Ifjúsági Könyvkiadó 1953;1967.

Hervay, Gizella	Kobak könyve. (*Kobaks* Buch; *Kobak's* book.) JII.: Kinder-malerei. Bukarest: Kriterion Könyvkiadó 1973.
Horváth, István	A szürke kos. (Der graue Widder; The grey ram.) JII.: Zoltán Andrásy. Bukarest: Ifjúsági Könyvkiadó 1950;1962.
Kányádi, Sándor	A banatos királylány kútja. (Der Brunnen der traurigen Königstochter; The fountain of the sad princess.) JII.: Margit Soó Zöld. Bukarest: Kriterion Könyvkiadó 1972.
Kiss, Jenö	Gépek erdeje. (Der Maschinenwald; The forest of machines.) JII.: Erzsébet Surány. Bukarest: Ifjúsági Könyvkiadó 1960.
Majtényi, Erik	Bonifác, a pilota. (*Bonifac,* der Pilot; *Bonifac,* the pilot.) JII.: Mihály György. Bukarest: Ifjúsági Könyvkiadó 1968.
Nagy, Olga	A nap húga meg a pakulár. (Die Schwester der Sonne und der Hirt; The sister of the sun and the shepherd.) JII.: Guzstáv Cseh. Kolozsvár: Dacia Könyvkiadó 1973.

10 – 12

Arany, János	A bajusz. (Der Schnurrbart; The moustache.) JII.: Dorián Szász, Lia Szász. Bukarest: Ifjúsági Könyvkiadó 1883;1966.
Méhes, György	Három fiú megy lány. (3 Jungen und 1 Mädchen; 3 boys and 1 girl.) JII.: Ferenc Deák. Bukarest: Ifjúsági Könyvkiadó 1960.
Sutő, András	Az ismeretlen kérvényező. (Der unbekannte Bittsteller; The unknown petitioner.) JII.: Helmuth Arz. Bukarest: Ifjúsági Könyvkiadó 1961.

13 – 15

Nagy, István	A piros szemü kiskakas. (Der rotäugige kleine Hahn; The little red-eyed rooster.) Kolozsvár: Dacia Könyvkiadó 1932;1972.
Papp, Ferenc	Földre szállt ember. (Der auf der Erde ausgestiegene Mensch; The man who alighted at the earth.) Bukarest: Eminescu Könyvkiadó 1963;1971.
Szemlér, Ferenc	Arkangyalok bukása. (Der Sturz des Erzengels; The archangel's fall.) JII.: Béla Nagy. Bukarest: Irodalmi Könyvkiadó 1960;1961.

R$_h$

In spanischer Sprache (Castellano) / In Spanish language (Castellano)

3 – 6

Berdiales, Germán	Joyitas. (Kleine Juwelen; Small jewels.) Jll.: Jorge Argerich. Buenos Aires: Kapelusz 1933;1965.
Bernardo, Mane	Bichito viajero. (Insekt auf Reisen; Travelling little insect.) Jll.: Ayax Barnes. Buenos Aires: Latina 1972.
Borsemann, Elsa Isabel	El cumpleaños de Lisandro. (*Lisandros* Geburtstag; *Lisandro's* birthday.) Jll.: Kitty Loréfice de Passalia. Buenos Aires: Latina 1972.
Giménez Pastor, Marta	Miau. (Miau; Miaouw.) Jll.: Raúl Fortín. Buenos Aires: Latina 1972.
López de Gómara, Susana	Los cuentos de Laura. (*Lauras* Geschichten; *Laura's* stories.) Jll.: Nona Casielles. Buenos Aires: Colombo 1969.
Mehl de González, Ruth	La pelota de colores. (Der bunte Ball; The coloured ball.) Jll.: Jorge Limura. Buenos Aires: Latina 1972.
Salotti, Martha Alcira	El árbol que canta. (Der singende Baum; The singing tree.) Jll.: Athos Cozzi. Buenos Aires: Kapelusz 1958;1970.
Salotti, Martha Alcira	Fiesta. (Fest; Festival.) Jll.: Santos Martínez Koch. Buenos Aires: Kapelusz 1933;1970.
Schultz de Mantovani, Fryda	Una gata como hay pocas. (Eine Katze, wie es wenige gibt; A very unusual cat.) Jll.: Raúl Fortín. Buenos Aires: Estrada 1974.
Vega, Blanca de la	Antología de la poesía infantil. (Anthologie von Kindergedichten; Anthology of children's poetry.) Buenos Aires: Kapelusz 1970;1972.
Villafañe, Javier	El gallo pinto. (Der gefleckte Hahn; The speckled cock.) Jll.: Kindermalerei. Buenos Aires: Universidad Nacional de la Plata.
Walsh, María Elena	El diablo inglés. (Der englische Teufel; The English devil.) Jll.: Raúl Fortín. Buenos Aires: Estrada 1974.

7 – 9

Bornemann, Elsa Isabel	Tinke-Tinke. (*Tinke-Tinke*.) Buenos Aires: Edicom 1970; 1971

Devetach, Laura	La torre de cubos. (Der Turm aus Würfeln; The tower **RA** made of cubes.) Jll.: Víctor Viano. Córdoba: Universidad Nacional; Buenos Aires: Huemul 1973.
Jijena Sánchez, Rafael (Hrsg.)	Los cuentos de Mama Vieja. (Die Erzählungen der *Alten Mutter*; The stories of *Old Mother*.) Jll. Buenos Aires: Huemul 1965.
Lacau, María Hortensia Palisa Mujica de	Yo y Hornerín. (Ich und *Hornerín*; Me and *Hornerín*.) Jll.: Mane Bernardo. Buenos Aires: Proel 1965;1970.
Lacau, María Hortensia Palisa Mujica de	El libro de Juancito Maricaminero. (Das Buch von *Juancito Maricaminero;* The book of *Juancito Maricaminero*.) Jll.: Marta Eguren. Buenos Aires: Huemul 1973.
Lacau, María Hortensia Palisa Mujica de	El país de Silvia. Poesías infantiles. (*Silvias* Land. Kindergedichte; *Silvia*'s country. Children's poems.) Jll.: Santos Martínez Koch. Buenos Aires: Kapelusz 1962;1970.
Nalé Roxló, Conrado	La escuela de las hadas. (Die Schule der Zauberinnen; The school of the fairies.) Jll.: Leonardo Haleblian. Buenos Aires: Eudeba 1954;1969.
Nalé Roxló, Conrado	El grillo. (Die Grille; The cricket.) Buenos Aires: Eudeba 1923;1966.
Malinow, Inés	Cancioneros para mis nenas llenas de sol. (Liederbücher für meine kleinen Mädchen, die voller Sonne sind; Songbooks for my little girls who are full of sunshine.) Jll.: Claudia Prieto. Buenos Aires: Fariña 1958;1967.
Malinow, Inés	Versitos para caramelos. (Kleine Gedichte für Karamelzucker; Little poems for caramels.) Buenos Aires: Ciordia 1961.
Murillo, José	Mi amigo el pespir. (Mein Freund der *Pespir*; My friend the *pespir*.) Jll.: Miguel Diaz. Buenos Aires: Cartago 1966.
Ocampo, Silvina	El caballo alado. (Das geflügelte Pferd; The winged horse.) Jll.: Juan Marchesi. Buenos Aires: La Flor 1972.
Poletti, Syria	Reportajes supersónicos. (Berichte zur Überschallgeschwindigkeit; Supersonic reports.) Jll.: Antonio Vilar. Buenos Aires: Sigmar 1972.
Salotti, Martha Alcira	Alas en libertad. (Flügel in Freiheit; Wings in freedom.) Buenos Aires: Instituto Summa 1942;1966.
Storni, Alfonsina	Teatro infantil. (Kindertheater; Children's theater.) Jll.: Julia Díaz. Buenos Aires: Huemul 1973.
Tallón, José Sebastián	Las torres de Nuremberg. (Die Türme von Nürnberg; The towers of Nuremberg.) Jll.: José Sebastián Tallón, Fernando Colombo. Buenos Aires: Kapelusz 1962;1970.

Cartosio, Emma de	Cuentos del ángel que bien guarda. (Geschichten vom Engel, der gut beschützt; Stories of the angel who guards well.) Buenos Aires: Hachette 1958.
Cupit, Aarón	Cuentas del año 2100. (Geschichten aus dem Jahre 2100; Stories from the year 2100.) Jll.: Miguel Calatayud. Madrid: Doncel 1973.
Demitropulos, Libertad	Poesía tradicional argentina. (Volksdichtung aus Argentinien; Traditional poetry from Argentina.) Buenos Aires: Huemul 1972.
Elflein, Ada María	Leyendas argentinas. (Argentinische Sagen; Argentinian legends.) Buenos Aires: Hachette 1932;1961.
Gutiérrez, Joaquín	Cocorí. (*Cocorí.*) Buenos Aires: Quetzal 1953.
Hudson, Guillermo Enrique	El ombú y otros cuentos rioplatenses. (Der Ombu-Baum und andere Geschichten vom Rio de la Plata; The ombu tree and other stories from the Rio de La Plata.) Buenos Aires: Quetzal 1953.
Itzcovich, Susana Renée	Cuentos para leer y contar. (Geschichten zum Vorlesen und Erzählen; Stories to read and to tell.) Jll.: Julia Díaz. Buenos Aires: Huemul 1972;1973.
Ledesma, Roberto	Juan sin ruido. (*Juan = Hans*, ohne Lärm; *Juan = John* without noise.) Jll.: Páez Torres. Buenos Aires: Plus Ultra 1953;1970.
Quiroga, Horacio	Cuentos de la selva. (Geschichten aus dem Wald; Stories from the forest.) Buenos Aires: Losada 1921;1971.
Tiraboschi de Grimm, Lita	La historia del gato que vino con Solís. (Die Geschichte von der Katze, die mit *Solís* kam; The story of the cat that came with *Solís*.) Jll.: Ricardo Zamorano. Madrid: Aguilar 1970.
Vidal de Battini, Berta Elena	Cuentos y leyendas populares de la Argentina. (Volkstümliche Geschichten und Sagen aus Argentinien; Folk stories and legends from Argentina.) Buenos Aires: Consejo Nacional de Educación 1960.
Walsh, María Elena	Cuentopos de Gulibrí. (*Gulibrí*-Geschichten; Stories of *Gulibrí.*) Jll.: Antonio Vilar. Buenos Aires: Sudamericana.
Yunque, Álvaro	Barcos de papel. (Schiffe aus Papier; Paper ships.) Buenos Aires: Plus Ultra 1925;1971.

Booz, Mateo	Gente del litoral. (Leute von der Küste; People from the coast.) Buenos Aires: Huemul 1971.
Cané, Miguel	Juvenilia. (Jugendzeit; Time of youth.) JII.: Santos Martínez Koch. Buenos Aires: Kapelusz 1955;1965.
Carpena, Elías	Chicos cazadores. (Jagende Jungen; Hunting boys.) Buenos Aires: Huemul 1971.
Elflein, Ada María	De tierra adentro. (Vom Hinterland; From the interior of the country.) Buenos Aires: Hachette 1961.
Gallardo de Ordóñez, Beatrix	Criollo. (Kreole; Creole.) Buenos Aires: Guadalupe 1972.
Hernández, José	Martín Fierro. (*Martín Fierro.*) JII.: Santos Martínez Koch. Buenos Aires: Sigmar 1872;1963.
Ivanissevich de D'Angelo Rodríguez, Magdalena	La ciudad de mi infancia. (Die Stadt meiner Kindheit; The town of my childhood.) Buenos Aires: Huemul 1970;1971.
Loprete, Carlos Alberto	Poesía romántica argentina. (Romantische argentinische Poesie; Romantic poetry from Argentina.) Buenos Aires: Plus Ultra 1965.
Lynch, Benito	De los campos porteños. (Von den Feldern von Buenos Aires; From the fields of Buenos Aires.) Buenos Aires: Troquel 1931;1971.
Lynch, Benito	El inglés de los güesos. (Der Engländer der *Güesos* = Knochen; The Englishman of the *Güesos* = bones.) Buenos Aires: Troquel 1960;1971.
Mainar, Horacio L.	El capitán Vermejo. (Hauptmann *Vermejo*; The captain *Vermejo.*) Buenos Aires: Guadalupe 1972.
Mehl de González, Ruth	La promesa. (Das Versprechen; The promise.) JII.: Kitty Loréfice de Passalia. Buenos Aires: La Aurora 1966.
Murillo, José	El Tigre de Santa Bárbara. (Der Tiger von *Santa Barbara;* The tiger of *Santa Barbara.*) Buenos Aires: Guadalupe 1973.

In spanischer Sprache (Castellano) / In Spanish language (Castellano)

3 – 6

Brunet, Marta	Aleluyas para los más chiquitos. (Bilderbogen für die Allerkleinsten; Picture-series for the littlest ones.) Jll. Santiago de Chile: Universitaria 1960.
Moore, Sylvia	Las andanzas de Pepita Canela. (Die Zufälle von *Pepita Canela;* The fortunes of *Pepita Canela.*) Jll.: Mónika Lihn Carrasco, Kindermalerei. Santiago de Chile: Zig Zag 1957.

7 – 9

Alonso, Carmen de	La casita de cristal. (Das Kristallhäuschen; The little house of crystal.) Jll. Santiago de Chile: Zig Zag 1968.
Brunet, Marta	Cuentos para Mari-Sol. (Geschichten für *Mari-Sol*; Tales for *Mary-Sol.*) Jll.: M. Valencia. Santiago de Chile: Zig Zag 1967.
Morel, Alicia	Juanilla, Juanillo y la abuela. (*Hannchen, Hans* und die Grossmutter; Little *Jane*, little *John* and the grandmother.) Jll.: Mauricio de la Carrera. Santiago de Chile: Zig Zag 1940;1966.
Paz, Marcela (d.i. Esther Huneus de Claro)	Papelucho. (*Papelucho.*) Jll.: Yola. Santiago de Chile. Pomaire 1947;1968.
Plath, Oreste	Luciérnaga. Versos de poetas chilenos seleccionados para los niños. (Leuchtkäfer. Gedichte chilenischer Dichter, ausgewählt für Kinder; Glow-worms. Poems of Chilean poets selected for children.) Jll.: Francisco Amighetti. Santiago de Chile: Nascimento 1946.
Rendic, Amalia	Cuentos infantiles. (Kindergeschichten; Children's stories.) Santiago de Chile: Orbe 1966
Reyes, Chela	La pequeña historia del pececito rojo. (Die kleine Geschichte vom roten Fischlein; The little story of the little red fish.) Jll. Santiago de Chile: Zig Zag 1968.
Santa Cruz Ossa, Blanca	Cuentos chilenos. (Chilenische Märchen; Chilean folktales.) Jll.: Elena Poirier. Santiago de Chile: Zig Zag 1936;1956.

Tejeda, Juan	Cuentos de la selva. (Geschichten vom Wald; Stories from the woods.) Jll.: Elena Poirier. Santiago de Chile: Zig Zag 1957.
Tejeda, Juan	Cuentos de mi escritorio. (Geschichten von meinem Schreibtisch; Stories of my desk.) Jll.: Elena Poirier. Santiago de Chile: Zig Zag 1957.

RCH

10 – 12

Coloane, Francisco	El último grumete de la Baquedano. (Der letzte Schiffsjunge von der *Baquedano;* The last cabin-boy of the *Baquedano.*) Santiago de Chile: Orbe 1965.
Cosani, Esther	Las desventuras de Andrajo. (Die Missgeschicke von *Andrajo;* The misfortunes of *Andrajo.*) Jll.: Elena Poirier. Santiago de Chile: Zig Zag 1956.
Danke, Jacobo	¡"Hatusimé"! (*"Hatusimé"!*) Jll.: Elena Poirier. Santiago de Chile: Zig Zag 1955;1970.
Jara Azócar, Oscar	La noche más linda del mundo. (Die schönste Nacht der Welt; The most beautiful night of the world.) Santiago de Chile: Andrés Bello 1970.
Mistral, Gabriela	Antología. (Anthologie; Anthology.) Jll. Santiago de Chile: Zig Zag 1970.
Montenegro, Ernesto	Mi tío Ventura. (Mein Onkel *Ventura*; My uncle *Ventura.*) Jll. Santiago de Chile: Zig Zag 1963.
Neruda, Pablo	Odas elementales. (Elementare Oden; Elemental odes.) Santiago de Chile: Nascimento 1960.
Pino Saavedra, Yolando	Cuentos folklóricos de Chile. (Chilenische Volksmärchen; Chilean folkloric tales.) Santiago de Chile: Universidad de Chile 1960.
Quesney Langlois, Valerio	Calicó. (*Calicó.*) Jll. Santiago de Chile: Zig Zag 1965.
Ruíz Tagle, Carlos	Memorias de pantalón corto. (Erinnerungen der Kniehose; Memories of short pants.) Santiago: Universitaria 1954.
Sabella, Andrés	Chile, fértil provincia. (Chile, fruchtbares Land; Chile, fertile country.) Jll. Santiago de Chile: Zig Zag 1967.
Solar, Hernán del	Cuando el viento desapareció. (Als der Wind verschwand; When the wind disappeared.) Jll. Santiago de Chile: Zig Zag 1965.
Solar, Hernán del	La porota. (Die Bohne; The bean.) Santiago de Chile: Nascimento 1969.

Alegría, Fernando	Lautaro, joven libertador de Arauco. (*Lautaro*, junger Befreier von Arauco; *Lautaro,* young liberator of Arauco.) JII.: Coré. Santiago de Chile: Zig Zag 1943; 1970.
Coloane, Francisco	Los conquistadores de la Antártida. (Die Eroberer der Antarktis; The conquerors of the Antarctic.) JII.: Coré. Santiago de Chile: Zig Zag 1945; 1969.
Gevert Parada, Lucía	El puma. Cuentos juveniles. (Der Puma. Jugend-Erzählungen; The puma. Youth stories.) JII.: Julio Palazuelos B. Santiago de Chile: Zig Zag 1969.
Inostroza, Jorge	Adiós al séptimo de línea. (Adieu dem Siebten in der Reihe; Farewell to the seventh of the line.) JII. Santiago de Chile: Zig Zag 1970.
Romero, María (Hrsg.)	Los mejores versos para niños. (Die besten Gedichte für Kinder; The best poems for children.) JII.: Rose Marie von Campe. Santiago de Chile: Zig Zag 1948;1953.
Rojas, Manuel	La ciudad de los Césares. (Die Stadt der Cäsaren; The city of the Caesars.) JII.: García Moreno. Santiago de Chile: Zig Zag 1958;1968.
Yankas, Lautaro	El cazador de pumas. (Der Puma-Jäger; The hunter of the pumas.) JII. Santiago de Chile: Zig Zag 1963.
Yankas, Lautaro	Conga, el bandido y Garra de puma. (*Conga,* der Bandit, und *Puma-Klaue; Conga,* the robber, and *Puma-Claw.*) JII. Santiago de Chile: Zig Zag 1961.

Coré in F. Alegria:
Lautero, joven libertador
de Arauco

In malaiischer Sprache (Bahasa Indonesia)
In Malayan language (Bahasa Indonesia)

7 – 9

Damhuri, A	A golden lamb. (Ein goldenes Lamm.) Jakarta: Balai Pustaka 1969.
Sujadi	Pedagang pici kecurian. (Der Mützen-Verkäufer, der seine Mützen verlor; The cap merchant who lost his caps.) Jll. Jakarta: Jembatan; Jajasan Pustaka Taruna Pembanguanan 1970.

10 – 12

Atmowiloto, Arswendo	Ayam jago si Dul. (*Dul*s Kampf-Hahn; *Dul*'s champion rooster.) Jll.: Satmowi. Jakarta: BPK Gunung Mulia 1974.
Huta-Galung, Maria Poppy Donggo	Sahabat jang terbaik. (Der beste Freund; The best friend.) Jll.: Pramono. Djakarta: BPK Gunung Mulia 1972.
Marga, T.	My house is my palace. (Mein Haus ist meine Burg.) Jakarta: Balai Pustaka 1969.
Riana (d.i. Riana Pasaribu)	Impian terwujud. (Der Traum wird wahr; The dream comes true.) Jll. Jakarta: Jembatan 1969.
Sandi, Sri Waluyati	Sapi keramat? (Eine heilige Kuh? A sacred cow?) Jll.: Gerardus Mayella Sudarta. Jakarta: BPK Gunung Mulia 1974.
Sindhupramana, Ibu S.	Mengapa iri hati. (Warum eifersüchtig sein? Why be jealous?) Jll.: Djodjo. Jakarta: BPK Gunung Mulia 1973.
Sobary, Masulin	Dalam pengejaran. (Die Geschichte von den beiden Strassenbuben; The story of the 2 street urchins.) Jll.: Djodjo. Jakarta: BPK Gunung Mulia 1974.
Soeroto, Antonius	Bambang beternak katak. (*Bambang* und seine Frosch-Farm; *Bambang* and his frog farm.) Jll.: Hidayat Said. Jakarta: BPK Gunung Mulia 1973.
Surtiningsih, Wiryo Taruno / Sukanto, Sastracipta Adi	Persahabatan. (Freundschaft; Friendship.) Jakarta: Pustaka Jaja 1971.

Abdulgani, Roeslan	Almarhum Dr. Sutomo yang saya kenal. (Der verstorbene Dr. *Sutomo,* den ich kannte; The late Dr. *Sutomo* whom I knew.) Jakarta: Yayasan Idayu 1974.
Abdulgani, Roeslan	100 hari di Surabaya yang menggemparkan Indonesia. (100 aufregende Tage in Surabaya; 100 sensational days in Surabaya.) Fotos. Jakarta: Yayasan Idayu 1974.
Kartowijono, Sujatin	Perkembangan pergerakan wanita Indonesia. (Eine kurze Darstellung der Entwicklung der indonesischen Frauenbewegung; A brief account of the development of the Indonesian women's movement.) Jakarta: Yayasan Idayu 1975.
Sastroamidjojo, Ali	Empat mahasiswa Indonesia di Negeri Belanda. (4 indonesische Studenten in den Niederlanden; 4 Indonesian students in the Netherlands.) Jakarta: Yayasan Idayu 1975.
Sudiro	Pengalaman saya sekitar 17 Augustus '45. (Meine Erfahrungen um den 17. August 1945; My experiences around August 17, 1945.) Jakarta: Yayasan Idayu 1972;1975.
Tuwanakotta, Piet	Kabut September. (September-Nebel; September mist.) Jakarta: BPK Gunung Mulia 1974.

S. Herman in
P. Tuwanakotta:
Kabut September

In madagassischer Sprache (Malagassi) / In Madagascan language (Malagassi)

10 – 12

Andriamalala, E.D. Imaitsoanala. (Die Schönheit der Wälder; The beauty of the woods.) Jll.: Daniel Rakotomalala, Gabriel Rakotondrazaka. Tananarive: Association pour le développement des bibliothèques de Madagascar 1968.

Ratsimba, Georges Ilay akoholahikeliko. (Mein kleiner Hahn; My little cockerel.) Jll.: A.R. Randriambololona. Tananarive: Centre de production de matériel éducatif et pédagogique 1970.

Ratsimba, Georges Imaromaso sakaizako. (Mein Freund *Imaromaso;* My friend *Imaromaso.*) Jll.: A.R. Randriambololona. Tananarive: Centre de production de matériel éducatif et pédagogique 1971.

SCHWEDEN / SWEDEN

In schwedischer Sprache / In Swedish language

3 – 6

Arosenius, Ivar	Katt-resan. (Die Katzenreise; The trip on the cat.) Jll.: Ivar Arosenius. Stockholm: Bonnier 1909;1974.
Bergström, Gunilla	Godnatt Alfons Åberg. (Gute Nacht, *Alfons Åberg;* Good night, Alfons *Åberg.*) Jll.: Gunilla Bergström. Stockholm: Rabén & Sjögren 1972.
Beskow, Elsa	Tomtebobarnen. (Die Wichtelkinder; The brownie children.) Jll.: Elsa Beskow. Stockholm: Bonnier 1910;1971.
Borg, Inga	Djuren kring vårt hus. (Tiere um unser Haus; Animals around our house.) Jll.: Inga Borg. Stockholm: Norstedt 1971.
Borg, Inga	Plupp gör en långfärd. (*Plupp* tut eine lange Reise; *Plupp* sets out for a long voyage.) Jll.: Inga Borg. Stockholm: Norstedt 1957.
Hellsing, Lennart	Boken om bagar Bengtsson. (Das Buch von Bäcker *Bengtsson;* The book of baker *Bengtsson.*) Jll.: Poul Ströyer. Stockholm: Rabén & Sjörgen 1966.
Hellsing, Lennart	Krakel Spektakelboken. (*Krakel-Spektakel*-Buch; The *Quarrel Noisy* book.) Jll.: Poul Ströyer. Stockholm: Rabén & Sjögren 1959.
Krantz, Leif	Barnen i djungeln. (Die Kinder im Dschungel; The children in the jungle.) Jll.: Ulf Löfgren. Stockholm: Rabén & Sjögren 1959;1973.
Lindgren, Astrid	Jul i stallet. (Weihnachtsabend im Stall; Christmas Eve in the stable.) Jll.: Harald Wiberg. Stockholm: Rabén & Sjögren 1961.
Lindgren, Astrid	Visst kan Lotta cykla. (Gewiss, *Lotta* kann radfahren; Surely, *Lotta* knows how to cycle.) Jll.: Ilon Wikland. Stockholm: Rabén & Sjögren 1971.
Löfgren, Ulf	Det underbara trädet. (Der wunderbare Baum; The wonderful tree.) Jll.: Ulf Löfgren. Stockholm: Geber/Almqvist & Wiksell 1969.
Lundgren, Max	Mats farfar. (*Matthias'* Grossvater; *Matthew's* grandfather.) Jll.: Fibben Hald. Stockholm: Bonnier 1970.
Olenius, Elsa (Hrsg.)	John Bauers sagovärld. (*John Bauers* Märchenwelt; *John Bauer's* world of fairy-tales.) Jll.: John Bauer. Stockholm: Bonnier 1907–1916;1973.
Rudström, Lennart	Ett hem. (Ein Heim; A home.) Jll.: Carl Larsson. Stockholm: Bonnier 1968.

Fibben Hald in M. Lundgren: Mats farfar

Sandberg, Inger	Lilla spöket Laban. (*Laban,* das kleine Gespenst; Little ghost **S** *Laban.*) Jll.: Lasse Sandberg. Stockholm: Geber/Almqvist & Wiksell 1965;1970.
Sandberg, Inger	Vad Anna fick se. (Was *Anna* zu sehen bekam; What *Anne* got to look at.) Jll.: Lasse Sandberg. Stockholm: Rabén & Sjögren 1964;1974.
Ströyer, Poul	Sagan om PP och hans stora horn. (Das Märchen von *PP* und seinem grossen Horn; The tale of *PP* and his big tuba.) Jll.: Poul Ströyer. Stockholm: Geber 1956.
Wolde, Gunilla	Totte klär ut se. (*Totte* zieht sich um; *Totte* change his clothes.) Jll.: Gunilla Wolde. Stockholm: Saga 1972.

7 – 9

Berg, Fridtjuv	Svenska folksagor. (Schwedische Volksmärchen; Swedish folk tales.) Hrsg.: Mary Ørvig. Jll.: Jenny Nyström, Elsa Beskow u.a. Stockholm: Svensk Läraretidnings Förlag 1899;1967.
Bergström, Gunilla	Mias pappa flyttar . . . (*Mias* Vater zieht aus . . . ; *Mia's* father moves house . . .) Jll.: Gunilla Bergström. Stockholm. Rabén & Sjögren 1971.
Ericson, Stig	Vita Fjäderns äventyr bland blekansikten. (Die Abenteuer der *Weissen Feder* unter den Bleichgesichtern; *White Feather's* adventures among the palefaces.) Jll.: Nils Stödberg. Stockholm: Bonnier 1971.
Gripe, Maria	Elvis Karlsson. (*Elvis Karlsson.*) Jll.: Harald Gripe. Stockholm: Bonnier 1972;1973.
Gripe, Maria	Hugo och Josefin. (*Hugo* und *Josefine.*) Jll.: Harald Gripe. Stockholm: Bonnier 1962.
Hallqvist, Britt Gerda	Jag byggde mig ett fågelbo. (Ich baute mir ein Vogelnest; I have built a bird nest for me.) Jll.: Lisbeth Holmberg. Stockholm: Bonnier 1965;1970.
Hellberg, Hans-Eric	Jag är Maria jag. (Die *Maria,* das bin ich; *Mary* is me.) Stockholm: Bonnier 1971;1974.
Hellsing, Lennart	Katten blåste i silverhorn. (Die Katze blies in das Silberhorn; The cat sounded the silver bugle.) Jll.: Fibben Hald. Stockholm: Rabén & Sjögren 1945;1963.
Jacobsson, Gun	Min bror från Afrika. (Mein Bruder aus Afrika; My brother from Africa.) Jll.: Stig Södersten. Stockholm: Bonnier 1970;1971
Lagerlöf, Selma	Nils Holgerssons underbara resa genom Sverige. (*Nils Holgerssons* wunderbare Reise durch Schweden; *Nils Holgersson's* wonderful journey through Sweden.) Jll.: Bertil Lybeck. Bd 1.2. Stockholm: Aldus; Bonnier 1906–1907;1973.

Linde, Gunnel	Den vita stenen. (Der weisse Stein; The white stone.) Jll.: Eric Palmquist. Stockholm: Bonnier 1964.	S
Lindgren, Astrid	Boken om Pippi Långstrump. (Das Buch von *Pippi Lang-strumpf;* The book of *Pippi Longstocking.*) Jll.: Ingrid Vang-Nyman: Stockholm: Rabén& Sjögren 1952;1966.	
Lindgren, Astrid	Emil i Lönneberga. (*Emil* in *Lönneberga* = Ahornberg; *Emil* in *Lönneberga* = maple hill.) Jll.: Björn Berg. Stockholm: Rabén & Sjögren 1963.	
Lindgren, Astrid	Mio min Mio. (*Mio,* mein *Mio; Mio,* my *Mio.*) Jll.: Ilon Wikland. Stockholm: Rabén &Sjögren 1954;1965.	
Lindgren, Barbro	Loranga, Masarin och Dartanjang. (*Loranga, Masarin* und *Dartanjang.*) Jll.: Barbro Lindgren. Stockholm: Rabén & Sjögren 1969.	
Peterson, Hans	Boken om Magnus. (Das Buch von *Magnus;* The book of *Magnus.*) Jll.: Ilon Wikland. Stockholm: Rabén & Sjögren 1956—1959;1963. Enthält: Magnus och ekorrungen. (*Magnus* und das junge Eichhörnchen; *Magnus* and the young squirrel.) 1956. — Magnus, Mattias och Mari. (*Magnus, Matthias* und *Mari.*) 1957. — Magnus i hamn. (*Magnus* im Hafen; *Magnus* in the harbour.) 1958. — Magnus i fara. (*Magnus* in Gefahr; *Magnus* in danger.) 1959.	
Peterson, Hans	Pelle Jonsson, en kille med tur. (*Pelle Jonsson,* ein Bursche mit Glück; *Pelle Jonsson,* a chap with luck.) Jll.: Palle Bregnhøi. Stockholm: Rabén & Sjögren 1970.	
Reuterswärd, Maud	Dagar med Knubbe. (Tage mit *Knubbe;* Days together with *Knubbe.*) Jll.: Mats Andersson. Stockholm: Bonnier 1970.	
Sandberg, Inger	Johan. (*Johann.*) Jll.: Lasse Sandberg. Stockholm: Rabén & Sjögren 1965.	
Sjöstrand, Ingrid	Kalle Vrånglebäck. (*Kalle Verkehrt; Charles Wrongheaded.*) Jll.: Björn Nelstedt. Stockholm: Bonnier 1968.	
Strindberg, August	Sagor. (Märchen; Tales.) Jll.: Lars Gillis. Göteborg: Zinderman 1903;1963	
Taikon, Katarina	Katitzi. (*Katitzi.*) Jll.: Björn Hedlund. Stockholm: Harrier 1969.	
Taikon, Katarina	Katitzi i ormgropen. (*Katitzi* in der Schlangengrube. *Katitzi* in the snake pit.) Jll.: Björn Hedlund. Stockholm: Gidlund 1971;1972.	
Thorvall, Kerstin	Peter möter Cecilia. (*Peter* trifft *Cäcilia; Peter* meets *Cecily.*) Jll.: Kerstin Thorvall. Stockholm: Bonnier 1970.	
Unnerstad, Edith	Kastrullresan. (Die Kasserollen-Reise, The casserole journey.) Jll.: Kajsa Persson. Stockholm: Rabén & Sjögren 1949;1970.	
Wästberg, Anna-Lena	Dörrfolket. (Die Leute vor der Tür; People before the door.) Jll.: Fibben Hald. Stockholm: Bonnier 1969.	

Wernström, Sven   Max Svensson Lurifax. (*Max Svensson Lurifax.*) Jll.: Helena   **S**
                   Henschen. Stockholm: Gidlund 1972.

10 − 12

Brattström, Inger   Ravindras väg från byn. (*Ravindras* Weg aus dem Dorf;
                     Ravindra's way out of the village.) Stockholm: Saga 1972.

Ericson, Stig   Dan Henrys flykt. (*Daniel Henry*s Flucht; *Daniel Henry*'s
                     flight.) Stockholm: Bonnier 1969.

Ericson, Stig   Dan Henry i vilda wästern. Ur Dan Henrys minnen. (*Daniel
                     Henry* im Wilden Westen. Aus *Daniel Henry*s Erinnerungen;
                     Daniel Henry in the Wild West. From *Daniel Henry*'s memoirs.)
                     Stockholm: Bonnier 1971.

Franzén,   Agaton Sax klipper till. (*Aganton Sax* = Schere, schneidet zu;
Nils-Olof   *Agaton Sax* = scissors, cuts out.) Jll.: Åke Lewerth. Stock-
                     holm: Bonnier 1955.

Gripe, Maria   Glasblåsarns barn. (Die Kinder des Glasbläsers; The glass
                     blower's children.) Jll.: Harald Gripe. Stockholm: Bonnier 1964.

Gripe, Maria   Nattpappan. (Der Nachtvater; The night father.) Jll.: Harald
                     Gripe. Stockholm: Bonnier 1968;1972.

Hellberg, Hans-Eric Morfars Maria. (Grossvaters *Maria;* Grandfather's *Maria.*)
                     Stockholm: Bonnier 1969;1974.

Holmberg, Åke   Ture Sventon, privatdetektiv. (*Ture* = Spassvogel, *Sventon,*
                     Privatdetektiv; *Ture* = joker, *Sventon,* private detective.)
                     Jll.: Sven Hemmel. Stockholm: Rabén & Sjögren 1948−1950;
                     1960. Enthält: Ture Sventon, Privatdetektiv. 1948. − Ture
                     Sventon i öknen. (*Ture Sventon* in der Wüste; *Ture Sventon*
                     in the desert.) 1949. − Ture Sventon i London. (*Ture Sventon*
                     in London.) 1950.

Kullman, Harry   Gårdarnas krig. (Hinterhöfe-Krieg; The war of the back yards.)
                     Stockholm: Rabén & Sjögren 1959;1969.

Kullman, Harry   De rödas uppror. (Aufstand der Roten. The Reds' revolt.)
                     Stockholm: Rabén & Sjögren 1968;1969.

Linde, Gunnel   Jag är en varulvsunge. (Ich bin ein Werwolfjunges; I am a
                     werwolf's cub.) Jll.: Hans Arnold. Stockholm: Bonnier 1972.

Lindgren, Barbro   Jättehemligt. (Höchst geheim; Top secret.) Jll.: Olof Land-
                     ström. Stockholm: Rabén & Sjögren 1971.

Lundgren, Max   Åshöjdens bollklubb. (*Åshöjden*s Fussballklub; *Åshöjden*'s
                     football club.) Stockholm: Bonnier 1967;1970.

Lundgren, Max   Pojken med guldbyxorna. (Der Junge mit den Goldhosen;
                     The boy with the gold trousers.) Stockholm: Bonnier
                     1967;1973.

Mattson, Olle	Briggen Tre liljor. (Die Brigg *Drei Lilien;* The brigg *Three Lilies*.) Stockholm: Bonnier 1955;1969.
Olofsson, Runa	Jag heter Gojko. (Ich heisse *Gojko*; My name is *Gojko*.) Stockholm: Rabén & Sjögren 1972.
Reuterswärd, Maud	Du har ju pappa, Elisabet. (Du hast ja Pappa, *Elisabeth;* You have your daddy, *Elizabeth*.) Stockholm: Bonnier 1971.
Rydsjö, Lennart	De långa bössorna. (Die langen Büchsen: The long rifles.) Stockholm: Rabén & Sjögren 1963.
Schwartzkopf, Karl-Aage	Trumvirveln. (Trommelwirbel; Roll of the drum.) Stockholm: Bonnier 1966.
Schwartzkopf, Karl-Aage	Yngste Karolinen. (Der jüngste *Karoliner;* The youngest *Karoliner.*) Jll.: Olle Snismarck. Stockholm: Bonnier 1960.
Thorvall, Kerstin	I stället för en pappa. (Anstelle eines Vaters; In place of a father.) Jll.: Kerstin Thorvall. Stockholm: Rabén & Sjögren 1971.
Thorvall, Kerstin	Nämen Gunnar! (Aber *Gunnar*! Say, *Gunnar*!) Jll.: Kerstin Thorvall. Stockholm: Rabén & Sjögren 1970.
Unefäldt, Valter	Äh lägg av, säger Steffe. (Ach hau ab, sagt *Stefan;* Oh! go away, said *Stephen*.) Stockholm: Bonnier 1971;1974.
Widerberg, Siv	Nya byxor och gamla. (Neue und alte Hosen; New and old trousers.) Jll.: Claes Bäckström. Stockholm: Geber/Almqvist & Wiksell 1972.
Wikström, Olga	Pojken från Hammarfjäll. Anno 1813. (Der Junge von *Hammarfjäll* = Hammerberg. Im Jahre 1813; The boy from *Hammarfjäll* = forge hill. In the year 1813.) Stockholm: Saga 1972.
Wikström, Olga	Sverre vill inte gå hem. (*Sverre* will nicht heimgehen; *Sverre* will not go home.) Stockholm: Svensk Läraretidnings Förlag 1967;1972.
Wildh, Gunborg	Halvvägs till himlen. (Halbwegs zum Himmel; Half way to heaven.) Stockholm: Bonnier 1970;1972.

S

13 – 15

Beckman, Gunnel	Tillträde till festen. (Zutritt zum Fest; Admittance to the feast.) Stockholm: Bonnier 1969;1974.
Brattström, Inger	Åsneprinsen. (Der Eselsprinz; The donkey prince.) Stockholm: Svensk Läraretidnings Förlag 1964.
Brattström, Inger	Före mörkläggningen. (Bevor die Dunkelheit anbricht; Before the darkness begins.) Stockholm: Saga 1966.
Brattström, Inger	Hittebarn i Bangalore. (Findelkind in *Bangalore;* Foundling in *Bangalore.*) Stockholm: Saga 1970;1971.

Claque (d.i. Anna Lisa Wärnlöf)	Fredrikes barn. (*Friederikes* Kinder; *Frederica*'s children.) Stockholm: Svensk Läraretidnings Förlag 1962.
Jacobson, Gun	Fel spår. (Falsche Spur; The wrong track.) Stockholm: Bonnier 1966.
Jacobson, Gun	Peters baby. (*Peters* Baby; *Peter*'s baby.) Stockholm: Bonnier 1971;1973.
Kullman, Harry	Den svarte fläckan. (Der schwarze Fleck; The black spot.) Stockholm: Rabén & Sjögren 1949;1973.
Lundgren, Max	Sommarflickan. (Das Sommermädchen; The summer girl.) Stockholm: Bonnier 1971;1973.
Malmberg, Stig	Klass 2b. (Klasse 2b; Class 2b.) Stockholm: Geber/Almqvist & Wiksell 1970;1971.
Reuterswärd, Maud	Han — där! (Er dort! The one — there!) Stockholm: Bonnier 1972.
Söderhjelm, Kai	Mikko i kungens tjänst. En berättelse från det tjugofemåriga krigets tid, 1570—1595. (*Mikko* im Dienst des Königs. Eine Erzählung aus der Zeit des 25jährigen Krieges, 1570—1595; *Mikko* in King's service. A story from the time of the 25 Years' War, 1570—1595.) Stockholm: Rabén & Sjögren 1959;1960.
Thorvall, Kerstin	Thomas — en vecka i maj. (*Thomas* — eine Woche im Mai; *Thomas* — a week in May.) Stockholm: Bonnier 1967.
Thorvall, Kerstin	Vart ska du gå? — Ut! (Wohin wirst du gehen? — Hinaus! Where will you go? — Out!) Stockholm: Bonnier 1969;1973.
Wernström, Max	Mannen på gallret. (Der Mann auf dem Gitter; The man on the grating.) Stockholm: Geber/Almqvist & Wiksell 1969.
Wernström, Max	Upproret. (Der Aufruhr, The revolt.) Stockholm: Geber/ Almqvist & Wiksell 1968;1973.
Widerberg, Siv	Apropå mej. (Was mich betrifft; What concerns me.) Stock- holm: Rabén & Sjögren 1967.
Winberg, Anna-Greta	När någon bara sticker. (Wenn einer sich immer nur drückt; If somebody always sneaks away.) Stockholm: Rabén & Sjögren 1972.

In finnischer Sprache / In Finnish language

3 — 6

Helakisa, Kaarina	Elli-velli-karamelli. (*Ihne-Bihne-Mandarine; Nelly Kelly Pretty Jelly.*) Jll.: Katriina Viljamaa-Rissanen. Helsinki: Weilin & Göös 1973;1974.
Kaikusalo, Asko	Hiiristoori. (Die Mausgeschichte; The mouse story.) Fotos: Asko Kaikusalo, Teuvo Suominen. Helsinki: Tammi 1971.
Kaustia, Eila	Aapisloruja. (ABC-Reime; ABC rhymes.) Jll.: Eila Kaustia. Porvoo: W. Söderström 1967.
Krohn, Inari / Krohn, Leena	Vihreä vallankumous. (Die grüne Revolution; The green revolution.) Jll.: Inari Krohn. Helsinki: Tammi 1970.
Kunnas, Kirsi	Puupuu ja Käpypoika. (Baumbaum und der Tannenzapfenjunge; Treetree and the coneboy.) Helsinki: W. Söderström 1972.
Louhi, Matti	Torvi, joka ei lakannut soimasta. (Die Trompete, die nicht aufhörte zu spielen; The horn, that wouldn't stop blowing.) Jll.: Matti Louhi. Jyväskylä: Gummerus 1971.
Muje, Vuokko	Samuli satunen on iloinen. (*Sammi* ist froh; *Sammy* is happy.) Jll.: Anna Tauriala. Helsinki: Weilin & Göös 1972.
Palismaa, Marjatta	Ahkupiebmu. (*Ahkupiebmu.*) Jll.: Erkki Tanttu. Helsinki: Otava 1970.
Tanninen, Oili	Hippu. (Hippu = Flusspferd; Hippopotamus.) Jll.: Oili Tanninen. Helsinki: Otava 1967.
Tanninen, Oili	Nunnu putoaa. (*Nunnu* fällt; *Nunnu* falls down.) Jll.: Oili Tanninen. Helsinki: Otava 1969.
Tauriala, Anna	Leenan sairaalamatka. (*Leenas* Aufenthalt im Krankenhaus; *Leena's* stay at the hospital.) Jll.: Anna Tauriala. Jyväskylä: Gummerus 1971.
Tynni, Aale	Heikin salaisuudet. (*Heikkis* Geheimnisse; *Heikki's* secrets.) Jll.: Usko Laukkanen. Porvoo: W. Söderström 1956.
Viljamaa-Rissanen, Katriina	Jere löytää häntänsä. (*Jere* findet seinen Schwanz; *Jere* finds his tail.) Jll.: Katriina Viljamaa-Rissanen. Helsinki: Weilin & Göös 1974.

Aapeli (d.i. Simo   Koko kaupungin Vinski. (Der ganzen Stadt *Vinski;* The whole
Tapie Puupponen)   town's *Vinski.*) Maija Karma. Porvoo: W. Söderström
                   1954;1958.

Helakisa, Kaarina   Kaarina Helakisan satukirja. (*Kaarina Helakisas* Märchenbuch;
                   Kaarina Helakisa's book of fairy tales.) Porvoo: W. Söderström
                   1965.

Joutsen,   Saaressa kasvaa omenapuu. (Ein Apfelbaum wächst auf der
Britta-Lisa   Insel; An appletree grows on the island.) Porvoo: W. Söder-
                   ström 1972.

Kurenniemi,   Onnelin ja Annelin talo. (*Onnelis* und *Annelis* Haus; The
Marjatta   house of *Onneli* and *Anneli*.) Jll.: Maija Karma. Porvoo: W. Sö-
                   derström 1966.

Mäkelä, Hannu   Herra Huu. (Herr *Huu*; Mr. *Huu*.) Jll. Helsinki: Otava 1973.

Muje, Vuokko   Havukkavuoren musta lintu. (Die Amsel vom Falkenberg;
                   Black bird of Hawk Mountain.) Jll.: Seppo Lindqvist. Helsinki:
                   Weilin & Göös 1974.

Nissinen, Aila   Minä olen Lammenpei. (Ich bin *Lammenpei;* I am *Lammenpei.*)
                   Jll.: Maija Karma. Porvoo: W. Söderström 1958.

Rintala, Paavo   Uu ja pokanen. (*Uu* und der Kleine; *Uu* and the little one.)
                   Helsinki: Otava 1972.

Vuorinen, Esteri   Lentojuna. (Der Flugzug; The flying train.) Jll.: Maija Karma.
                   Porvoo: W. Söderström 1966;1973.

10 – 12

Kellberg, Aarno   Nelonen. (Note vier; Note four.) Porvoo: W. Söderström 1970.

Keskitalo,   Tyttö Kuunarilaiturilla. (Das Mädchen auf der Schonerbrücke;
Margareta   The girl on the schooner bridge.) Porvoo: W. Söderström
                   1968;1970.

Kolu, Kaarina   Konnakopla ja IIIB. (Die Störenfriede und die Klasse IIIB;
                   The troublemakers and Class IIIB.) Helsinki: Tammi 1971.

Liipola, Vappu   Eläinystäviäni. (Meine Tierfreunde; My animal friends.)
                   Jll.: Vappu Liipola. Porvoo: W. Söderström 1964.

Martinheimo, Asko Pilkku päässä. (Komma auf dem Kopf; Spot on your head.)
                   Porvoo: W. Söderström 1970;1972.

Pakkanen, Kaija   Sebastian tytär. (*Sebastians* Tochter; *Sebastian's* daughter.)
                   Porvoo: W. Söderström 1970;1971.

Riikkilä, Väinö   Pertsa ja Kilu. (*Pertsa* und *Kilu.*) Porvoo: W. Söderström
                   1952;1973.

Roine, Raul	Suomen kansan suuri satukirja. (Grosses Erzählbuch **SF** finnischer Volksmärchen; Great story book of Finnish folk tales.) JII.: Helga Sjöstedt. Porvoo: W. Söderström 1952; 1958.
Samulinen, Mikko	Hiljaisen joen aave. (Das Gespenst des stillen Flusses; The ghost of the silent river.) Helsinki: Tammi 1971.

13 – 15

Arjatsalo, Arvi	Viltsi ja muut. (*Viltsi* und die anderen; *Viltsi* and the others.) Helsinki: Otava 1971.
Haakana, Veikko	Kivinen biiseni. (Der steinerne Bison; The bison of stone.) Hämeelinna: Karisto 1969.
Hietanen, Liisa	Kananlento. (Ein Huhn fliegt nie sehr weit; A chicken never flies far.) Helsinki: Tammi 1971.
Huttunen, Merja	Hello, love. (Hallo, Liebe.) Helsinki: W. Söderström 1972.
Keskitalo, Margareta	Liukuhihnaballadi. (Die Fliessbandballade; Assembly line ballad.) Porvoo: W. Söderström 1971.
Martinheimo, Asko	Pääkallekiitäjä. (Der Totenkopffalter; Death's head moth.) Porvoo: W. Söderström 1971.
Meriluoto, Aila	Meidän linna. (Unser Schloss; Our castle.) Porvoo: W. Söderström 1968; 1972.
Nojonen, Uolevi	Askeeti ei saa kompleseja. (Der Asket erhält keine Komplexe; The ascetic develops no complexes.) Porvoo: W. Söderström 1972.
Otava, Merja	Kuuvuesi. (Das Mondjahr; The moon year.) Porvoo: W. Söderström 1969.
Rautapalo, Tauno	Pena kertoo stoorin. (*Pena* erzählt eine Geschichte; *Pena* tells a story.) Helsinki: Otava 1963;1966.
Rekimies, Erkki	Tuomas ja tykkivene. (*Tuomas* und das Kanonenboot; *Tuomas* and the gunboat.) Porvoo: W. Söderström 1968;1972.
Virtanen, Rauha S.	Joulukuusivarkaus. (Der Diebstahl eines Weihnachtsbaumes; The robbery of the Christmas tree.) Porvoo: W. Söderström 1970.

Tove Jansson in: Vem ska trösta knyttet?

266

FINNLAND (SUOMI) / FINLAND (SUOMI) SF_s

In schwedischer Sprache / In Swedish language

3 – 6

Jansson, Tove	Hur gick det sen? (Wie ging es dann weiter? How did it continue then?) Jll.: Tove Jansson. Helsingfors: Schildt 1952;1972.
Jansson, Tove	Vem ska trösta Knyttet? (Wer soll den Knopf trösten? Who will comfort the little button?) Jll.: Tove Jansson. Helsingfors: Schildt 1960.
Lybeck, Sebastian	När elefanten tog tanten. (Als der Elefant die Tante nahm; When the elephant took the aunt.) Jll.: Hans Jørgen Toming. Helsingfors: Schildt 1967.

7 – 9

Carpelan, Bo	Anders på ön. (*Andreas* auf der Insel; *Andrew* on the island.) Jll.: Ilon Wikland. Stockholm: Bonnier 1959;1969.
Carpelan, Bo	Anders i stan. (*Andreas* in der Stadt; *Andrew* in the town.) Jll.: Ilon Wikland. Stockholm: Bonnier 1962;1969.
Jansson, Tove	Farlig midsommar. (Gefährlicher Mittsommer; Dangerous midsummer.) Jll.: Tove Jansson. Helsingfors: Schildt 1954;1969.
Jansson, Tove	Muminpappans memoarer. (Des *Mumin*vaters Memoiren; *Moomin* father's memoirs.) Jll.: Tove Jansson. Helsingfors: Schildt 1968.
Jansson, Tove	Trollkarlens hatt. (Des Zauberers Hut; The magician's hat.) Jll.: Tove Jansson. Helsingfors: Schildt 1948;1968.
Jansson, Tove	Trollvinter. (Zauberwinter; Magic winter.) Jll.: Tove Jansson. Helsingfors: Schildt 1957; 1970.
Lindqvist, Marita	Kottens bakvända B. (*Kottens* umgedrehtes B; *Kotten's* turned around B.) Jll.: Ilon Wikland. Stockholm: Bonnier 1972.
Renvall, Viola	Tio sagor om Skogsfolket. (10 Märchen von den Waldleuten; 10 tales about the forestpeople.) Jll.: Ia Falck. Helsingfors: Schildt.
Sandman Lilius, Irmelin	Enhörningen. (Das Einhorn; The unicorn.) Jll.: Veronica Leo-Hongell. Stockholm: Bonnier 1962;1970.

Sandman Lilius, Irmelin	Morgonlandet. (Das Morgenland; Morningland.) Jll.: Irmelin Sandman Lilius. Stockholm: Bonnier 1968.
Topelius, Zacharias	Den röda stugan och andra lekar och sagospel ur: Läsning för barn. (Die rote Hütte und andere Spiele und Theaterstücke aus: Lesebuch für Kinder; The red cottage and other games and fairy plays from: Reading for children.) Jll.: Inga Borg. Stockholm: Bonnier 1865—1896;1962.
Topelius, Zacharias	Sampo Lappelill och andra sagor. (*Sampo,* kleiner Lappe, und andere Märchen; *Sampo* the little Lapp, and other tales.) Jll.: Per Silfverhjelm. Stockholm: Natur och kultur 1847—1852;1959.

10 — 12

Jansson, Tove	Det osynliga barnet och andra berättelser. (Das unsichtbare Kind und andere Erzählungen; The invisible child and other tales.) Jll.: Tove Jansson. Helsingfors: Schildt 1962;1969.
Jansson, Tove	Pappan och havet. (Der Vater und das Meer; Father and the sea.) Jll.: Tove Jansson. Helsingfors: Schildt 1965;1969.
Jansson, Tove	Sent i november. (Spät im November; Late in November.) Jll.: Tove Jansson. Stockholm: Geber 1970;1971.
Lindqvist, Marita	Malenas finaste sommar. (*Malenas* feinster Sommer; *Malena's* finest summer.) Jll.: Kerstin Thorvall. Helsingfors: Söderström 1967.
Sandman Lilius, Irmelin	Gullkrona gränd. (*Goldkronen*gasse; *Golden Crown's* Lane.) Jll.: Irmelin Sandman Lilius. Helsingfors: Schildt 1969;1974.
Sandman Lilius Irmelin	Gångande grå. (Der graue Hengst; The grey stallion.) Jll.: Irmelin Sandman Lilius. Helsingfors: Schildt 1971.
Sandman Lilius Irmelin	Gripanderska gården. (Der Hof von *Gripanders; Gripanders'* yard.) Jll.: Irmelin Sandman Lilius. Helsingfors: Schildt 1970.

13 — 15

Carpelan, Bo	Bågen. Berättelsen om en sommar som var annorlunda. (Bogen. Erzählungen von einem Sommer, der anders war; The bow. The story of a summer that was different.) Helsingfors: Schildt 1968;1973.
Topelius, Zacharias	Fältskärns berättelser. (Des Feldschers Erzählungen; The army surgeon's stories.) Bd 1—5. Jll.: Carl Larsson. Stockholm: Svensk Läraretidnings Förlag 1854—1866;1957—1959.

FINNLAND (SUOMI) / FINLAND (SUOMI)

SF_{sa}

In samischer Sprache / In Lappish language

3 – 6

Miettunen, Siiri   Abbes. (ABC.) Jll.: Matti Kummunsalo, Anja Nickul. Helsinki: Sami Čuvgetusseärvvi Toaimmatusak 1968.

7 – 9

Jalvi, Pedar   Sabmelažžai maidnasak jâ muihtalusak. (Märchen und Erzählungen aus Lappland; Fairy tales and stories from Lapland.) Helsinki: Sami Čuvgetusseärvvi Toaimmatusak 1966.

Lukkari, Pekka   Lohkamusak. (Lesebuch; Reader.) Jll.: Iver Jaks, Kerttu Aittokallio. Helsinki: Sami Čuvgetusseärvvi Toaimmatusak 1972.

Matti Kummunsalo in S. Miettunen: Abbes

In englischer Sprache / In English language

10 – 12

Akbar, Aisha	Thirty-six best loved songs of Malaysia and Singapore. (36 besonders beliebte Lieder aus Malaysia und Singapur.) London: University of London Press 1966.
Leong, Margaret	My first book of poems. (Mein erstes Gedichtbuch.) London: Longmans 1958.
Scharenguivel, Noel Fretsz Grant	Singapore. (Singapur.) Jll.: David Knight. London: Longmans 1961.
Synes, Gwyn	Young Malayan's book of leaves. (Das Buch der Blätter für junge Malaien.) Jll.: Gwyn Synes. Singapore: Eastern Universities Press 1962.
West, Monica J.	Nature in Malaya. (Natur in Malaya.) Jll.: Tay Hock Seng. Singapore: Eastern Universities Press 1964.

13 – 15

Bong, Marie (Hrsg.)	Creative writing. Poetry by teenagers. (Schöpferisches Schreiben. Poesie der Heranwachsenden.) Singapore: Federal Publications 1969.
Etherton, Alan R. B.	The adventures of Munshi Abdullah. (Die Abenteuer des *Munschi Abdullah.*) Kuala Lumpur: Longmans 1965.
Sherry, Sylvia	The street of the small night market. (Die Strasse des kleinen Nacht-Marktes.) London: Cape 1966.

3 – 6

N'Dok N'Diaye,
Théodore

Si j'étais . . . Rêve d'enfant. (Wenn ich wäre . . . Kindertraum; If I would be . . . A child's dream.) Jll.: Arona Dabo. Dakar, Abidjan: Nouvelles Éditions Africaines 1974.

Arona Dabo in T. N'Dok N'Diaye: Si j'étais . . . Rêve d'enfant

SOWJETUNION (SSSR) / SOVIET UNION (SSSR)

In russischer Sprache / In Russian language

3 – 6

Barto, Agnija L'vovna	Ja rastu. (Ich wachse, I grow.) JII.: Maj Miturič. Moskva: Detskaja literatura 1968.
Čukovskij, Kornej Ivanovič	Kradenoe solnce. (Die gestohlene Sonne; The stolen sun.) JII.: Maj Miturič. Moskva: Malyš 1968.
Driz, Ovsej	Zelenaja kareta. (Die grüne Kutsche; The green carriage.) JII.: Viktor Pivovarov. Moskva: Detskaja literatura 1973.
Maršak, Samuil Jakovlevič	Cirk. (Der Zirkus, The circus.) JII.: Vladimir Vasil'evič Lebedev. Leningrad: Chudožnik RSFSR 1925;1974.
Maršak, Samuil Jakovlevič	Moroženoe. (Eis; Ice-cream.) JII.: Vladimir Vasil'evič Lebe- dev. Leningrad: Chudožnik RSFSR 1925;1975.
Michalkov, Sergej Vladimirovič	Djadja Stëpa. (Onkel *Stjopa;* Uncle *Stjopa.*) JII.: Juvenalij Korovin. Moskva: Detskaja literatura 1964;1971.
Nekrasov, Nikolaj Alekseevič	Deduška Mazaj i zajcy. Grossväterchen *Mazaj* und die Hasen; Grandfather *Mazaj* and the rabbits.) JII.: Dementij Šmarinov. Moskva: Detskaja literatura 1969.
Puškin, Aleksandr Sergeevič	Skazka o zolotom petuške. (Das Märchen vom kleinen golde- nen Hahn; The fairy tale about the little golden cock.) Raduga-duga. (Regenbogen Bogen; Rainbow bow.) JII.: Jurij
Raduga duga	Raduga-duga. (Regenbogen-Bogen; Rainbow bow.) JII.: Jurij Michajlovič Vasnecov. Moskva: Detskaja literatura 1969.
Surova, Elena	Putešestvie k pelikanam. (Die Reise zu den Pelikanen; Journey to the land of the pelicans.) JII.: Nikita Čarušin. Moskva: Detskaja literatura 1971.
Tolstoj, Lev Nikolaevič	Tri medvedja. (Die 3 Bären; The 3 bears.) JII.: Jurij Michajlo- vič Vasnecov. Moskva: Detskaja literatura 1969.

7 – 9

Barto, Agnija L'vovna	Stichi detjam. (Gedichte für Kinder; Verses for children.) Bd 1.2. Moskva: Detskaja literatura 1956;1966.
Čukovskij, Kornej Ivanovič	Džek, pokoritel' velikanov. (*Jack,* der Eroberer der Riesen; *Jack,* the conqueror of giants.) JII.: Fëdor Viktorovič Lemkul'. Moskva: Detskaja literatura 1966.

Maj Miturič in K. J. Čukovskij: Kradenoe solnce

Dmitriev. Jurij Dmitrievič	Zdravstvuj belka! Kak živeš' krokodil? (Guten Morgen, **SU** Eichhörnchen! Wie geht's Krokodil? Good morning, squirrel! How do you do, crokodile?) JII.: Kelejnikov. Moskva: Detskaja literatura 1970.
Dragunskij, Viktor Juzefovič	Na Sadovoj bol'šoe dviženie. (Grosser Verkehr auf der *Sado- vaja;* Much traffic on the *Sadovaya.*) JII.: V. Losin. Moskva: Detskaja literatura 1971;1972.
Eršov, Pĕtr Pavlovič	Konĕk Gorbunok. (Pferdchen *Gorbunok* = Höckerchen; Little horse *Gorbunok* = humpback.) JII.: Vladimir Alekseevič Milaševskij. Moskva, Leningrad: Detgiz 1834;1975.
Gajdar, Arkadij (d.i. Arkadij Petrovič Golikov)	Čuk i Gek. (*Čuk* und *Gek.*) JII.: David Aleksandrovič Dubinskij. Moskva: Detskaja literatura 1967.
Goljavkin, Viktor	Moj dobryi papa. (Mein guter Papa; My good daddy.) JII.: Viktor Goljavkin. Leningrad: Detskaja literatura 1964.
Inber, Vera	Kak ja byla malen'kaja. (Als ich klein war; When I was small.) JII.: A. Davydova. Moskva: Detgiz 1954;1961.
Koval, Jurij Josifovič	Gluchari. (Auerhähne; Mountain cocks.) Moskva: Detskaja literatura 1972.
Majakovskij, Vladimir Vladimirovič	Detjam. (Den Kindern; For children.) Moskva: Detskaja lite- ratura 1931;1975.
Nosov, Nikolaj Nikolaevič	Priključenija Neznajki i ego druzej. (Die Abenteuer *Dummerjans* und seiner Freunde; The adventures of *Peter Simple* and his friends.) JII.: Aleksej Michajlovič Laptev. Moskva: Detgiz 1963;1975
Puškin, Aleksandr Sergeevič	Skazki. (Märchen; Fairy teles.) JII.: Tatjana Alekseevna Mavrina. Moskva: Detskaja literatura 1832—1835;1974.
Tolstoj, Aleksej Nikolaevič	Zolotoj ključik ili Priključenija Buratino. (Das goldene Schlüsselchen oder *Buratinos* Abenteuer; The little golden key or *Buratino*'s adventures.) JII.: Aminadav Mojseevič Kanevskij. Moskva: Detgiz 1936;1963.
Volkov, Aleksandr Melet'evič	Sem' podzemnych korolej. (Die 7 unterirdischen Könige; The 7 underground kings.) JII.: L. Vladimirskij. Moskva: Sovetskaja Rossija 1967.
Žar-ptica	Žar-ptica. Russkie narodnye skazki. (Feuervogel. Russische Volksmärchen; Fire bird. Russian folk tales.) JII.: I. Kuzne- cov. Moskva: Detskaja literatura 1974.

Afanasev,
Aleksandr
Nikolaevič
: Russkie narodnye skazki. (Russische Volks-Märchen; Russian fairy tales.) Moskva: Detgiz 1855;1963.

Bažov,
Pavel Petrovič
: Ural'skie skazy. (Märchen aus dem Ural; Fairy tales from the Ural.) Jll.: V. Panov. Moskva: Detskaja literatura 1970.

Bianki,
Vitalij
Valentinovič
: Povesti i rasskazy. (Geschichten und Erzählungen; Stories und tales.) Jll.: A. Karasik, N. Kostorov, M. Kuks u.a. Leningrad: Detgiz 1956.

Dubov,
Nikolaj Ivanovič
: Sirota. – Ogni na reke. – Mal'čik u morja. (Der Waise. – Feuer am Fluss. – Der Knabe am Meer; The orphan. – Fires at the river. – The boy at the ocean.) Jll.: V. Judin. Moskva: Detskaja literatura 1952–1955;1968.

Grin, Aleksandr
(d.i. Aleksandr Ste-
panovič Grinevskij)
: Alye parusa. (Das Purpursegel; Purple sail.) Jll.: V. Vysockij, V. Vlasov. Moskva: Detskaja literatura 1922;1974.

Jakovlev,
Jurij Jakovlevič
: Samaja vysokaja lestnica. (Die höchste Treppe; The highest ladder.) Jll.: Ju. Sal'cman. Moskva: Detskaja literatura 1974.

Karim, Mustaj
: Radost' našego doma. – Taganok. (Die Freude unseres Hauses. – *Taganok;* The joy of our house. – *Taganok.*) Jll.: V. Gorjačev, S. Zabaluev. Moskva: Detskaja literatura 1966.

Kataev,
Valentin Petrovič
: Volny Černego morja. (Die Wellen des Schwarzen Meeres; The waves of the Black Sea.) Jll.: Vitalij Nikolaevič Gorjaev. Moskva: Detgiz 1936–1960;1965.

Korinec,
Jurij Josifovič
: Tam, vdali, za rekoj. – V beluju noč' u kostra. (Dort, weit hinter dem Fluss. – In der weissen Nacht am Lagerfeuer; There, far behind the river. – In the white night at the campfire.) Jll.: Jurij Josifovič Korinec. Moskva: Detskaja literatura 1967–1968.

Korolenko,
Vladimir
Galaktionovič
: Deti podzemelja. (Kinder des Untergrunds; Children of the underground.) Jll.: G. Fillippovskij. Moskva: Detgiz 1885;1963.

Koval,
Jurij Josifovič
: Listoboj. (Blätterkampf; Leafwar.) Jll.: Pĕtr Bagin. Moskva: Detskaja literatura 1972.

Lagin, Lazar
(d.i. Ginzburg,
Lazar Josifovič)
: Starik Chotabyč. (Der alte *Chotabytsch;* The old *Chotabych.*) Jll.: G. Mazurin. Moskva: Detskaja literatura 1953;1970.

Maškin, Gennadij
: Sinee more, belyj parachod. (Blaues Meer, weisses Schiff; Blue sea, white ship.) Jll.: V. Bogatkin. Moskva: Detskaja literatura 1966.

Michalkov,
Sergej
Vladimirovič
: Basni. (Fabeln; Fables.) Jll.: Evgenij Michajlovič Račev. Moskva: Malyš 1957;1970.

Nekrasov, Priključenija Kapitana Vrungelja. (Die Abenteuer des Kapi-
Andrej Sergeevič täns *Vrungel;* The adventures of captain *Vrungel.*)
JII.: E. Solov'ev. Omsk: Knižnoe izdatel'stvo 1961.

Oleša, Tri tolstjaka. (Die 3 dicken Männer; The 3 fat man.)
Jurij Karlovič JII.: Vitalij Nikolaevič Gorjaev. Moskva: Detskaja literatura
1928;1969.

Prišvin, Zolotoj lug. (Die goldene Wiese; The golden meadow.)
Michail Michajlovič JII.: Evgenij Michajlovič Račev. Moskva: Detgiz 1960;1968.

Rybakov, Priključenija Kroša. (*Kroschs* Abenteuer; The adventures of
Anatolij Naumovič *Krosh.)* JII.: Žutovskij. Moskva: Molodaja gvardija 1966.

Skazki russkogo Skazki russkogo naroda. (Russiche Volksmärchen; Russian
naroda folk tales.) JII.: I. Kuznecov. Moskva: Gosudarstrenoe
izdatel'stvo detskoj literatury 1959.

Voronkova, Selo Gorodišče. — Devocka iz goroda. — Fedja i Danilka.
Ljubov' Fedorovna (Das Dorf *Gorodischtsche.* — Das Mädchen aus der Stadt.
— *Fedja* und *Danilka;* The village *Gorodishche.* — The girl
from the city. — *Fedja* and *Danilka.*) JII.: A. Paramonov.
Moskva: Detskaja literatura 1965.

13 — 15

Ajtmatov, Čingiz Belyj parachod. (Der weisse Dampfer; The white steam boat.)
In: Novyj mir. Moskva 1970. Nr. 1, S. 31—100.

Čechov, Izbrannye rasskazy. (Ausgewählte Erzählungen; Selected
Anton Pavlovič Stories.) Moskva: Detgiz 1886—1899;1959.

Dostoevskij, Detjam. (Den Kindern; For children.) Moskva: Detskaja
Fëdor Michajlovič literatura 1845—1876; 1971.

Dubov, Beglec. (Der Ausreisser; The run-away.) In: Sobranie
Nikolaj Ivanovič sočinenij. Bd 3. Moskva: Detskaja literatura 1971.

Gajdar, Arkadij Golubaja čaška. (Die himmelblaue Tasse; The skyblue cup.)
(d.i. Arkadij JII.: David Aleksandrovič Dubinskij. Moskva: Detgiz 1958.
Petrovič Golikov)

Georgievskaja, Otročestvo. (Jugend; Youth.) JII.: L. Petrov, V. Petrov.
Susanna Leningrad: Detgiz 1954.
Michajlovna

Gogol', Taras Bulba. (*Taras Bulba.*) JII.: Dementij Alekseevič
Nikolaj Vasil'evič Šmarinov. Moskva: Chudožestvennaja literatura 1835;1973.

Gor'kij, Maksim Detstvo. (Kindheit; Childhood.) JII.: Boris Aleksandrovič
(d.i. Aleksej Dechterev. Moskva: Detskaja literatura 1913;1969.
Maksimovič Peškov)

Inber, Počti tri goda. Leningradskij dnevnik. (Fast 3 Jahre. Lenin-
Vera Michajlovna grader Tagebuch; Almost 3 years. Leningrad diary.) Moskva:
Sovetskaja Rossija 1945;1968.

Kassil', Lev Abramovič	Konduit i Švambranija. (Das Notizbuch und *Schvambranija;* The notebook and *Shvambranija*.) Jll.: Ju. Ganf. Moskva: Detskaja literatura 1967.	**SU**
Kataev, Valentin Petrovič	Beleet parus odinokij. (Es glänzt ein einsames Segel; A lonely sail gleems.) Jll.: Vitalij Nikolaevič Gorjaev. Moskva: Detgiz 1936;1975.	
Kataev, Valentin Petrovič	Trava zabven'ja. (Das Gras des Vergessens; The grass of forgetting.) Moskva: Detskaja literatura 1967.	
Kiselev, Vladimir Leont'evič	Devočka i pticelët. (Das Mädchen und der Vogelflug; The girl and the flight of birds.) Jll.: David Petrovič Sternberg. Moskva: Detskaja literatura 1966.	
Korinec, Jurij Josifovič	Privet ot Vernera. (Gruss von *Werner;* Greeting from *Werner.*) Jll.: V. Trubkovič. Moskva: Detskaja literatura 1972.	
Korolenko, Vladimir Galaktionovič	Slepoj muzykant. (Der blinde Musikant; The blind musician.) Jll.: A. Konstantinovskij. Moskva: Detskaja literatura 1965.	
Krylov, Ivan	Basni. (Fabeln; Fables.) Jll.: Aleksej Michajlovič Laptev. Moskva: Detskaja literatura 1809;1975.	
Lermontov, Michail Jurevič	Geroj našego vremeni. (Ein Held unserer Zeit; A hero of our time.) Jll.: Dementil Alekseevič Šmarinov. Moskva: Detgiz 1840;1962.	
Leskov, Nikolaj Semënovič	Rasskazy. (Erzählungen; Stories.) Jll.: T. Šišmareva. Leningrad: Detskaja literatura 1973.	
Medvedev, Valerij Vladimirovič	Barankin bud' celovekom. (*Barankin*, sei ein Mensch; *Barankin*, be human.) Moskva: Bjuro propagandy sovetskogo kinoiskusstva 1965.	
Paustovskij, Konstantin Georgievič	Povest' o lesach. (Die Geschichte von den Wäldern; The story about the forests.) Jll.: Orest Georgievič Verejskij. Moskva: Detgiz 1948;1962.	
Saltykov-Ščedrin, Michail Evgrafovič	Istorija odnogo goroda. — Gospoda Golovlëvy. — Skazki. (Die Geschichte einer Stadt. — Die Herren *Golovljov*. — Märchen; The history of a city. — The lords *Golovljov*. — Fairy tales.) Moskva: Moskovskij rabočij 1869—1870, 1880, 1880—1885;1968.	
Tolstoj, Lev Nikolaevič	Chadži-Murat. (*Chadži-Murat*.) Jll.: E. Lansere. Moskva: Detgiz 1901;1962.	
Turgenev, Ivan Sergeevič	Otcy i deti. (Väter und Söhne; Fathers and sons.) Moskva: Detskaja literatura 1862;1975.	

SOWJETUNION (BSSR, WEISSRUSSLAND)
SOVIET UNION (BSSR, WHITE RUSSIA)

In weissrussischer Sprache / In White Russian language

3 – 6

Vitka, Vasil' Čitanka-maljavanka. (Lese- und Malbuch; Reading and painting book.) Jll.: A. Lucevič. Minsk: Belarus' 1971.

7 – 9

Hilevič, Nil Zahadki. (Rätsel; Riddles.) Jll.: Alena Los'. Minsk: Belarus' 1971.

Kolas, Jakub Ranica ŭ njadzel'ku. (Der Sonntagmorgen; Sunday morning.) Jll.: M. Karpenka. Minsk: Belarus' 1969.

10 – 12

Lyn'koŭ, Michas' Mikolka-paravoz. (*Mikolkas* Dampflokomotive; *Mikolka's* steam engine.) Jll.: A. Volkav. Minsk: Belarus' 1936;1971.

Vitka, Vasil' Belaruskaja kalychanka. (Weissrussisches Wiegenlied; White Russian cradle song.) Jll.: H. Paplauski. Minsk: Belarus' 1971.

SOWJETUNION (ESSR, ESTLAND, EESTI) /
SOVIET UNION (ESSR, ESTHONIA, EESTI)

In estnischer Sprache (Eesti) / In the Estonian language (Eesti)

7 – 9

Beekman, Vladimir	Raua-Roobert. (Der eiserne *Robert;* Iron *Robert.*) JII.: Iivi Sampu-Raudsepp. Tallinn: Eesti Raamat 1972.
Jõgisalu, Harri	Käopoja tänu. (Der Dank des Kuckucksjungen; The gratitude of a young cuckoo.) JII.: Väino Tõnisson, V. Hurt. Tallinn: Eesti Raamat 1967;1971.
Mänd, Heljo	Koer taskus. (Der Hund in der Tasche; The dog in the pocket.) JII.: Heldur Laretei. Tallinn: Eesti Raamat 1967.
Maran, Iko	Londiste, õige nimega Vant. (*Londiste* = Rüsseler, mit richtigem Namen *Vant; Londiste* = Trunky, whose real name is *Vant.*) JII.: Heldur Laretei. Tallinn: Eesti Raamat 1972.
Niit, Ellen	Pille-Riini lood. (Geschichten um *Pille-Riin;* The tales about *Pille-Riin.*) JII.: Vive Tolli. Tallinn: Eesti Raamat 1971.
Niit, Ellen	Suur maalritöö. (Das grosse Malerwerk; The great painting.) JII.: Edgar Valter. Tallinn: Eesti Raamat 1971.
Pervik, Aino	Kunksmoor. (Die Zauberin; The witch.) JII.: Edgar Valter. Tallinn: Eesti Raamat 1972.
Väli, Heino	Peetrike. (*Peterchen;* Little *Peter.*) JII.: Asta Vender. Tallinn: Eesti Raamat 1966.

10 – 12

Beekman, Aimée	Sõnni-Siim. (*Siim,* der Bulle; *Siim* the bull.) JII.: Asta Vender. Tallinn: Eesti Raamat 1970.
Pukk, Holger	Rohelised maskid. (Grüne Masken; Green masks.) JII.: Väino Tõnisson. Tallinn: Eesti Raamat 1960.
Rannap, Jaan	Salu Juhan ja ta sõbrad. (*Salu-Juhan* und seine Freunde; *Salu-Juhan* and his friends.) JII.: Edgar Valter. Tallinn: Eesti Raamat 1964.
Rannap, Jaan	Viimne Valgesulg. (Die letzte *Weissfeder;* The last *White Feather.*) JII.: Edgar Valter. Tallinn: Eesti Raamat 1967.
Raud, Eno	Päris kriminaalne lugu. (Eine völlig kriminelle Geschichte; A completely criminal story.) JII.: Edgar Valter. Tallinn: Eesti Raamat 1968.

| Raud, Eno | Lugu lendavate taldrikutega. (Die Geschichte mit den flie- | SUes |

Raud, Eno — Lugu lendavate taldrikutega. (Die Geschichte mit den fliegenden Untertassen; The story with the flying saucers.) Jll.: Edgar Valter. Tallinn: Eesti Raamat 1969.

Raud, Eno — Telepaatiline lugu. (Eine telepathische Geschichte; A telepathic story.) Jll.: Edgar Valter. Tallinn: Eesti Raamat 1970.

Raud, Eno — Roostevaba mõõk. (Das rostfreie Schwert; The rustfree sword.) Jll.: Erik Vaher, Ants Viidalepp. Tallinn: Eesti Raamat 1957;1963.

Väli, Heino — Hundikäpp. (Wolfstatze; Wolf's paw.) Jll.: Hugo Mitt. Tallinn: Eesti Riiklik Kirjastus 1964.

13 -- 15

Pervik, Aino — Õhupall. (Der Luftballon; The balloon.) Jll.: Asta Vender. Tallinn: Eesti Raamat 1969.

Heldur Laretei
in J. Maran:
Londiste, õige
nimega Vant

In lettischer Sprache / In Latvian language

3 – 6

Auziņš, Arnolds	Griezies, vilciņ! (Dreh dich, Kreiselchen; Spin, little top!) JII.: Artūrs Mucenieks. Rīga: Liesma 1973.
Kauce, Anna (Hrsg.)	Cepu cepu kukulīti. (Backe backe Kuchen; I'm baking a cake.) JII.: Ilona Ceipe. Rīga: Liesma 1971.
Plūdons, Vilis	Abeļziedā. (In der Apfelblütenzeit; In apple-blossom time.) JII.: Jāzeps Pīgoznis. Rīga: Liesma 1971.
Rainis, Jānis	Manu lellīti sauc Lolīti. (Mein Püppchen heisst *Lolīte*; My doll is called *Lolīte*.) JII.: Felīcita Pauļuka. Rīga: Liesma 1973.
Rīsmane, Ilga	Pelēns cepa rausi. (Der Mäuserich hat einen Kuchen gebacken; The he-mouse baked a cake.) JII.: Gunārs Krollis. Rīga: Liesma 1973.
Stāraste, Margarita (Hrsg.)	Runci, runci, vāri putru! (Kater, Kater, koch den Brei! Tom-cat, tom-cat, make the porridge!) JII.: Margarita Stāraste. Rīga: Liesma 1971.
Vanags, Jūlijs	Mazā Mikliņa lielie darbi. (Die grossen Taten des kleinen *Miklis*; The great deeds of little *Miklis*.) JII.: Indulis Zvagūzis. Rīga: Liesma 1973.

7 – 9

Divi brāļi	Divi brāļi. (2 Brüder; 2 brothers.) JII.: Kārlis Sūniņš. Rīga: Latvijas Valsts izdevniecība 1959.
Dots devējam	Dots devējam atdodās. (Wer gibt, dem wird gegeben; The gift returns to the giver.) JII.: Jāzeps Pīgoznis. Rīga: Liesma 1970.
Greble, Vilma (Hrsg.)	Latviešu bērnu folklora. (Lettische Kinder-Folklore; Latvian children's folklore.) JII.: Astrida Meiere. Rīga: Zinātne 1973.
Mačatiņš	Mačatiņš. (*Mačatiņš.*) JII.: Indriķis Zeberiņš. Rīga: Liesma 1972.
Plūdons, Vilis	Eža kažociņš. (Das Igel-Pelzchen; The hedgehog's hide.) JII.: Arvīds Jēgers. Rīga: Liesma 1973.
Upmale, Vīja	Jautrās nedienas. (Viel heiteres Missgeschick; Funny mishaps.) JII.: Gunārs Vīndedzis. Rīga: Liesma 1973.

Bārda, Fricis	Lietus vīriņš. (Das Regenmännchen; The little rain-man.) JII.: Ilona Ceipe. Rīga: Liesma 1970.
Birznieks-Upītis, Ernests	No rīta. (Am Morgen; In the morning.) JII.: Romāns Tilbergs. Rīga: Liesma 1971.
Ērgle, Zenta	Mūsu sētas bērni. (Die Kinder aus unserem Hof; The children of our court.) JII.: Edgārs Ozoliņš. Rīga: Latvijas Valsts izdevieciba 1956.
Ērgle, Zenta	Par mūsu sētas bērniem, indiāņiem un melno kaķi.(Über die Kinder aus unserem Hof, über Indianer und eine schwarze Katze; About the children of our court, indians and a black cat.) JII.: Edgārs Ozoliņš. Rīga: Liesma 1972.
Graubiņa, Anna (Hrsg.)	Sudraba smildziņa. (Silbernes Rispengras; Silvern panicle-grass.) JII.: Kārlis Sūniņš. Rīga: Liesma 1972.
Osmanis, Jāzeps (Hrsg.)	Saules gadi. (Sonnenjahre; Sunny years.) JII.: Gunārs Krollis. Rīga: Liesma 1965.
Osmanis, Jāzeps (Hrsg.)	Saules gadu spēles. (Spiele der Sonnenjahre; Games of the sunny years.) JII.: Gunārs Krollis. Rīga: Liesma 1971.
Osmanis, Jāzeps (Hrsg.)	Saules gadu stāsti. (Geschichten der Sonnenjahre; Stories of the sunny years.) JII.: Gunārs Krollis. Rīga: Liesma 1966.

13 – 15

Ādamsons, Ēriks	Kokletājs Samtabikse. (Zitherspieler *Samthose*; Zither-player *Velvet-breeches*.) JII.: Aleksandrs Junkers. Rīga: Liesma 1969.
Rainis, Jānis	Mīla stiprāka par nāvi. (Die Liebe ist stärker als der Tod; Love is stronger than death.) JII.: G. Vilks. Rīga: Liesma 1971.
Rainis, Jānis	Saules gadi. (Sonnenjahre; Sunny years.) JII.: Gunārs Krollis. Rīga: Liesma 1970.

In litauischer Sprache / In Lithuanian language

7 – 9

Cvirka, Petras	Nemuno šalies pasakos. (Die Märchen des Njemen-Landes; Fairy tales of the Niemen country.) Jll.: Domicelė Tarabildienė. Kaunas: Valstybinė grožiės literatūros leidykla 1948.
Cvirka. Petras	Strakalas ir Makalas. (*Strakalas* und *Makalas.*) Jll.: Vytautas Valius. Vilnius: Vaga um 1920;1968.
Kubilinskas, Kostas	Varlė karalienė. (Froschkönigin; Frog queen.) Jll.: Algirdas Steponavičius. Vilnius: Vaga 1962;1967.
Liobytė, Aldona	Pabėgusi dainelė. (Das entflohene Liedchen; The run away song.) Jll.: Birutė Žilytė. Vilnius: Vaga 1966.
Liobytė, Aldona	Pasaka apie narsią Vilniaus mergaitę ir galvažudį Žaliabarzdį. (Das Märchen vom tapferen Mädchen aus Vilnius und dem Räuber *Grünbart;* The tale of the brave girl of Vilnius and the robber *Green Beard.*) Jll.: Birutė Žilytė. Vilnius: Vaga 1970.
Liobytė, Aldona	Saulės vaduotojas. (Der Retter der Sonne; The sun's saviour.) Jll.: Albina Makūnaitė. Vilnius: Valstybinė grožinės literatūros leidykla 1959.
Žemaitė (d.i. Julija Beniuše-vičiūtė-Žymantienė)	Kaip Jonelis raides pažino. (Wie *Jonelis* die Buchstaben kennenlernte; How *Jonelis* became aquainted with the alphabet.) Jll.: Nina Šimukėnaitė. Vilnius: Vaga 1966.
Žemaitė (d.i. Julija Beniuše-vičiūtė-Žymantienė)	Rinkinėlis vaikams. (Eine Sammlung für Kinder; A collection for children.) Jll.: Birutė Demkutė. Vilnius: Vaga um 1904;1970.

10 – 12

Biliūnas, Jonas	Žvaigždė. (Der Stern; The star.) Jll.: Rimtautas Gibavičius. Vilnius: Vaga 1965.
Boruta, Kazys	Dangus griūva. (Der Himmel stürzt ein; The heaven falls in.) Jll.: Aspazija Surgailienė. Vilnius: Vaga 1965.

Cvirka, Petras	Cukriniai avinėliai. (Zuckerlämmer; Sugar lambs.) Jll.: Laima **SUli** Barisaitė. Vilnius: Valstybinė grožinės literatūros leidykla 1935;1964.
Daukantas, Simonas	Žemaičių pasakos. (Schemaitische Märchen; Zhemaitish folk tales.) Jll.: Vytautas Valius. Vilnius: Vaga um 1880;1965. In schemaitischer Mundart / In Zhemaitish dialect.
Liobytė, Aldona	Gulbė karaliaus pati. (Schwan, des Königs Frau; Swan, the king's wife.) Jll.: Albina Makūnaitė. Vilnius: Valstybinė grožinės literatūros leidykla 1963.
Liobytė, Aldona	Nė velnio nebijau. (Keinen Teufel fürchte ich; I fear no devil.) Jll.: Rimtautas Gibavičius. Vilnius: Vaga 1964.
Nėris, Salomėja (d.i. Salomėja Bačinskaitė-Bučienė)	Laumės dovanos. (Die Gaben der Waldfrau; The wood wife's gifts.) Jll.: Marytė Ladigaitė. Vilnius: Vaga um 1910;1966.
Petkjavičius, Vytautas	Didysis medžiotojas Mikus Pupkus. (Der grosse Jäger *Mikus Pupkus;* The great hunter *Mikus Pupkus.*) Jll.: Edmundas Žiauberis. Vilnius: Vaga 1969.
Saja, Kazys	Ei Slėpkitės! Kam pasaka, o kam teisybė, arba dviejų dalių apysaka su pagražinimais. (He, versteckt euch! Für den einen ein Märchen, für den anderen die Wahrheit, oder eine Erzählung in 2 Teilen mit Verschönerungen; Hey, hide yourselves! To the one a fairy tale, to the other reality, or a story in 2 parts with embellishments.) Jll.: Marija Ladigaitė. Vilnius: Vaga 1971.

13 – 15

Boruta, Kazys	Baltaragio malūnas. (Die Mühle des *Baltaragis;* The mill of *Baltaragis.*) Jll.: Jonas Kuzminskis. Vilnius: Valstybinė grožinės literatūros leidykla 1962.
Boruta, Kazys	Jurgio Paketurio klajonės. (Die Irrfahrten des *Jurgis Paketuris; Jurgis Paketuris'* wanderings about.) Jll.: Algirdas Steponavičius. Vilnius: Valstybinė grožinės literatūros leidykla 1963.
Krėvė-Mickevičius, Vincas	Aitvaras. (Der Hausgeist; The kite.) Jll.: Albina Makūnaitė. Vilnius: Vaga 1970.
Nėris, Salomėja (d.i. Salomėja Bačinskaitė-Bučienė)	Eglė žalčių karalienė. (*Eglė,* Königin der Nattern; *Eglė,* the adders' queen.) Jll.: Sigutė Valiuvienė. Vilnius: Valstybinė grožinės literatūros leidykla 1940;1961.

| Sluckis, Mykolas | Kelias suka pro mus. (Der Weg geht an uns vorbei; The way passes us.) JII.: Stasys Krasauskas. Vilnius: Valstybinė grožinės literatūros leidykla 1963. | SUIi |
| Vienuolis-Žukauskas, Antanas | Užkeiktieji vienuoliai. (Die verwunschenen Mönche; The enchanted monks.) JII.: Sigutė Valiuvienė. Vilnius: Valstybinė grožinės literatūros leidykla 1907;1964. | |

Birutė Žilytė in A. Liobytė: Pasaka apie narsią Vilniaus mergaitę ir galvažudį Žaliabarzdį

In rumänischer Sprache / In Rumanian language

3 – 6

Kêrare, Petru — Umbrela (Der Regenschirm; The umbrella.) Jll.: A. Štarkman. Kišinêu: Editura Lumina 1970.

Menjuk, Žeorže — La balul kocofenej. (Bei der Elster auf dem Ball; At the magpie's ball.) Jll.: Petru Mudrak. Kišinêu: Editura Lumina 1969.

7 – 9

Botezatu, Gr. (Hrsg.) — Povešt' moldovenešt'. (Moldauische Märchen; Moldavian fairy tales.) Jll.: Filimon Chêmuraru. Kišinêu: Editura Lumina 1967.

Vangheli, Spiridon — Isprêvile luj Guguce. (*Guguces* Streiche; *Guguce's* tricks.) Jll.: A. Chmelnickij. Kišinêu: Editura Lumina 1967.

Petru Mudrak
in Ž. Menjuk:
La balul
kocofenej

In ukrainischer Sprache / In Ukrainian language

3 – 6

Dva pivnyky	Dva pivnyky. Ukrains'ka narodna pisen'ka. (Die beiden Hähnchen. Ukrainisches Volkslied; The 2 cockerels. A Ukrainian folk song.) Jll.: Viktor Golozubov. Kyiv: Veselka 1970.
Och	Och. Ukrains'ka narodna kazka. (*Och!* Ukrainisches Märchen; *Oh!* Ukrainian folk tale.) Jll.: Olga Senćenko. Kyiv: Veselka 1968;1969.
Rukavyčka	Rukavyčka. Ukrains'ki narodni kazky. (Der Handschuh. Ukrainisches Volksmärchen; The mitten. Ukrainian folk talê.) Jll.: V. Lytvynenko. Kyiv: Veselka 1969.
Tyčny, Pavlo	Ivasyk Telesyk. (*Ivasyk Telesyk.*) Kyiv: Dnipro 1923;1971.

7 – 9

Hončar, Oles'	Doroha za chmary. Opovidannja. (Der Weg über die Wolken. Erzählung; The road over the clouds. A story.) Jll.: Abram Rezničenko. Kyiv: Veselka um 1950;1970.
Ivanenko, Oksana	Lisovi kazky. (Waldmärchen; Tales of the woods.) Jll. Kyiv: Molod' um 1965.
Konyky Syvaši	Konyky-Syvaši. Dytjači narodni pisen'ky. (Kleine graue Pferde. Kinder-Volkslieder; Little grey horses. Folk songs for children.) Jll.: Maryja Prymačenko. Kyiv: Veselka 1968.
Ljuba maty	Ljuba maty. Zbirka viršiv ta opovidan. (Liebe Mutter. Eine Sammlung von Gedichten und Erzählungen; Dear mother. A collection of poems and stories.) Jll.: M. Storoženko. Kyiv: Veselka 1969.
Voron'ko, Platon	Čytanočka. Virši. (*Čytanočka.* Gedichte; Poems.) Jll.: Nina Makarova. Kyiv: Veselka 1966.
Vovčok, Marko (d.i. Maria O. Vilins'ka)	Vedmid. (Der Bär; The bear.) Jll.: Nina Denysova. Kyiv: Veselka 1860;1969.
Vyšnja, Ostap (d.i. Pavlo M. Hubenko)	Ditjam. (Den Kindern; For children.) Jll. Kyiv 1958; um 1970.

Franko, Ivan	Lys Mykyta. (Fuchs *Mykyta;* Fox *Mykyta.)* Jll.: O. Kul'čyc'ka. Kyiv: Veselka um 1910;1973.
Prigara, Maria	Kozak Golota. Opovidannja. (Der Kosak *Golota*. Erzählungen; Cossack *Golota*. Stories.) Jll.: Georgy Jakutovyč. Kyiv: Veselka 1966.
Ševčenko, Taras	Malyi Kobzar. (Der kleine *Kobzar*; The little *Kobzar*.) Jll.: Y. Deregus, Y. Yžakevyč, V. Kasyjan u.a. Kyiv: Veselka 1840;1970.
Sosjura, Volodymyr	Lastivky na sonce. (Schwalben in der Sonne; Swallows in the sun.) Jll. Kyiv: Dnipro 1970.
Stefanyk, Vasyl	Katrusja. (*Katrusja.)* Jll. Kyiv um1900;um 1970.
Zabila, Natalya	Trojanovi dity. Dramatyčna poema. (Die *Trojanov*-Kinder. Ein dramatisches Gedicht; The *Trojanov* children. A dramatic poem.) Jll.: Aleksandra Pavlovskaja. Kyiv: Veselka 1971.

13 — 15

Franko, Ivan	Zachar Berkut. (*Zachar Berkut*.) Jll.: V. Lytvynenko. Kyiv: Deržlitvydav um 1910;um 1970.
Kanyvec, Vladimir	Chlopčyk i žar-ptycja. Povist'. (Der Junge und der Feuervogel. Eine Erzählung; The boy and the firebird. A story.) Jll.: Ambroz Žukovskyj. Kyiv: Veselka 1968.
Lesja Ukrainka (d.i. Larysa P. Kosač)	Osinnja kazka. (Herbstmärchen; Tales of the autumn.) Kyiv: Dnipro um 1900;1970.
Myrnyj, Panas (d.i. Panas J. Rudčenko)	Propašča syla. (Die verlorene Kraft; The lost power.) Kyiv: Naukova dumka 1970.
Rudanskyj, Stepan	Spivomovky. (Satirisch-humoristische Verse; Satirical humour in verses.) Kyiv: Deržlitvydav um 1860;1970.
Vovčok, Marko (d.i. Maria O. Vilins'ka)	Marusja. (*Marusja.*) Kyiv: Molod' um 1860;1972.
Zbanatskyj, Jurij	Miž dobrymy ljud'my. Povist'. (Unter freundlichen Menschen. Erzählung; Among kind people. A story.) Jll.: Abram Rezničenko. Kyiv: Veselka 1955;1972.

In arabischer Sprache / In Arabic language

10 – 12

Hassoun, Hussein   Al-A'mā al-shakur. (Die dankbaren Blinden; The grateful blind ones.) Jll.: Bakri Bilal. Khartoum: Publications Bureau 1968.

Hassoun, Hussein   Şakhrat al-ghār. (Der Fels in der Höhle; The rock in the cave.) Jll.: Ali Abdullah. Khartoum: Publications Bureau 1968.

Hassoun, Hussein   Sinjār al-jabbār. (*Sinjar*, der Riese; *Sinjar* the giant.) Jll.: Ali Abdullah. Khartoum: Publications Bureau 1968.

Mohamed, Ali   Ḳiṣat kifāḥ 'Uthmān Diḳna. (Das Buch von *Uthmān Diḳna*; The book of *Uthmān Diḳna.*) Jll.: Shurahbil Ahmed. Khartoum: Publications Bureau 1971.

Tayeb, Abdullah el Al-Aḥājī al-Sūdāniyah al-juz' al-thālith. (Erzählungen aus dem Sudan; Tales from the Sudan.) Jll.: Shurahbil Ahmed. Bd 1–3. Khartoum: Publications Bureau 1968.

In arabischer Sprache / In Arabic language

10 – 12

Al-Issa, Suleiman   Al-Nahr. (Der Fluss; The river.) Jll.: Naïm Ismaïl.
                     Damascus: Ministry of Culture and National Orientation
                     1971.

Ratana Atthakor in M. L. Maniratana Bunnag: Samohsorn Wahnorn Lopburi

In Thai-Sprache / In Thai language

3 – 6

Dusdi Paribatra, Mom	Nok Krachap. (Der Webervogel; The weaver bird.) JII.: Sukit Choongdharmkasem. Tokyo: Tuttle 1964.
Dusdi Paribatra, Mom	Plah Boo-Thong. (Die goldene Grundel; The golden goby.) JII.: Sukit Choongdharmkasem. Bangkok: Khuru Sapha.
Klon sumrup dek	Klon sumrup dek. (Kinderreime in Thailand; Children's rhymes in Thailand.) JII.: Prayoon Chanyawong. Englische Version. M.R. Samarnsnit Kanchanawanij. Bangkok: Siamese Association of University Women 1962.
Maniratana Bunnag, Mom Luang	Maew Kap Taow. (Eine Katze und eine Schildkröte; A cat and a turtle.) JII.: Teruo Yomura. Bangkok: Prachoomchang 1961.
Maniratana Bunnag, Mom Luang	Sanohnoi Ruan-Ngam. (Prinzessin *Sanohnoi Ruan-Ngam;* Princess *Sanohnoi Ruan-Ngam.*) JII.: Phanas Suwarnaboon. Bangkok: Ruam Sarn 1963.
Maniratana Bunnag, Mom Luang	Samohsorn Wahnorn Lopburi. (Die Affengesellschaft in *Lopburi; Lopburi* monkey club.) JII: Ratana Atthakor. Englische Version: Pharani Kirtiputra. Bangkok: Khuru Sapha 1967.
Sunthorn Bhoo	Phra Chaisuriya. (König *Chaisuriya;* King *Chaisuriya.*) Bangkok: Khuru Sapha 1970.

7 – 9

Kamchai Thonglaw	Nitan Sarm Ruang. (3 Thai-Geschichten; 3 Thai tales.) JII.:Sukit Laidej. Bangkok: Khuru Sapha 1967.
Maniratana Bunnag, Mom Luang	Sri Dhananchaya. (*Sri Dhananchaya.*) JII.: Ratana Atthakor. Englische Version: S.P. Bangkok: Khuru Sapha 1966.
Phanee Chiowanich / Dusdi Paribatra, Mom	Na chaihahd sa-ard sai. (Wanderung entlang dem Strand; Wander along the beach.) JII.: Choompol Trikrootpun. Bangkok: Khuru Sapha 1966.
Sirin Chuangchote	Sing tee mee cheewit nai talay. (Lebendige Wesen in der See; Living things in the sea.) Bangkok: Khuru Sapha 1968.

Suneet Praphasawat Looksuah kap lookwoo-ah Holawichaya Khawee. (Der kleine **T**
                    Tiger *Holawichaya* und das Kalb *Khawee;* The little tiger
                    Holawichaya and the calf *Khawee.*) Jll.: Ratana Atthakor.
                    Bangkok: Subcommitee on preparation of easy-to-read
                    books 1967.

10 – 12

Nongchanai   Loke Kwang. (Die Welt ist weit; The world is wide.) Bang-
  Parinvathawat   kok: Khuru Sapha 1968.

Patana Netrangsee Dek Ban Suan. (Das Leben von Thai-Kindern in alten Zeiten;
                   Thai child's life in olden days.) Bd 1.2. Bangkok: Khuru
                   Sapha 1970.

Plaek Sonthiraksa Nitan Thai. (Thai-Geschichten; Thai tales.) Bangkok: Ruam
                   Sarn 1963.

13 – 15

Pluang Na Nakorn   Pra Law Parp Wichit. (Das illustrierte Buch von *Pra Law;*
                   The illustrated book of *Pra Law.*) Jll.: Hem Wejakorn.
                   Bangkok: Thai Watana Panich 1963.

In englischer Sprache / In English language:

3 – 6

Old fun-rhymes   Old fun-rhymes for Thai children. (Alte lustige Reime für
                   Thai-Kinder.) Jll.: Prayoon Chanyawong. Bangkok: Satri-
                   Sarn 1970.

3 – 6

Ardağı, Adnan	Tanatara ile Panapara. (*Tanatara* und *Panapara*.) JII.: Nevide Gökaydın. Ankara: Milli Eğitim Yayin Müdürlüğü, Basılı Eğitim Malzemeleri 1963.
Göknil, Can	Bir boyayalım, bir harf öğrenelim. (Ein Bild wollen wir anmalen, einen Buchstaben wollen wir lernen; A picture we would like to colour, a letter we would like to learn.) İstanbul: Redhouse yayınevi 1974.
Mini-çocuk kitaplar dizisi	Mini-çocuk kitaplar dizisi. (Kleinkinder-Buchreihe; Book-series for small children.) JII. İstanbul: Milliyet.
Saraç, Tahsin	Ağustos böceği ile karınca. (Die Grille und die Ameise; The cricket and the ant.) JII.: Nevide Gökaydın. Istanbul: Milli Eğitim Basımevi 1963.
Saraç, Tahsin	Balta sapı. (Axtstiel; Handle of the axe.) Ankara: Basılı Eğitim Malzemeleri 1963.

7 – 9

Asena, Orhan	Bir fındık düştü dalından. (Eine Haselnuss fiel vom Zweig; A hazel nut fell from the twig.) JII.: Muammer Bakır, Nevzat Akoral. Ankara: Milli Eğitim Basımevi, Basılı Eğitim Malzemeleri 1963.
Elçin, Şükrü Murat/ Oğuzkan, Turhan	Deli Dumrul. (*Deli Dumrul.*) JII.: Cemil Eren. İstanbul: Milli Eğitim Basımevi 1963.
Izmiroğlu, G./ Sağun, G.	Büyük nedir? (Was ist gross? What is great?) İstanbul: Redhouse 1970.
Oğuzcan, Ümit Yaşar	Bahcemden mektuplar. (Briefe aus meinem Garten; Letters from my garden.) İstanbul: Uçuk
Oğuzcan, Ümit Yaşar (Hrsg.)	Çocuklara şiirler. (Kindergedichte; Poems for children.) İstanbul: Milliyet 1971.
Özkan, Hakkı (Hrsg.)	Fıkralarda çocuklar. (Kinder im Scherz; Children have fun.) İstanbul: Milliyet 1973.
Saraç, Tahsin	Az tamah, çok zarar verir. (Auch nur ein wenig Unersätt-lichkeit bringt viel Verlust; Even a little avidity leads to much loss.) İstanbul: Milli Eğitim Basımevi 1963.

Saraç, Tahsin   Âşik Veysel. (*Âşik Veysel.*) Jll.: Kerim Kayhan. Ankara: TR
                       Milli Eğitim Bakanlığı, Basılı Eğitim Malzemeleri 1965.

10 – 12

Bakşan   Çocuklara Karagöz. (*Karagöz* = Schwarzauge, für Kinder;
  Ziya Metin   *Karagöz* = Black-eye for children.) İstanbul: Milliyet 1971.

Dağlarca,   Kuş ayak. (Vogelfuss; A bird's foot.) İstanbul: Milliyet 1971.
  Fazıl Hüsnü

Gökşen, Enver Naci   Hocadan fıkralar. (Schwänke vom Hoča; The Hoča's pranks.)
                     İstanbul: İtimat 1971.

Güney,   Açıl sofram açıl. (Tischlein, deck dich; Table, set yourself.)
  Eflâtun Cem   Jll.: Vicki Saint-Gudjian. İstanbul: Doğan Kardeş 1955.

Oğuzkan,   Çocuklara şiirler. (Gedichte für Kinder; Poems for children.)
  Ali Ferhan   İstanbul: Milliyet 1971.
  (Hrsg.)

Oğuskan,   Şiir dünyası. (Welt des Gedichts; The world of poetry.)
  Ali Ferhan   Jll.: Mürside İçmeli. İstanbul: Remzi Kitabevi 1973.
  (Hrsg.)

Su, Kâmil   Olaylar Gemisi. (Abenteuer-Schiff; Ship of adventure.)
  Mükerrem   İstanbul: Milliyet 1973.

Tarık, Dursun K.   Deve Tellâl pire berber iken. (Als das Kamel Ausrufer und
                     der Floh Friseur war; When the camel was a town-crier and
                     the flea a barber.) İstanbul: Milliyet 1970.

Taşer, Suat   Çocuklara 1001 gece masalları. (Märchen aus 1001 Nacht
  (Hrsg.)   für Kinder; Tales from the Arabian nights chosen for children.)
                     İstanbul: Milliyet 1973.

Tezel, Naki   Kayıp Sultan. (Der verschwundene Sultan; The sultan who
                     disappeared.) İstanbul: Varlık 1966.

Uçuk, Cahit   Gümüş kanat. (Silberflügel; Silver wing.) Yalçın Emiroğlu.
                     İstanbul: Doğan Kardeş 1968.

13 – 15

Çelik, Naci   Çocuklara hikâyeler. (Kindergeschichten; Tales for children.)
  (Hrsg.)   Jll.: Altan Erbulak. İstanbul: Milliyet 1971.

Güney,   Dede Korkut masalları. (*Dede-Korkut*-Märchen; *Dede Korkut*
  Eflâtun Cem   tales.) Jll.: Neşat Günal. İstanbul: Doğan Kardeş 1966.

Güney,   Gökten üç elma düştü. (Vom Himmel sind 3 Äpfel gefallen;
  Eflâtun Cem   3 apples have fallen from heaven.) Jll.: Yalçın Emiroğlu.
                     İstanbul: Doğan Kardeş 1967.

Güney,	En güzel Türk masalları. (Die schönsten türkischen	TR
Eflâtun Cem	Märchen; The finest Turkish tales.) İstanbul: Doğan Kardes.	
Kanık, Orhan Veli	Nasreddin Hoça hikâyeleri. (Geschichten vom *Nasretin Hoča;* Tales from *Nasretin Hoča.*) İstanbul: Doğan Kardeş 1970.	
Rasp-Nuri, Grace	Halime, bir Anadolu kızının romanı. (*Halime.* Roman eines Mädchens aus Anatolien; *Halime.* A novel about a girl from Anatolia.) İstanbul: Doğan Kardeş 1967.	
Seyfettin, Ömer	Kaşağı. (Striegel; Horse-comb.) İstanbul: Milliyet 1970.	

Vicki Saint-Gudjian in E. C. Güney: Açıl sofram açıl

10 — 12

Ashtine, Eaulin   Nine folk tales. (9 Volkserzählungen.) JII.: Alfred Codallo.
                   Port of Spain: Ministry of Education and Culture 1968.

Mills, Therese   Peggy in Santa Cruz. (*Peggy* in *Santa Cruz.*) JII.: John Newel
                   Lewis. Port of Spain: Ministry of Education and Culture
                   1967.

Mills, Therese   Ramesh of El Socorro. (*Ramesch* aus *El Socorro.*) JII.: Wilson
                   Minshall. Port of Spain: Ministry of Education and
                   Culture 1967.

Ramsawack, Al   Anansi the tricky spider, — Greedy goat. (*Anansi,* die
                   listige Spinne. — Die gefrässige Geiss.) JII.: Al Ramsawack.
                   Port of Spain: Columbus Publishers 1970.

Elaine Robertson in: Let us play

In spanischer Sprache (Castellano) / In Spanish language (Castellano)

3 – 6

Aguiar de Mariani, Maruja	Tres cuentos para niños. (3 Geschichten für Kinder; 3 tales for children.) Montevideo: Apartado de la Revista Nacional 1969.
Figueira, Gastón	Recitaciones para clases jardineras. Poetas de América y Europa. (Gedichte für den Kindergarten. Dichter aus Amerika und Europa; Poems for kindergarten. Poets from America and Europe.) Jll. Montevideo: Gráficas Gaceta Comercial 1951.
Fontanals, Otilia	A la rueda . . . rueda . . . (Rund herum; Ring of roses.) Jll.: Fernando Colombo. Montevideo: Kapelusz 1972.
Fontanals, Otilia	Historias para contar. (Geschichten zum Erzählen; Stories to tell.) Montevideo: Nuestra Tierra 1975.
Fontanals, Otilia	Pío, pío. (Putt! Putt! Peep! Peep!) Jll.: Fernando Colombo. Montevideo: Kapelusz 1971.
Fontanals, Otilia	Trencito. (Kleiner Zug; Little train.) Jll.: Fernando Colombo. Montevideo: Kapelusz 1973.
Gaiero, Elsa Lira/ Tomeo, Humberto	Cancionero del duende verde. (Liederbuch des grünen Gespenstes; Songbook of the green ghost.) Jll.: Humberto Tomeo. Montevideo: Comunidad del Sur 1957;1966.
Sanguinetti Agustini, Héctor	Sólo para gente menuda. (Nur für Kinder; For children only.) Montevideo: Ministerio de Educación 1971.
Silvia Valdés, Fernán	Ronda catonga. (Reigen *Catonga;* Round *catonga.*) Jll.: Guma Zorrilla de San Martín. Montevideo: Imprenta A. Monteverde 1940.

7 – 9

Cunha, Juan	Pequeña antología. (Kleine Anthologie; Little anthology.) Jll.: Kindermalerei. Montevideo: Comunidad del Sur 1957.
Espínola, Francisco	Saltoncito. Novela para niños. (Ein kleiner Sprung. Roman für Kinder; A little jumper. A novel for children.) Jll.: Luís Scolpini. Montevideo: Arca 1940;1972.
Fontanals, Otilia	Calesitas. (Karusell; Merry-go-round.) Jll.: Fernando Colombo. Montevideo: Kapelusz 1966;1972.

Fontanals, Otilia	Cuando el sol se pone a jugar. (Wenn die Sonne spielt; When the sun begins to play.) Jll.: Santos Martínez Koch. Montevideo: Nuestra Tierra 1973.
Gaiero, Elsa Lira / Tomeo, Humberto	¿Conoces a Piolita? (Kennst du *Piolita?* Do you know *Piolita?*) Jll.: Humberto Tomeo. Montevideo: Barreiro y Ramos 1966;1969.
García, Serafín J.	Piquín y Chispita. Relato para niños. (*Piquín* und *Chispita.* Erzählung für Kinder; *Píquin* and *Chispita.* A story for children.) Jll.: Carlos Escobar. Montevideo: Ciudadela 1968;1970.
Ipuche, Pedro Leandro	Chongo, el petizo de la Escuela Granja no. 39. (*Chongo,* das Pferd von der Landschule Nr 39; *Chongo,* the horse from the country school nr 39.) Jll.: Josefina Schmidt. Montevideo: Consejo Nacional de Enseñanza Primaria y Normal 1968;1971.
Montiel Ballesteros, Adolfo	El gatito y otros cuentos. (Die kleine Katze und andere Erzählungen; The little cat and other stories.) Jll.: Horacio Añón. Montevideo: Tauro 1968.
Morosoli, Juan José	Perico. (*Perico* = Kleiner *Peter;* Little *Peter.*) Jll.: Ayax Barnes, Carlos Pieri. Montevideo: Banda Oriental 1964;1974.
Morosoli, Juan José	Tres niños, dos hombres y un perro. (3 Kinder, 2 Männer und ein Hund; 3 children, 2 men and one dog.) Jll.: Horacio Añón. Montevideo: Banda Oriental 1967;1972.

10 – 12

Balsas, Héctor	Pamplinas, un amigo estupendo. (*Pamplinas,* ein wunderbarer Freund; *Pamplinas,* a wonderful friend.) Montevideo: Sur 1966.
Fontanals, Otilia	Paraná Guazú. (*Paraná Guazú.*) Jll.: Fernando Colombo. Montevideo: Kapelusz 1969;1972.
García, Serafín J.	Blanquita. (*Blanquita* = kleine Weisse; Little White.) Jll.: Eduardo Peña. Montevideo: Mosca Hermanos 1969.
García, Serafín J.	El Totoral. (Der *Totoral;* The *Totoral.*) Jll.: Eduardo Peña. Montevideo: Mosca Hermanos 1967;1970.
Mérola, Cecilia	El niño y el bosque. (Das Kind und der Wald; The boy and the wood.) Jll.: Edda Ferreira. Montevideo: Comunidad del Sur 1958;1967.
Montiel Ballesteros, Adolfo	Queguay, el niño indio. (*Queguay,* das Indianerkind; *Queguay,* the Indian boy.) Jll.: Guillermo C. Rodríguez. Montevideo: Lacaño Hermanos.

U

Morosoli, Juan José	Selección de cuentos y relatos para niños. (Auswahl von Er- **U** zählungen und Geschichten für Kinder; Selection of tales and stories for children.) Jll. Montevideo: El Gurí 1964.
Rosa, Julio C. da	Busca Bichos. (*Busca Bichos* = Tiersucher; Small animals seeker.) Jll.: Mario Spallanzani. Montevideo: Banda Oriental 1970;1972.
Silva Valdés, Fernán	Poesías y leyendas para los niños. (Gedichte und Legenden für Kinder; Poems and legends for children.) Jll. Montevideo: Imprenta A. Monteverde 1930;1942.

13 – 15

García, Serafín J.	Las aventuras de Juan el Zorro. (Die Abenteuer von *Hans dem Fuchs;* The adventures of *John the Fox.)* Jll.: Oscar Abín. Montevideo: DISA 1950;1970.
García, Serafín J.	Leyendas y supersticiones. (Legenden und Aberglauben; Legends and superstitions.) Jll.: Eduardo Peña. Montevideo: Mosca Hermanos 1968.
Ibarbourou, Juana	Chico Carlo. (Der Junge *Carlo;* The boy *Carlo.*) Jll.: Amalia Nieto. Montevideo: Barreiro y Ramos.
Montiel Ballesteros, Adolfo	Gaucho Tierra. Aventuras de un hombrecito de barro. (Gaucho *Erde.* Abenteuer eines kleinen, schmutzigen Mannes; Gaucho *Earth.* Adventures of a muddy little man.) Jll.: Jonio Montiel. Montevideo: Compañía Impresora 1949.
Quiroga, Horacio	Cuentos de la selva para los niños. (Dschungelgeschichten für Kinder; Jungle tales for children.) Jll.: Penike. Montevi- deo: Claudio García 1947;1952.
Rodó, José Enrique	Parábolas. Cuentos simbólicos. (Parabeln. Symbolische Er- zählungen; Parables. Symbolic tales.) Jll.: Santos Martínez Koch. Montevideo: Contribución Americana de Cultura 1953.
Zorrilla de San Martín, Juan	Tabaré. (*Tabaré.*) Jll.: Ulpiano Checa y Sanz. Montevideo: Barreiro y Ramos 1886;1971.

In englischer Sprache / In English language

3 – 6

Baskin, Hosea/ Baskin, Tobias / Baskin, Lisa — Hosie's alphabet. (*Hosies* Alfabet.) Jll.: Leonard Baskin. New York: Viking 1972.

Bemelmans, Ludwig — Madeline's rescue.(*Magdalenens* Rettung.) Jll.: Ludwig Bemelmans. New York: Viking 1953.

Burton, Virginia Lee — The little house. (Das kleine Haus.) Boston: Houghton Mifflin 1942.

DeRegniers, Beatrice Schenk — May I bring a friend? (Darf ich einen Freund nach Hause bringen?) Jll.: Beni Montresor. New York: Atheneum 1964.

Fatio, Louise — The happy lion. (Der glückliche Löwe.) Jll.: Roger Duvoisin. New York: McGraw-Hill 1954.

Flack, Marjorie/ Wiese, Kurt — The story about Ping. (Die Geschichte von *Ping.*) New York: Viking 1933.

The fox went out — The fox went out on a chilly night. (Der Fuchs ging aus in einer kühlen Nacht.) Jll.: Peter Spier. New York: Doubleday 1961.

Gág, Wanda — Millions of cats. (Millionen von Katzen.) Jll.: Wanda Gág. New York: Coward McCann & Geoghegan 1928.

Hoban, Russell — Bedtime for Frances. (Schlafenszeit für *Franziska.*) Jll.: Garth Williams. New York: Harper & Row 1960.

Hogrogian, Nonny — One fine day. (Ein schöner Tag.) Jll.: Nonny Hogrogian. New York: Macmillan 1971.

Keats, Ezra Jack — The snowy day. (Der verschneite Tag.) Jll.: Ezra Jack Keats. New York: Viking 1962.

Krauss, Ruth — A hole is to dig. (Ein Loch ist zum Graben da.) Jll.: Maurice Sendak. New York: Harper & Row 1962.

Leaf, Munro — The story of Ferdinand. (Die Geschichte von *Ferdinand.*) Jll.: Robert Lawson. New York: Viking 1936.

Lionni, Leo — Inch by inch. (Stück für Stück.) Jll.: Leo Lionni. Stamford, Connecticut: Astor-Honor 1960;1962.

McCloskey, Robert — Blueberries for Sal. (Blaubeeren für *Sal.*) Jll.: Robert McCloskey. NewYork: Viking 1948.

He saw the tops of trees.

He saw his own house.

He saw Mother Bear.

Maurice Sendak in E. Holmelund Minarik: Little Bear's friend

Minarik, Else Holmelund	Little Bear. (*Kleiner Bär.*) Jll.: Maurice Sendak. New York: **USA** Harper & Row 1960.
Mosel, Arlene	Tikki Tikki Tembo. (*Tikki Tikki Tembo.*) Jll.: Blair Lent. New York: Holt, Rinehart & Winston 1968.
Mother Goose	Mother Goose and nursery rhymes. (*Mutter Gans* und andere Kinderreime.) Jll.: Philip Reed. New York: Atheneum 1963.
Ness, Evaline	Sam, Bangs and moonshine. (*Sam, Bangs* und Mondschein.) Jll.: Evaline Ness. New York: Holt, Rinehart & Winston 1966.
Sendak, Maurice	Where the wild things are. (Wo die wilden Kerle sind.) Jll.: Maurice Sendak. New York: Harper & Row 1963.
Shulevitz, Uri	Dawn. (Morgendämmerung.) Jll.: Uri Shulevitz. New York: Farrar, Straus & Giroux 1974.
Steig, William	Sylvester and the magic pebble. (*Sylvester* und der Zauber-Kieselstein.) Jll.: William Steig. New York: Simon & Schuster 1969.
Taylor, Mark	Henry explores the jungle. (*Henry* auf Forschungsreise im Dschungel.) Jll.: Graham Booth. New York: Atheneum 1968.
Turkle, Brinton	Thy friend, Obadiah. (Dein Freund, *Obadiah.*) Jll.: Brinton Turkle. New York: Viking 1969.
Ungerer, Tomi	The beast of Monsieur Racine. (Das Biest des Herrn *Racine.*) Jll.: Tomi Ungerer. New York: Farrar, Straus & Giroux 1971.
Zion, Gene	Harry the dirty dog. (*Harry* der schmutzige Hund.) Jll.: Margaret Bloy Graham. New York: Harper & Row 1956.
Zolotow, Charlotte	Mr. Rabbit and the lovely present. (Herr *Kaninchen* und das schöne Geschenk.) Jll.: Maurice Sendak. New York: Harper & Row 1962.

7 – 9

Atwater, Richard Tupper/ Atwater, Florence	Mr. Popper's penguins. (Herrn *Popper*s Pinguine.) Jll.: Robert Lawson. Boston: Little, Brown 1938.
Bulla, Clyde Robert	White Bird. (*Weisser Vogel.*) Jll.: Leonard Weisgard. New York: Thomas Y. Crowell 1966.
√Carlson, Natalie Savage	The family under the bridge. (Die Familie unter der Brücke.) Jll.: Garth Williams. New York: Harper & Row 1958.
Charlip, Remy/ Supree, Burton	Harlequin and the gift of many colors. (Viele Farben als Geschenk für *Harlekin.*) New York: Parents Magazine 1973.
Chase, Richard (Hrsg.)	Jack tales. (*Jack*-Geschichten.) Jll.: Berkeley Williams jr. Boston: Houghton Mifflin 1943.

Cleary, Beverly	Henry and Ribsy. (*Henry* und *Ribsy.*) Jll.: Louis Darling. New York: Morrow 1954.	**USA**

Coatsworth, Elizabeth Jane The cat who went to heaven. (Die Katze, die in den Himmel ging.) Jll.: Lynd Ward. New York: Macmillan 1930;1958.

Dalgliesh, Alice The courage of Sarah Noble. (Der Mut von *Sarah Noble*.) Jll.: Leonard Weisgard. New York: Scribner 1954.

Estes, Eleanor The hundred dresses. (Die 100 Kleider.) Jll.: Louis Slobodkin. New York: Harcourt, Brace, Jovanovich 1944.

Harris, Joel Chandler The favorite Uncle Remus. (Meistgelesene Onkel-*Remus*-Geschichten.) Hrsg.: George van Santvoord, Archibald C. Coolidge. Jll.: Arthur Burdette Frost. Boston: Houghton Mifflin 1880;1948.

Hodges, Margaret The wave. (Die Woge.) Jll.: Blair Lent. Boston: Houghton Mifflin 1964.

✓Lawson, Robert Rabbit Hill. (Kaninchenhügel.) Jll.: Robert Lawson. New York: Viking 1949.

Lewis, Richard (Hrsg.) In a spring garden. (In einem Frühlingsgarten.) Jll.: Ezra Jack Keats. New York: Dial 1965.

Lobel, Arnold Frog and Toad are friends. (*Frosch* und *Kröte* sind Freunde.) Jll.: Arnold Lobel. New York: Harper & Row 1970.

Lubell, Winifred / Lubell, Cecil Green is for growing. (Wachsendes Grün.) Jll.: Winifred Lubell, Cecil Lubell. Chicago: Rand McNally 1964.

Ormondroyd, Edward Broderick. (*Broderick.*) Jll.: John Larrecq. Berkeley: Parnassus 1960.

Rockwell, Anne Tuhurahura and the whale. (*Tuhurahura* und der Wal.) Jll.: Anne Rockwell. New York: Parents Magazine 1971.

Sasek, Miroslav This is New York. (Das ist New York.) Jll.: Miroslav Sasek. New York: Macmillan 1960.

Sleator, William The angry moon. (Der ärgerliche Mond.) Jll.: Blair Lent. Boston: Little, Brown 1970.

Stockton, Frank Richard The griffin and the minor canon. (Der Greif und der jüngste der Domherren.) Jll.: Maurice Sendak. New York: Holt, Rinehart & Winston 1963.

✓White, Elwyn Brooks Charlotte's web. (*Charlotte*s Spinnwebe.) Jll.: Garth Williams. New York; Harper & Row 1952.

✓Wilder, Laura Ingalls The little house on the prairie. (Das kleine Haus in der Prärie.) Jll.: Garth Williams. New York: Harper & Row 1935;1953.

✓Wilder, Laura Ingalls On the banks of Plum Creek. (Am Ufer des *Plum Creek.*) Jll.: Garth Williams. New York: Harper & Row 1937;1953.

Withers, Carl (Hrsg.) A rocket in my pocket. The rhymes and chants of young Americans. (Eine Rakete in meiner Tasche.) Jll.: Susanne Suba. New York: Holt, Rinehart & Winston 1948.

| Yashima, Taro | Crow Boy. (*Krähenjunge.*) Jll.: Taro Yashima. New York: Viking 1955. | **USA** |

Yolen, Jane   The seventh mandarin. (Der 7. Mandarin.) Jll.: Ed Young. New York: Seabury 1970;

10 — 12

Brink,
Carol Ryrie   Caddie Woodlawn. (*Caddie Woodlawn.*) Jll.: Kate Seredy. New York: Macmillan 1935.

Courlander, Harold/
Leslau, Wolf   The fire on the mountain, and other Ethiopian stories. (Das Feuer auf dem Berg und andere äthiopische Geschichten.) Jll.: Robert W. Kane. New York: Holt, Rinehart & Winston 1950.

Cunningham, Julia   Dorp dead. (Fall tot hin -- dorp: Kindersprache für drop.) Jll.: James Spanfeller. New York: Pantheon 1965.

Downer, Marion   Story of design.(Gestaltungs-Geschichte.) Fotos: Marion Downer. New York: Lothrop, Lee & Shepard 1963.

Dunning, Stephen
u.a. (Hrsg.)   Reflections on a gift of watermelon pickle. (Reflexionen über eine geschenkte, eingemachte Wassermelone.) Fotos. New York: Lothrop, Lee & Shepard 1967.

Estes, Eleanor   The middle Moffat. (Das mittlere *Moffat*-Mädchen.) Jll.: Louis Slobodkin. New York: Harcourt, Brace, Jovanovich 1942.

Fitzhugh, Louise   Harriet the spy. (*Harriet* die Spionin.) New York: Harper & Row 1964.

George, Jean   Julie of the wolves. (*Julie* bei den Wölfen.) Jll.: John Schoen-herr. New York: Harper & Row 1972.

George, Jean   My side of the mountain. (Meine Seite des Berges.) Jll.: Jean George. New York: Dutton 1959.

Hamilton, Virginia   House of Dies Drear. (Das Haus des *Dies Drear.*) Jll.: Eros Keith. New York: Macmillan 1968.

Hamilton, Virginia   M.C. Higgins the Great. (*M.C. Higgins* der Grosse.) New York: Macmillan 1974.

Hautzig, Esther   The endless steppe. (Die endlose Steppe.) New York: Crowell 1968.

Holman, Felice   Slake's limbo. (*Slake*s Niemandsland.) New York: Scribner 1974.

Konigsburg,
Elaine Lobl   Jennifer, Hecate, Macbeth, William McKinley, and me, Eli-zabeth. (*Jennifer, Hekate, Macbeth, William McKinley* und ich, *Elisabeth.*) Jll.: Elaine Lobl Konigsburg. New York: Atheneum 1967.

Lawson, Robert	Ben and me. (*Ben* und ich.) JII.: Robert Lawson. Boston: Little, Brown 1939.	**USA**

✳ L'Engle, Madeleine — A wrinkle in time. (Eine Falte zur rechten Zeit.) New York: Farrar, Straus & Giroux 1962.

Lenski, Lois — Indian captive. The story of Mary Jemison. (Gefangene der Indianer. Die Geschichte von *Mary Jemison*.) JII.: Lois Lenski. Philadelphia: Lippincott 1941.

Macauley, David — Cathedral. The story of its construction. (Kathedrale. Die Geschichte ihrer Konstruktion.) JII.: David Macauley. Boston: Houghton Mifflin 1973.

North, Sterling — Rascal. A memoir of a better era. (*Rascal.* Erinnerung an eine bessere Zeit.) JII.: John Schoenherr. New York: Dutton 1963.

Pyle, Howard — Some merry adventures of Robin Hood. (Einige lustige Abenteuer von *Robin Hood*.) JII.: Howard Pyle. New York: Scribner 1883;1954

Raskin, Ellen — Figgs and phantoms. (*Figgs* und Phantome.) JII.: Ellen Raskin. New York: Dutton 1974.

Sandburg, Carl — Rootabaga stories. (*Rootabaga*-Geschichten.) JII.: Maud Petersham, Miska Petersham. New York: Harcourt, Brace, Jovanovich 1936.

Snyder, Zilpha Keatley — The Egypt game. (Das ägyptische Spiel.) JII.: Alton Raible. New York: Atheneum 1967.

Snyder, Zilpha Keatley — The witches of Worm. (Die Hexen von *Worm*.) JII.: Alton Raible. New York: Atheneum 1972.

Sperry, Armstrong — Call it courage. (Nenn es Mut.) JII.: Armstrong Sperry. New York: Macmillan 1940.

Steele, William — Perilous road. (Die gefährliche Strasse.) JII.: Paul Galdone. New York: Harcourt, Brace, Jovanovich 1958.

Twain, Mark (d.i. Samuel Langhorne Clemens) — The adventures of Tom Sawyer. (*Tom Sawyer*s Abenteuer.) JII.: Louis Slobodkin. New York: World 1876;1946.

Twain, Mark (d.i. Samuel Langhorne Clemens) — Adventures of Huckleberry Finn. (Abenteuer des *Huckleberry Finn*.) New York: Macmillan 1885;1962.

Wallace, Barbara — Claudia. (*Claudia*.) Chicago: Follett 1969.

Weik, Mary Hays — The jazz man. (Der Jazzspieler.) JII.: Ann Grifalconi. New York: Atheneum 1966.

✓ Wilder, Laura Ingalls — The long winter. (Der lange Winter.) JII.: Garth Williams. New York: Harper & Row 1940;1953.

Adamson, Joy | Born free. (Frei geboren.) New York: Pantheon 1960.

Adoff, Arnold (Hrsg.) | Black on Black. Commentaries by Negro Americans. (Schwarz über Schwarz. Kommentare von amerikansichen Negern.) New York: Macmillan 1968.

Alcott, Louisa May | Little women. (Kleine Frauen.) Jll.: Barbara Cooney. New York: Crowell 1868;1955.

Bonham, Frank | Durango Street. (*Durango*-Strasse.) New York: Dutton 1965.

Clapp, Patricia | Contance. (*Constance.*) New York: Lothrop, Lee & Shepard 1968.

Cleaver, Vera/ Cleaver, Bill | Where the lilies bloom. (Wo die Lilien blühen.) Jll.: James Spanfeller. Philadelphia: Lippincott 1969.

Donovan, John | Wild in the world. (Wild in der Welt.) New York: Harper & Row 1971.

Dunning, Stephen u.a. (Hrsg.) | Some haystacks don't even have any needle, and other complete modern poems. (Einige Heuschober haben nicht einmal eine Nadel, und andere nicht gekürzte moderne Gedichte.) New York: Lothrop, Lee & Shepard 1969.

Edmonds, Walter | Two logs crossing. (Zwei Stämme quer hinüber.) Jll.: Tibor Gergely. New York: Dodd, Mead 1943.

Engdahl, Sylvia Louise | Beyond the tomorrow mountains. (Hinter den Hügeln von morgen.) Jll.: Richard Cuffari. New York: Atheneum 1973.

Frost, Robert | You come too. Favorite poems for young readers. (Du kommst auch. Beliebte Gedichte für junge Leser.) Jll.: Thomas Nason. New York: Holt, Rinehart & Winston 1959.

Go ask Alice | Go ask Alice. (Frag *Alice.*) Englewood Cliffs, New Jersey: Prentice-Hall 1967.

Hentoff, Nat | Jazz country. (Im Lande des Jazz.) New York: Harper & Row 1965.

Hinton, Susan Eloise | The outsiders. (Die Aussenseiter.) New York: Viking 1957.

Hunt, Irene | Across five Aprils. (Fünf Aprilmonate hindurch.) Chicago: Follett 1964.

Hunt, Irene | No promises in the wind. (Keine Versprechungen in den Wind!) Chicago: Follett 1970.

Kerr, M.E. | Dinky Hocker shoots smack. (*Dinky Hocker* nimmt Heroin.) New York: Harper & Row 1972.

Lee, Mildred | The rock and the willow. (Der Felsen und die Weide.) New York: Lothrop, Lee & Shepard 1963.

Lester, Julius	To be a slave. (Ein Sklave zu sein.) Jll.: Tom Feelings. New York: Dial 1968.	**USA**
London, Jack (d.i. John Griffith)	The call of the wild. (Der Ruf der Wildnis.) Jll.: Karel Kezer. New York: Macmillan 1903;1963.	
Mathis, Sharon Bell	Listen for the fig tree. (Hör dem Feigenbaum zu.) New York: Viking 1974.	
Neville, Emily	It's like this, cat. (Es ist so, wie es ist, Katze.) Jll.: Emil Weiss. New York: Harper & Row 1963.	
O'Dell, Scott	Island of the Blue Dolphins. (Die Insel der blauen Delphine.) Boston: Houghton Mifflin 1960.	
O'Dell, Scott	Sing down the moon. (Sing den Mond herab.) Boston: Moughton Mifflin 1970.	
Sandoz, Mari	The horse catcher. (Der Pferdefänger.) Philadelphia: Westminster 1957.	
Speare, Elizabeth George	The witch of Blackbird Pond. (Die Hexe vom Amselteich.) Boston: Houghton Mifflin 1958.	
Ullman, James Ramsey	Banner in the sky. (Banner im Himmel.) Philadelphia: Lippincott 1954.	
Wibberley, Leonhard	John Treegate's musket. (*John Treegates* Muskete.) New York: Farrar, Straus & Giroux 1959.	

In Navajo / In Navajo

3 – 6

Crowder, Jack L.	Stephannie and the coyote. — Stefanii dóó ma'll. (*Stefanie und der Steppenwolf.*) Fotos: Jack L. Crowder. Bernalillo, New Mexico: Crowder 1969;1970. Text in Navajo und Englisch.

In vietnamesischer Sprache / In Vietnamese language

3 – 6

Cân, Huy	Phù Dông Thien Vuong. (Sage über den Himmelsprinz *Phu Dong;* Legend of the prince of heaven *Phu Dong.*) Jll.: Mai-Long, Lê Huy Hòa, Trân thi Mỳ, Ta Luu, Thy Ngoc, Hô Quang, Huy Toàn, Huu Duc. Ha-nôi: Kim Dông.
Duong, Huong	Xu bup bê. (Im Reich der Puppen; The world of puppets.) Saigon: Truong Vinh Ky.

10 – 12

Chu, Hu	Con chim hông tuoc. (Der Vogel *Hong tuoc; Hong tuoc,* the bird.) Saigon: Mac Lâm.
Diêu, Lê Tât	Dung vo si. (*Dung,* der Sportler; *Dung,* the athlete.) Saigon: Khai Tri.
Ly Hoang Truc	Truyên cô Viêtnam. (Märchen aus Viêtnam; Folktales of Viêtnam.) Saigon: Khai Tri.
Nam, Son	Truyên xua tich cu. (Geschichten aus der Überlieferung; Stories from ancient times.) Jll.: Pham Tang. Saigon: Khai Tri.
Ngoc, Nguyên van	Truyên cô nuoc Nam. Nguoi. (Alte Geschichte des Landes *Nam.* Bd 1: Über Menschen; Old stories of *Nam.* Vol. 1: About men.) Saigon: Thang long.
Ngoc, Nguyên van	Truyên cô nuoc Nam. Loai vât. (Alte Geschichte des Landes *Nam.* Bd 2: Über Tiere; Old stories of *Nam.* Vol. 2: About animals.) Saigon: Thang Long.
Quỳnh Viên	Hiêu bui doi. (*Hiêu,* der Obdachlose; *Hiêu,* the homeless.) Jll.: Da Lan. Saigon: Mây Hông.
Quýnh, Viên	Thang Moi Den. (Der Neger; The negro.) Jll.: Hoai Nam, Thao. Saigon: Mây Hông.
Saigon, Dung	Tiêng khóc mô côi. (Tränen der Waisen; The tears of the orphans.) Jll.: Da Lan. Saigon: Mây Hông.
Tâu, Trong	Thang Nuôi dâu bu. (*Nuôi,* der grosse Kopf; *Nuôi,* the big-head.) Saigon: Hoa Tiên.
Tùng, Thanh	Giòng sông cái côi. (Der Fluss *Cái Côi;* The *Cái Côi* river.) Jll.: Ngu Phuoc Toan. Saigon: Tram Hoa.

Giác, Nguyên Mông Bao rot. (Auflösender Sturm; The lessening of the storm.) Saigon: Trí Dang.

Hai, Kim Phuong nao binh yen. (In der Gegend, in der Frieden herrscht; In the peaceful region.) Saigon: Tuôi hoa.

Hanh, Vu Bút máu. (Tuschpinsel, der blutige Schriftzeichen schreibt; The brush-pen writes in blood.) Saigon: Trí Dang.

Xuân, Nguyên van Dich cát. (Epedimie im Sandgebiet; Epedemic on the sandy coast.) Saigon: Trí Dang.

Phiên, o Thuong hoài ngàn nam. (Zuneigung auf Ewigkeit; Eternal love.) Saigon: Trí Dang.

Phuong, Chan Ông dô làng Nhi Khê. (Der Gelehrte des Dorfes *Nhi Khê*; The wise man of *Nhi Khê.*) Saigon: Tuôi hoa.

Umschlag-Illustration von Nguyên van Ngọc: Truyện cô nuóc Nam. Bd 1

3 – 6

Adedeji, Remi	The fat woman. (Die dicke Frau.) JII. Ibadan: Junior African literature series 1973.

7 – 9

Adedeji, Remi	Four stories about the tortoise. (4 Erzählungen über die Schildkröte.) JII. Ibadan: Junior African literature series 1973.
Adedeji, Remi	Papa Ojo and his family. (Vater *Ojo* und seine Familie.) JII. Ibadan: Junior African literature series 1973.
Akinsemoyin, Kunle	Twilight and the tortoise. (Zwielicht und die Schildkröte.) JII.: Stephen Erhabor. Lagos: African University Press 1963.
Awopetu, Tunde	Pussy Merry's birthday party. (Die Geburtstagsgesellschaft von *Pussy Merry*.) JII. Lagos: African University Press 1971.
Nzekwu, Onuara / Crowder, Michael	Eze goes to school. (*Eze* geht zur Schule.) JII.: Adebayo Ajayi. Lagos: African University Press 1963.
Okoro, Anezi	The village school. (Die Dorfschule.) JII.: Francis Effiong. Lagos: African University Press 1966.
Onadipe, Kola	Magic land of the shadows. (Zauberland der Schatten.) Lagos: African Junior Library 1971.
Segun, Mabel	My father's daughter. (Die Tochter meines Vaters.) Lagos: African University Press 1965.
Uwedimo, Rosemary	Akpan and the smugglers. (*Akpan* und die Schmuggler.) Lagos: African University Press 1965.

10 – 12

Achebe, Chinua / Iroaganchi, John	How the leopard got its claws. (Wie der Leopard seine Klauen erhielt.) Enugu: 1971.
Akpan, Ntieyong Udo	Ini Abasi and the sacred ram. (*Ini Abasi* und der heilige Widder.) London: Longman 1966.
Ekwenzi, Cyprian	An African nights entertainment. (Eine Unterhaltung in afrikanischen Nächten.) JII.: Bruce Onobrakpeya. Lagos: African University Press 1962.

Ekwensi, Cyprian Odiatu Duaka	The great elephant bird and other tales. (Der grosse Elefan- **WANe** ten-Vogel und andere Erzählungen.) JII.: Rosemary Tonks, John Cottrell. London: Nelson 1965.
Henshaw, James Ene	Children of the goddess and other plays. (Kinder der Göttin und andere Stücke.) London: University of London Press 1964.
Munonye, John	Oil man of Obange. (Öl-Mann von Obange.) London, Ibadan: Heinemann 1971.
Munonye, John	A wreath for the maidens. (Ein Kranz für die Mädchen.) London, Ibadan: Heinemann 1973.
Okoro, Anezi N.	Febechi and group in cave adventure. (*Febechi* und Gruppe im Höhlenabenteuer.) JII. Enugu: 1971.
Onadipe, Kola	The boy slave. (Der Sklavenjunge.) JII.: J.K. Oyewole. Lagos: African University Press 1966.

13 – 15

Achebe, Chinua	Beware soul brother. Poems. (Gib acht, Seelenbruder. Ge- dichte.) London, Ibadan: Heinemann Education 1972.
Achebe, Chinua	Things fall apart. (Dinge fallen beiseite.) London, Ibadan: Heinemann 1962.
Clark, John	Casualities. Poems 1966–68. (Verluste. Gedichte 1966–68.) London: Longman 1970.
Ekwensi, Cyprian Odiatu Duaka	Burning grass. A story of the Fulani of North Nigeria. (Brennendes Gras. Eine Erzählung der Fulani aus Nord-Nige- ria.) London, Ibadan: Heinemann 1962;1966.
Ekwensi, Cyprian Odiatu Duaka	The rain maker and other stories. (Der Regenmacher und andere Erzählungen.) Lagos: African University Press 1965.
Jones, Eldred Durosimi	The writing of Wole Soyinka. (Die Schriften von *Wole Soyinka.*) London, Ibadan: Heinemann 1973.
Mezu, Sebastian Okechukwu	Behind the rising sun. (Hinter der aufgehenden Sonne.) London, Ibadan: Heinemann 1971.
Munonye, John	The only son. (Der einzige Sohn.) London, Ibadan: Heine- mann 1966.
Nwankwo, Nkem	Tales out of school. (Geschichten aus der Schule.) JII.: Adebayo Ajayi. Lagos: African University Press 1963.
Nzekwu, Onuora	Wand of noble wood. (Ein Stab aus edlem Holz.) London: Hutchinson 1961.
Okojie, Olufunke	The boy doctor. (Der junge Arzt.) Hrsg.: John Tedman, Alison Tedman. JII. London: Oxford University Press 1964.

Soyinká, Akmwande Oluwole	A dance of the forest. A play. (Ein Tanz im Wald. Ein Spiel.) London, Ibadan: Oxford University Press 1963.	**WANe**
Tutuola, Amos	My life in the bush of ghosts. (Mein Leben im Busch der Geister.) London: Faber 1954;1964.	
Tutuola, Amos	The palm wine drinkard and his dead palm wine tapster in the deads' town. (Der Palmwein-Säufer und sein toter Palmwein-Zapfer in der Totenstadt.) London: Faber 1952.	

Liman Muhammad in: Mu Fara Karatu (WAN)

JUGOSLAWIEN / YUGOSLAVIA

In serbokroatischer Sprache / In Serbo-croatian language

Die Länderbezeichnungen in Klammern sind die Herkunftsländer der Autoren
The countries shown in brackets are the countries of origin of the authors.

3 – 6

Bourek, Zlatko/ Grgić, Zlatko/ Kolar, Boris/ Zaninović, Ante	Leteći Fabijan. (Der fliegende *Fabian;* The flying *Fabian.*) Jll.: Zlatko Bourek, Zlatko Grgić, Boris Kolar, Ante Zanino- vić. Zagreb: Školska knjiga 1971. (Kroatien.)
Bourek, Zlatko Grgić, Zlatko/ Kolar, Boris/ Zaninović, Ante	Maestro Koko. (Maestro *Koko.*) Jll.: Zlatko Bourek, Zlatko Grgić, Boris Kolar, Ante Zaninović. Zagreb: Školska knjiga 1972. (Kroatien.)
Bourek, Zlatko/ Grgić, Zlatko/ Kolar, Boris/ Zaninović, Ante	Vjetrovita priča. (Windige Erzählung; The windy story.) Jll.: Zlatko Bourek, Zlatko Grgić, Boris Kolar, Ante Zaninović. Zagreb: Školska knjiga 1972. (Kroatien.)
Bourek, Zlatko/ Grgić, Zlatko/ Kolar, Boris/ Zaninović, Ante	Zvjezdani kvartet. (Das Stern-Quartett; The Star-lit Quartet.) Jll.: Zlatko Bourek, Zlatko Grgić, Boris Kolar, Ante Zaninović. Zagreb: Školska knjiga 1972. (Kroatien.)
Ćopić, Branko	Ježeva kućica. (Das Igelhäuschen; The hedghog's little house.) Jll.: Vilko Selan Gliha. Zagreb: Naša djeca 1949;1973. (Serbien.)
Ćopić, Branko	Raspjevani cvrčak. (Die singende Grille; The singing cricket.) Jll.: Mario Mikulić. Sarajevo: Svjetlost 1955;1971. (Serbien.)
Crnčević, Brana	Mrav dobra srca. (Die gutherzige Ameise; The goodhearted ant.) Jll.: Aleksandar Marks. Zagreb: Školska knjiga 1969. (Serbien.)
Kolar, Boris	Dječak i lopta. (Der Junge und der Ball; The boy and the ball.) Jll.: Zlatko Bourek. Zagreb: Školska knjiga 1969. (Kroatien.)
Lukić, Dragan	Hiljadu reči o tri reči. (1000 Worte über 3 Worte; A 1000 words about 3 words.) Jll.: Marko Krsmanović. Beograd: Mlado pokolenje 1968. (Serbien.)
Maksimović, Desanka	Izvolite na izložbu. (Willkommen zur Ausstellung; Welcome to the exhibition.) Jll.: Živojin Kovačević. Beograd: Mlado pokolenje 1969. (Serbien.)

Matošec, Milivoj	Zašto Murgoš plače. (Warum *Murgoš* weint; Why *Murgoš* is crying.) Jll.: Josip Bifel. Zagreb: Naša djeca 1967. (Kroatien.) **YU**
Vitez, Grigor	Kako živi Antuntun. (Wie *Antuntun* lebt; How *Antuntun* lives.) Jll.: Zlatko Bourek. Zagreb: Mladost 1974. (Kroatien.)
Vukotić, Dušan	Krava na Mjesecu. (Die Kuh auf dem Mond; The cow on the moon.) Jll.: Dušan Vukotić, Rudolf Borošak. Zagreb: Školska knjiga 1969. (Kroatien.)
Vukotić, Dušan	Posjet iz svemira. (Besuch aus dem Weltall; A visit from the space.) Jll.: Pavao Štalter. Zagreb: Školska knjiga 1969. (Kroatien.)
Zaninović, Ante	Priča bez veze. (Sinnlose Geschichten; Nonsonse stories.) Jll.: Ante Zaninović. Zagreb: Školska knjiga 1969. (Kroatien.)

7 – 9

Andrić, Ivo	Aska i vuk. (*Aska* und der Wolf; *Aska* and the wolf.) Jll.: Ive Seljak-Čopič. Beograd: Prosveta um 1960. (Bosnien.)
Balog, Zvonimir	Ja magarac. (Ich Esel; I am a donkey.) Jll.: Nives Kavurić-Kurtović. Zagreb: Mladost 1973. (Kroatien.)
Balog, Zvonimir	Nevidljiva Iva. (Die unsichtbare *Iva*; The invisible *Iva*.) Jll.: Marija Putra-Žižić. Zagreb: Mladost 1970;1974. (Kroatien.)
Brlić-Mažuranić. Ivana	Čudnovate zgoda šegrta Hlapića. (Die wunderbaren Erlebnisse des Lehrlings *Hlapić;* The wonderful experiences of the apprentice *Hlapić.*) Jll.: Ferdo Kulmer. Zagreb: Mladost 1913;1972. (Kroatien.)
Brlić-Mažuranić, Ivana	Najlepše priče Ivane Brlić-Mažuranić. (Die schönsten Märchen *Ivana Brlić-Mažuranićs;* The most beautiful stories of *Ivana Brlić-Mažuranić.*) Jll.: Cvijeta Job. Zagreb: Mladost 1916;1971. (Kroatien.) Enthält: Šuma Striborova. – Regoč. – Jagor. – Ribar Palunko.
Brlić-Mažuranić, Ivana	Priče iz davnine. (Erzählungen aus der Vergangenheit; Stories of the past.) Jll.: Danica Rusjan. Zagreb: Mladost 1916;1971. (Kroatien.)
Brlić-Mažuranić, Ivana	Potjeh. (*Potjeh.*) Jll.: Cvijeta Job. Zagreb: Mladost 1916;1971. (Kroatien.)
Ceković, Ivan	Kad bi mjesec bio balon. (Wenn der Mond ein Ballon wäre; If the moon were a balloon.) Jll.: Gordana Popović. Beograd: Mlado pokolenje 1964. (Serbien.)
Ćopić, Branko	Doživljaji mačka Toše. (Die Erlebnisse des Katers *Tosa;* Adventures of tom-cat *Tosa.*) Jll.: Hamid Lukovac. Sarajevo: Veselin Masleša 1954;1975. (Serbien.)

Crnčević, Brana	Bosonogi i nebo. (Der Barfüssige und der Himmel; The bare-footed and heaven.) Jll. Beograd: Prosveta 1963. (Serbien.) **YU**
Danojlić, Milovan	Kako spavaju tramvaji. (Wie die Strassenbahnen schlafen; How the streetcars sleep.) Jll.: Hamid Lukovac. Sarajevo: Veselin Masleša 1959;1975. (Serbien.)
Erić, Dobrica	Slavuj i sunce. (Die Nachtigall und die Sonne; The nightingale and the sun.) Jll.: Voja Carić. Beograd: Mlado pokolenje 1968. (Serbien.)
Ivanji, Ivan	Kengur, helikopter i drugi. (Känguruh, Hubschrauber und anderes; The kangaroo, the helicopter and other things.) Jll.: Marjana Lehner. Beograd: Prosveta 1967. (Serbien.)
Jovanović, Zmaj, Jovan	Da čudne radosti. (Ja, wunderliche Freuden; Yes, amazing joys.) Jll.: Željko Borić. Sarajevo: Veselin Masleša um 1890—1904;1974. (Serbien.)
Kanižaj, Pajo	Bila jednom jedna plava. (Es war einmal eine Blondine; Once upon a tíme there was a blond.) Jll.: Vilka Selan Gliha. Zagreb: Skolska knjiga 1970. (Serbien.)
Katalinić, Palma	Pričanje Cvrčka moreplovca. (Die Erzählung der Seefahrergrille; The tales of the seafaring cricket.) Jll.: Diana Kosec-Bourek. Zagreb: Mladost 1969;1974. (Dalmatien.)
Kolarić-Kišur, Zlata	Moja zlatna dolina. (Mein goldenes Tal; My golden valley.) Jll.: Zdenka Pozaić. Zagreb: Mladost 1972. (Kroatien.)
Kušec, Mladen	Plavi kaputić. (Das blaue Mäntelchen; The blue little coat.) Jll.: Diana Kosec-Bourek. Zagreb: Mladost 1974. (Kroatien.)
Lukić, Dragan	Kapetanica nebodera. (Die Kapitänin des Wolkenkratzers; The girl captain of the skyscraper.) Jll.: Josip Vaništa. Zagreb: Skolska knjiga 1971. (Serbien.)
Maksimović, Desanka	Đačko srce. (Schülerherz; Pupil's heart.) Jll.: Ivanka-Ida Ćirić. Beograd: Mlado pokolenje 1971. (Serbien.)
Narodne priče	Narodne priče jugoslavenskih naroda. (Jugoslawische Volksmärchen; Folk tales of the Yugoslavian people.) Bd 1—10. Zagreb: Naša djeca.
Parun, Vesna	Mačak Džingiskan i Miki Trasi. Dječji roman u stihovima. (Der Kater *Džingiskan* und *Miki Trasi.* Ein Kinderroman in Versen; The cat *Džingiskan* and *Miki Trasi.* A children's novel in verses.) Jll.: Biserka Barešić, Ordan Petlevski. Zagreb: Spektar 1968. (Kroatien.)
Parun, Vesna	Miki slavni kapetan. (*Miki,* der berühmte Kapitän; *Miki* the famous captain.) Jll.: Vlasta Vucelić. Zagreb: Školska knjiga 1970. (Kroatien.)
Radičević, Branko V.	Učeni mačak. (Der gelehrte Kater; The instructed tom-cat.) Jll.: Milan Popović. Sarajevo: Veselin Masleša 1961;1966. (Serbien.)

Radović, Dušan	Smešne reči. (Komische Worte; Funny words.) Jll.: Hamid Lukovac. Sarajevo: Svjetlost 1962;1972. (Serbien.)	**YU**
Radović, Dušan	Poštovano deco. (Geehrte Kinder; Honoured children.) Jll.: Radoslav Zečević. Beograd: Mlado pokolenje 1954;1971. (Serbien.)	
Ršumović, Ljubivoje	Ma šta mi reče. (Was du nicht sagst! Do tell!) Jll.: Radoslav Zečević. Novi Sad: R.U. Radivoj Ćirpanov 1970;1972. (Serbien.)	
Stahuljak, Višnja	Kućica sa crvenim šeširom. (Das Häuschen mit dem roten Hut; The small house with a read hat.) Jll.: Nives Kavurić-Kurtović. Zagreb: Mladost 1974. (Kroatien.)	
Tartalja, Gvido	Koliko je težak san. (Wie schwer ist der Traum; How heavy is the dream.) Jll.: Gordana Popović, Đorđe Milanović. Beograd: Mlado pokolenje 1971. (Serbien.)	
Vitez, Grigor	Gdje priče rastu. (Wo die Märchen wachsen; Where the stories grow.) Jll.: Ordan Petlevski. Zagreb: Mladost 1965;1974. (Kroatien.)	
Vitez, Grigor	Kad bi drveće hodalo. (Wenn die Bäume gehen könnten; If trees could walk.) Jll.: Ivo Šebalj. Zagreb: Mladost 1959;1973. (Kroatien.)	
Vitez, Grigor	Neposlušne stvari. (Ungehorsame Sachen; Disobedient things.) Jll.: Omer Omerović. Sarajevo: Veselin Masleša. (Kroatien.)	

10 – 12

Bulajić, Stevan	Krilati karavan. (Geflügelte Karawane; Winged caravan.) Jll.: Hamid Lukovac. Sarajevo: Veselin Masleša 1964;1972. (Bosnien.)
Ćopić, Branko	Bosonogo djetinstvo. (Barfüssige Kindheit; Barefooted childhood.) Jll.: Adi Mulabegović. Sarajevo: Veselin Masleša 1965;1975. (Serbien.)
Diklić, Arsen	Salaš u malom ritu. (Das Gehöft im Kleinen Moor; The farm on the Little Moor.) Jll.: Sava Nikolić. Sarajevo: Veselin Masleša 1953;1972. (Bosnien.)
Erić, Dobrica	Čobanska torbica. (Die Tasche aus *Čoban;* The bag from *Čoban.*) Jll.: Bojana Ban. Beograd: BIGZ 1973. (Serbien.)
Hromadžić, Ahmet	Okamenjeni vukovi. (Versteinerte Wölfe; Stone wolves.) Jll.: Danica Rusjan. Sarajevo: Veselin Masleša 1965;1970. (Bosnien.)
Hromadžić, Ahmet	Zlatorun. (Goldvlies; Golden fleece.) Jll.: Danica Rusjan. Sarajevo: Svjetlost 1966. (Bosnien.)
Iveljić, Nada	Dobro lice. (Das gute Gesicht; The good face.) Jll.: Maria Duga. Zagreb: Mladost 1974. (Kroatien.)

Iveljić, Nada	Konjić sa zlatnim sedlom. (Das Pferdchen mit dem goldenen **YU** Sattel; The little horse with the golden saddle.) Jll.: Danica Rusjan. Zagreb: Mladost 1968;1974. (Kroatien.)
Jelić, Vojin	Ukradeno dvorište. (Der gestohlene Hof; The stolen court.) Jll.: Branko Ivančić, Ljubo Ivančić. Zagreb: Školska knjiga 1971. (Serbien.)
Katalinić, Palma	Djetinstvo Vjetra kapetana i druge priče. (Die Kindheit des Windkapitäns und andere Erzählungen; The wind captain's childhood and other stories.) Jll.: Danica Rusjan. Zagreb: Mladost 1964. (Dalmatien.)
Kolar, Slavko	Jurnjava na motoru. (Die Jagd auf dem Motorrad; The persuit on the motorcycle.) Jll.: Mladen Veža. Zagreb: Matica Hrvatska 1961. (Kroatien.)
Krklec, Gustav	Majmun i naočale. (Der Affe und die Brille; The monkey and the spectacles.) Jll.: Nives Kavurić-Kurtović. Zagreb: Mladost 1952—1967;1973. (Kroatien.)
Kušan, Ivan	Koko i duhovi. (*Koko* und die Gespenster; *Koko* and the ghosts.) Jll.: Đuro Seder. Zagreb: Mladost 1958;1970. (Kroatien.)
Kušan, Ivan	Koko u Parizu. (*Koko* in Paris; *Koko* in Paris.) Jll.: Đuro Seder. Zagreb: Mladost 1972;1974. (Kroatien.)
Kušan, Ivan	Uzbuna na zelenom vrhu. (Das Geheimnis des grünen Hügels; The mystery of the green hill.) Zagreb: Mladost 1956;1973. (Kroatien.)
Kušan, Ivan	Zagonetni dječak. (Der rätselhafte Knabe; The mysterious boy.) Jll.: Ivan Kušan. Beograd: Prosveta 1963. (Kroatien.)
Lovrak, Mato	Družba Pere Kvržice. (Die Bande des *Peter Beulchen; Peter Bump's* gang.) Jll.: Danica Rusjan. Zagreb: Mladost 1933;1972. (Kroatien.)
Lovrak, Mato	Vlak u snijegu. (Der Zug im Schnee; The train in the snow.) Jll.: Josip Vaništa. Zagreb: Mladost 1933;1975. (Kroatien.)
Martić, Andelka	Pirgo. (*Pirgo*.) Jll.: Slavko Marić. Zagreb: Mladost 1961. (Kroatien.)
Matošec, Milivoj	Strah u Ulici lipa. (Die Angst in der *Linden*strasse; Fear in *Linden* Street.) Jll.: Branko Vujanović. Zagreb: Mladost 1968;1973. (Kroatien.)
Matošec, Milivoj	Tragom brodskog dnevnika. (Auf der Spur eines Schiffsjournals; On the track of a ship log.) Sarajevo: Veselin Masleša 1957;1965. (Kroatien.)
Matošec, Milivoj	Veliki skitač. (Der grosse Landstreicher; The great tramp.) Zagreb: Matica hrvatska 1965. (Kroatien.)
Najdanović, Milorad	Između žbunja i oblaka. (Zwischen Büschen und Wolken; Between bushes and clouds.) Jll.: Viktorija Bregovljanin. Beograd: Mlado pokolenje 1964. (Serbien.)

Nazor, Vladimir	Bijeli jelen. — Dupin. — Minji. (Der weisse Hirsch. — Der Delphin. — *Minji;* The white stag. — The dolphin. — *Minji.*) Sarajevo: Svjetlost 1967. (Kroatien.)	YU

Nazor, Vladimir — Min-Čang-Lin. (*Min-Čang-Lin.*) JII.: Vesna Borčić. Zagreb: Mladost 1961. (Kroatien.)

Nušić, Branislav — Hajduci. (Die Heiduken; The haiduks.) Sarajevo: Svjetlost 1933;1966. (Serbien.)

Paljetak, Luko — Miševi i mačke naglavačke. (Mäuse und Katzen im Kopfstand; Mice and cats topsy-turvy.) JII.: Diana Kosec-Bourek. Zagreb: Mladost 1973. (Kroatien.)

Pavičić, Josip — Što pričaju dan i noć. (Was erzählen der Tag und die Nacht; What do day and night tell.) JII.: Anica Kovač. Sarajevo: Veselin Masleša 1959;1965. (Kroatien.)

Popović, Aleksandar — Tvrdoglave priče. (Eigenwillige Erzählungen; Wilful stories.) JII.: Stevo Binički. Zagreb: Mladost 1962. (Serbien.)

Raičković, Stevan — Gurije (*Gurije.*) JII.: Željko Marjanović. Sarajevo: Veselin Masleša 1962;1971. (Serbien.)

Raičković, Stevan — Veliko dvorište. (Der grosse Hof; The big courtyard.) JII.: Husnija Balić. Sarajevo: Veselin Masleša 1965;1974. (Serbien.)

Škrinjarić, Sunčana — Ljeto u modrom kaputu. (Der Sommer im blauen Mantel; Summer in the blue coat.) JII.: Mladen Veža. Zagreb: Školska knjiga 1972. (Kroatien.)

Trajković, Nikola (Hrsg.) — Legende o Kraljeviću Marku. (Die Sage vom Königssohn *Marko;* The saga of prince *Marco.*) JII.: Ratko Ruvarac. Beograd: Narodna knjiga 1967.

Truhelka, Jagoda — Zlatni danci. (Die goldenen kleinen Tage; The small golden days.) JII.: Branko Vujanović. Zagreb: Mladost 1918;1969. (Kroatien.)

Vučo, Aleksandar — San i java hrabrog Koče. (Traum und Wachen des tapferen *Koča*; The brave *Koča*'s dream and his watching.) JII.: Mario Mikulić. Sarajevo: Veselin Masleša 1933;1974. (Serbien.)

Zvrko, Ratko — Grga Čvarak. (*Grga Čvarak.*) JII.: Branko Vujanović. Zagreb: Mladost 1967;1972. (Kroatien.)

13 — 15

Alečković, Mira — Zbogom velika tajno. (Adieu grosses Geheimnis; Farewell, great secret.) JII.: Sava Nikolić. Sarajevo: Veselin Masleša 1965;1975. (Serbien.)

Andrić, Ivo — Pripovetke. (Erzählungen; Stories.) JII.: Josip Vaništa. Zagreb: Mladost 1967;1974. (Bosnien.)

Andrić, Ivo	Veletovci i Priča o kmetu Simanu. (*Veletovci* und die Sage vom Leibeigenen *Siman; Veletovci* and the legend of the serf *Siman*.) Beograd: Dečja knjiga 1953. (Bosnien.)	**YU**
Antić, Miroslav	Plavi čuperak. (Der blonde Schopf; The blond toft.) JII.: Dušan Ristić. Beograd: Nolit 1965; 1974. (Serbien.)	
Antić, Miroslav	Živeli prekosutra. (Sie lebten übermorgen; They lived the day after to-morrow.) Novi Sad: R.U. Radivoj Ćirpanov 1974. (Serbien.)	
Barković, Josip	Tračak. (Die hauchdünne Spur; Faint trace.) Zagreb: Mladost 1973. (Kroatien.)	
Barković, Josip	Zeleni dječak. (Der grüne Knabe; The green boy.) JII.: Maria Duga. Zagreb: Mladost 1960;1974. (Kroatien.)	
Ćopić, Branko	Magareće godine. (Eselsjahre; Donkey years.) JII.: Adi Mulabegović. Sarajevo: Veselin Masleša 1965;1972. (Serbien.)	
Ćopić, Branko	Orlovi rano lete. (Die Adler fliegen früh; Eagles fly early.) JII.: Franjo Likar. Sarajevo: Veselin Masleša 1957;1975. (Serbien.)	
Finci, Jozef	Indijanci naših ulica. (Die Indianer unserer Strassen; The Indians of our streets.) JII.: Zeljko Marjanović. Sarajevo: Svjetlost 1959;1967. (Serbien.)	
Kočić, Petar	Pripovijetke. (Erzählungen; Stories.) Zagreb: Mladost 1904;1961. (Bosnien.)	
Kolar, Slavko	Breza. (Die Birke; The birch-tree.) Sarajevo: Svjetlost 1928;1960. (Kroatien.)	
Kostić, Dušan	Gluva pećina. (Die taube Höhle; The deaf cave.) JII.: Franjo Likar. Sarajevo: Veselin Masleša 1964. (Serbien.)	
Kovačić, Ante	U registraturi. (In der Registratur; In the registry.) Sarajevo: Veselin Masleša 1888;1973. (Kroatien.)	
Krleža, Miroslav	Hrvatski bog Mars. (Kroatischer Gott Mars; The Croatian god Mars.) Sarajevo: Svjetlost 1922;1973. (Kroatien.)	
Kušec, Mladen	Volim te. (Ich mag dich; I like you.) JII.: Diana Kosec-Bourek. Zagreb: Mladost 1973;1974. (Kroatien.)	
Lukić, Dušica	Miris rumenila. (Der Duft der Morgenröte; The scent of dawn.) JII.: Sava Nikolić. Beograd: Mlado pokolenje 1968. (Serbien.)	
Mažuranić, Ivan	Smrt Smail-age Čengijića. (Der Tod des Smailaga *Čengijić;* The death of Smail-aga *Čengijić.*) Zagreb: Mladost 1846;1968. (Kroatien.)	
Nazor, Vladimir	Pjesme. (Gedichte; Poems.) Sarajevo: Veselin Masleša 1974. (Kroatien.)	
Nazor, Vladimir	Priče iz djetinjstva. (Erzählungen aus der Kindheit; Stories from the childhood.) Sarajevo: Svjetlost 1924;1966. (Kroatien.)	

Nazor, Vladimir	Veli Jože. — Dupin. — Voda. (Der grosse *Jože.* — Der Delphin. **YU** — Wasser; The great *Joseph*. — The dolphin. — Water.) Zagreb: Školska knjiga um 1908. (Kroatien.)
Novak, Vjenceslav	U glib i druge pripovijesti. (Im Schlamm und andere Erzählungen; In the mud and other stories.) Zagreb: Mladost 1967;1974. (Kroatien.)
Nušić, Branislav	Autobiografija. (Autobiografie; Autobiography.) Sarajevo: Svjetlost 1924;1967. (Serbien.)
Petrović Njegoš, Petar	Gorski vijenac. (Bergkranz; Crown of mountains.) Beograd: Prosveta 1847. (Montenegro.)
Popović, Aleksandar	Gardijski potporučnik Ribanac. (Der Gardeoffizier *Ribanac*; The guard officier *Ribanac*.) Jll.: Đorđe Milanović. Beograd: Mlado pokolenje 1969. (Serbien.)
Ratković, Milenko	Školjka iz zavičaja. (Die Muschel aus der Heimat; The sea shell from home.) Cetinje: Obod 1970. (Montenegro.)
Šenoa, August	Seljačka buna. (Bauernaufstand; The peasant's rebellion.) Beograd: Nolit 1876;1971. (Kroatien.)
Šimunović, Dinko	Pripovijetke. (Erzählungen; Stories.) Zagreb: Mladost 1909—1914;1964. (Dalmatien.)
Tadijanović, Dragutin	Srebrne svirale. (Silberne Flöten; Silver flutes.) Zagreb: Školska knjiga 1973. (Serbien.)

Cvijeta Job in I. Brlić-Mažuranić: Šuma Striborova

In mazedonischer Sprache / In Macedonian language

7 – 9

Ivanovski, Srbo	Veseloto šturče. (Die lustige Grille; The gay cricket.) Jll.: Grigor Popovski. Skopje: Detska radost
Janevski, Slavko	Crni i žolti. (Der Schwarze und der Gelbe; The black and the yellow.) Jll.: Dimitar Kondovski. Skopje: Makedonska kniga 1968.
Janevski, Slavko	Sneško. (Der Schneemann; The snowman.) Skopje: Novo pokolenje.
Leov, Jordan	Isčeznat svet. (Die verschwundene Welt; The world that disappeared.) Jll.: Spase Kunoski. Skopje: Makedonska kniga; Detska radost 1968.
Nikoleski, Vančo	Čudni slučki. (Wunderliche Begebenheiten; Strange happenings.) Skopje: Detska radost

10 – 12

Kunoski, Vasil	Strašno, postrašno i najstrašno. (Schrecklich, schrecklicher, am schrecklichsten; Terrible, more terrible, most terrible.) Jll.: Mladen Tunić. Skopje: Makedonska kniga.
Kunoski, Vasil	Tošo, Sneška i sto i edna smeška. (*Tošo, Sneška* und 101 Gelächter; *Tošo, Sneška* and 101 laughter.) Skopje: Makedonska kniga 1970.
Kunoski, Vasil	Zgodi i nezgodi. (Ereignisse und Nicht-Ereignisse; Events and nonevents.) Skopje: Naša kniga 1972.
Nikoleski, Vančo	Prikazni od moeto selo. (Erzählungen von meinem Dorf; Stories about my village.) Skopje: Kultura 1973.
Nikolova, Olivera	Zoki Poki. (*Zoki Poki.*) Skopje: Kultura 1970.
Podgorec, Vidoe	Šareni brodove. (Bunte Schiffe; Colored ships.) Skopje: Makedonska kniga.
Podgorec, Vidoe	Siviot odmazdnik. (Der graue Rächer; The gray avenger.) Skopje: Naša kniga.
Popovski, Aleksandar	Kopač na izvori. (Der Brunnengräber; The well digger.) Skopje: Detska radost 1972.

Popovski, Gligor	Što ima zad topolite. (Was gibt es hinter der Pappel; What YUm is behind the poplar.) JII.: Melita Vovk-Štih. Skopje: Epoha.
Ristevski, Cvetan	Zajko Seznajko. (*Zajko Allesswisser; Zajko Know-it-all.*) Skopje: Makedonska kniga 1970.
Strezovski, Jovan	Koj e vinovniot. (Wer ist schuldig; Who is guilty.) Skopje: Epoha.
Tarapuza, Stojan	Dambara Dumbara. (*Dambara Dumbara.*) Skopje: Makedonska kniga 1969.

13 – 15

Andreevski, Cane	Jagotki. (Erdbeeren; Strawberries.) Skopje: Kultura 1967.
Atanasovski, Miho	Marko Novinarko. (*Marko Novinarko.*) Skopje: Detska radost 1972.
Čingo, Zivko	Srebrenite snegovi. (Der silberne Schnee; The silver snow.) Skopje: Nova Makedonija 1966.
Janevski, Slavko	Selo zad sedumte jaseni. (Das Dorf hinter den 7 Eschen; The village behind the 7 ash trees.) Skopje: Kočo Racin.
Janevski, Slavko	Ulica. (Die Strasse; The street.) Skopje: Kočo Racin.
Leov, Jordan	Raskazi. (Erzählungen; Stories.) Skopje: Makedonska kniga.
Naumovski, Lazo	Golimata avantura. (Das grosse Abenteuer; The great adventure.) Skopje: Kočo Racin.
Petrevski, Gorjan	Gorocvet. (Bergblume; Mountain flower.) Skopje: Naša kniga 1973.
Podgorec, Vidoe	Beloto ciganče. (Das weisse Zigeunerkind; The white gipsy child.) Skopje: Nova Makedonija 1966.
Popovski, Gligor	Ispit. (Die Prüfung; The examination.) Skopje: Detska radost 1972.
Smakoski, Boško	Golemi i mali. (Der Grosse und der Kleine; The tall and the short one.) Skopje: Nova Makedonija 1966.
Strezovski, Jovan	Posledniot fišek. (Die letzte Patrone; The last cartridge.) Skopje: Kultura 1966.

In slowenischer Sprache / In Slovenian language

3 – 6

Brenk, Kristina (Red.)	Pojte, pojte, drobne ptice, preženite vse meglice. Slovenske ljudske pesmice za otroke. (Singt, singt, kleine Vögel, vertreibt alle Nebel. Slowenische Volksliedchen für Kinder; Sing, sing, little birds, banish all mist. Slovenian folk songs for children.) Jll.: Marlenka Stupica. Ljubljana: Mladinska knjiga 1971.
Glazer, Janko (Red.)	Sto pesmi za otroke. (Hundert Kinderlieder; One hundred songs for children.) Jll.: Štefan Planinc. Ljubljana: Mladinska knjiga 1974.
Grafenauer, Niko	Pedenjped. (Der spannenlange Däumling; Span-long Tom Thumb.) Jll.: Lidija Osterc. Ljubljana: Mladinska knjiga 1966;1969.
Kette, Dragotin	Pravljica o šivilji in škarjicah. (Das Märchen von der Schneiderin und der Schere; The fairy tale of the seamstress and the scissors.) Jll.: Jelka Reichman. Ljubljana: Mladinska knjiga 1954;1973.
Kovačič, Lojze	Možiček med dimniki. (Das Männlein zwischen den Rauchfängen; The little man from among the chimneys.) Jll.: Milan Bizovičar. Ljubljana: Mladinska knjiga 1974.
Kovačič, Lojze	Zgodbe iz mesta Rič-Rač; Stories from the town *Slish-Slash.*) Jll.: Milan Bizovičar. Ljubljana: Mladinska knjiga 1962;1969.
Kovačič, Lojze	Zgodbe iz mesta Rič-Rač. (Geschichten aus der Stadt *Rič-Rač*; Stories from the town *Slish-Slash.*) Jll.: Milan Bizovičar. Ljubljana: Mladinska knjiga 1962;1969.
Kovič, Kajetan	Zlata ladja. (Das goldene Schiff; The golden ship.) Jll.: Lidija Osterc. Ljubljana: Mladinska knjiga 1969.
Levstik, Fran	Otroške pesmice. (Kinderlieder; Children's songs.) Jll.: France Mihelič. Ljubljana: Mladinska knjiga 1880;1972.
Makarovič, Svetlana	Miška spi. (Das Mäuschen schläft; The little mouse is sleeping.) Jll.: Milan Bizovičar. Ljublana: Mladinska knjiga 1972.
Pavček, Tone	Vrtiljak. (Das Karussell; The roundabout.) Jll.: Štefan Planinc. Ljubljana: Mladinska knjiga 1965.
Peroci, Ela	Moj dežnik je lahko balon. (Mein Schirm fliegt wie ein Ballon; My umbrella can turn into a balloon.) Jll.: Marlenka Stupica. Ljubljana: Mladinska knjiga 1955;1974.
Peroci, Ela	Pravljice žive v velikem starem mestu. (Geschichten leben in der grossen, alten Stadt; Stories live in the old large town.) Jll.: Marlenka Stupica. Ljubljana: Mladinska knjiga 1969.

Peroci, Ela	Za lahko noč. (Zur guten Nacht; For good night.) Jll.: Ančka **YUs** Gošnik-Godec. Ljubljana: Mladinska knjiga 1964;1973.
Snoj, Jože	Lajna drajna. (Leierkasten-Gassenlieder; Street songs of the barrel organ.) Jll.: Jože Ciuha. Ljubljana: Mladinska knjiga 1971.
Številke	Številke. (Die Zahlen; The numbers.) Jll.: Marlenka Stupica. Ljubljana: Mladinska knjiga 1970.
Suhodolčan, Leopold	Krojaček Hlaček. (Das Schneiderlein *Hosenmatz;* Taylor *Tim.*) Jll.: Marlenka Stupica. Ljubljana: Mladinska knjiga 1973.
Valjavec, Matija	Pastir. (Der Hirt; The shepherd.) Jll.: Marlenka Stupica. Ljubljana: Mladinska knjiga 1858;1967.
Zajc, Dane	Bela mačica. (Das weisse Kätzchen; The little white cat.) Jll.: Lidija Osterc. Ljubljana: Mladinska knjiga 1969.
Župančič, Oton	Lahkih nog naokrog. (Leichten Fusses ringsherum; Lightfooted dancing around.) Jll.: Marička Koren. Ljubljana: Mladinska knjiga 1912; 1974.
Župančič, Oton	Mehurčki. (Seifenbläschen; Little soapbubbles.) Jll.: Marlenka Stupica. Ljubljana: Mladinska knjiga 1915;1974.

7 − 9

Alenčica	Alenčica sestra Gregčeva. (*Alenčica, Gregečs* Schwesterchen; *Alenčica,* little sister of *Gregeč.*) Jll.: Milan Bizovičar. Ljubljana: Mladinska knjiga 1839;1973.
Bevk, France	Zlata voda in druge zgodbe. (Goldenes Wasser und andere Geschichten; Golden water and other stories.) Jll.: Nada Lukežič. Ljubljana: Mladinska knjiga 1965.
Brenk, Kristina (Red.)	Slovenske ljudske pripovedi. (Slowenische Volkserzählungen; Slovenian folktales.) Jll.: Ančka Gošnik-Godec. Ljubljana: Mladinska knjiga 1970.
Kovič, Kajetan	Moj prijatelj Piki Jakob. (Mein Freund *Piki Jakob;* My friend *Piki Jakob.*) Jll.: Jelka Reichman. Ljubljana: Borec 1973.
Levstik, Fran	Martin Krpan. (*Martin Krpan.*) Jll.: Tone Kralj. Ljubljana: Mladinska knjiga 1858;1970.
Makarovič, Svetlana	Kosovirja na leteči žlici. (*Glili* und *Glal* auf dem fliegenden Löffel; *Glili* and *Glal* on the flying spoon.) Jll.: Lidija Osterc. Ljubljana: Mladinska knjiga 1974.
Makarovič, Svetlana	Pekarna Mišmaš. (Die Bäckerei *Mischmasch;* The Mousie-mouse Bakery.) Jll.: Marija Lucija Stupica. Ljubljana: Mladinska knjiga 1974.
Milčinski, Fran	Pravljice. (Märchen; Fairy tales.) Jll.: Gvido Birolla, Maksim Gaspari, Ivan Vavpotič. Ljubljana: Mladinska knjiga 1911;1975.

Pirnat, Zlata	Maček Peregrin. (Der Kater *Peregrin* = Pilger; Tom cat *Peregrin* = pilgrim.) Jll.: Nada Lukežič. Ljubljana: Mladinska knjiga 1970.	**YUs**
Župančič, Oton	Ciciban. (*Ciciban.*) Jll.: Nikolaj Pirnat. Ljubljana: Mladinska knjiga 1915;1974.	
Župančič, Oton	Kanglica. (Kännlein; Little can.) Jll.: Nikolaj Pirnat, Vladimir Lakovič. Ljubljana: Mladinska knjiga 1950;1969.	
Zverinice iz Rezije	Zverinice iz Rezije. (Die kleinen Waldtiere aus *Rezija;* The little forest animals from *Rezija.*) Jll.: Ančka Gošnik-Godec. Ljubljana: Mladinska knjiga 1973.	

10 – 12

Bevk, France	Pastirci. (Die Hirtenjungen; The shepherd boys.) Jll.: Niko Pirnat. Ljubljana: Mladinska knjiga 1935;1965.
Bevk, France	Pestrna. (Die Kinderwärterin; The nurse.) Jll.: France Mihelič. Ljubljana: Mladinska knjiga 1945;1974.
Bevk, France	Tatič. (Der kleine Dieb; The little thief.) Jll.: Nikolaj Omersa. Ljubljana: Mladinska knjiga 1923;1971.
Godina, Ferdo	Sezidale si bova hišico. (Wir beide werden uns ein Häuschen bauen; We two will build a small house.) Jll.: Ive Šubic. Ljubljana: Mladinska knjiga 1974.
Jurca, Branka	Uhač in njegova druščina. (*Uhač* und seine Gesellschaft; *Uhač* and his friends.) Jll.: Božo Kos. Ljubljana: Mladinska knjiga 1963;1972.
Milčinski, Fran	Ptički brez gnezda. (Nestlose Vögelchen; Little birds without a nest.) Jll.: Hinko Smrekar. Ljubljana: Mladinska knjiga 1917;1969.
Seliškar, Tone	Bratovščina Sinjega galeba. (Die Bruderschaft von der Blauen Möwe; The fellowship of the Blue Sea-gull.) Jll.: Božo Kos. Ljubljana: Mladinska knjiga 1936;1974.
Snoj, Jože	Barabákos in kosi, ali kako si je Pokovčev Igor po pravici prislužil in pošteno odslužil to ime. (*Barabakos* = Lumpenamsel, und die Amseln, oder wie *Igor Pokovčev* sich gerechterweise diesen Namen verdient und wie er ihn ehrlicherweise abgedient hat; *Barabakos* = rag thrush, and the thrushes, or how *Igor Pokovčev* fairly deserved that name and how he honestly paid off by serving.) Jll.: Božo Kos. Ljubljana: Mladinska knjiga 1969.
Suhodolčan, Leopold	Deček na črnem konju. (Der Knabe auf dem schwarzen Pferd; The boy on the black horse.) Jll.: Ive Šubic. Ljubljana: Mladinska knjiga 1961;1969.

Vandot, Josip   Kekec nad samotnim breznom. (*Kekec* am einsamen Abgrund; **YUs** *Kekec* at the lonsesome abyss.) Jll.: Marička Koren. Ljubljana: Mladinska knjiga um 1924;1974.

13 – 15

Cankar, Ivan   Moje življenje. (Mein Leben; My life.) Jll.: Milan Bizovičar. Ljubljana: Mladinska knjiga um 1914;1972.

Finžgar, Franc Saleški   Pod svobodnim soncem. (Unter der freien Sonne; Below the free sun.) Bd 1.2. Jll.: Aco Mavec. Ljubljana: Mladinska knjiga 1912;1974.

Forstnerič, France   Srakač. (*Skrakač* = Elsterjunge; The magpie boy.) Jll.: Janez Vidic. Ljubljana: Mladinska knjiga 1970.

Jurca, Branka   Rodiš se samo enkrat. (Du wirst nur einmal geboren; You are born only once.) Jll.: Božo Kos. Ljubljana: Mladinska knjiga 1972.

Mihelič, Mira   Pridi, mili moj Ariel. (Komm. mein lieber *Ariel;* Come, my dear *Ariel.*) Jll.: Roža Piščanec. Ljubljana: Mladinska knjiga 1965.

Prežihov, Voranc (d.i. Lovro Kuhar)   Solzice. (Maiglöckchen; Lilies of the valley.) Jll.: Milan Bizovičar. Ljubljana: Mladinska knjiga 1949;1973.

Smolnikar, Breda   Popki. (Knospen; Buds.) Jll.: Melita Vovk-Štih. Ljubljana: Mladinska knjiga 1973.

Zidar, Pavle   Kukavičji Mihec. (Kuckucks-*Michel;* Cuckoo Mike.) Ljubljana: Partizanska knjiga 1972;1975.

Grimm: in Brata
Marlenka Stupica
Sneguljčica

In spanischer Sprache (Castellano) / In Spanish language (Castellano)

3 – 6

Bosch, Velia	Arrunango. (*Arrunango.)* Jll.: Lourdes Armas. Caracas: Instituto Nacional de Cultura y Bellas Artes 1968.
Carrillo, Morita	Torres de celofán. (Zellofantürme; Towers of cellophane.) Jll.: Halina Mazepa de Koval. Caracas: Instituto Nacional de Cultura y Bellas Artes 1968.
Mamalola (d.i. Lola de Angeli)	Los cuentos de Mamalola. (Die Erzählungen von *Mamalola;* The stories of *Mamalola.*) Jll.: Halina Mazepa de Koval. Caracas: Instituto Nacional de Cultura y Bellas Artes 1968.
Mamalola (d.i. Lola de Angeli)	Historia de un angelito. (Geschichte von einem Engelchen; Story of a little angel.) Jll.: Esplandiu. Madrid: Afrodisio Aguado 1965.

Pérez Avilán, Tomás/La burriquita. (Das Eselchen; The small donkey.) Jll. Roma:
Rivas de Barrios, Imprenta L. Tilli 1959.
Reyna

Pérez Avilán, Tomás/La muñeca. (Das Püppchen; The little doll.) Jll. Roma:
Rivas de Barrios, Imprenta L. Tilli 1959.
Reyna

Pérez Avilán, Tomás/El perico asado. (Der gebratene Papagei; The fried parrot.)
Rivas de Barrios, Jll.: A. Barrios. Madrid: Sucesores de Rivadeneyra 1955.
Reyna

7 – 9

Almoína de Carrera, Pilar	Éste era una vez. (Es war einmal; Once upon a time.) Jll.: Lourdes Armas. Caracas: Instituto Nacional de Cultura y Bellas Artes 1968.
Araujo, Orlando	Miguel Vicente, pata caliente. (*Michael Vicente,* heisses Bein; *Michael Vicente,* hot leg.) Jll.: Lola Altamira. Caracas: Ministerio de Educación 1970.
Gómez, Alarico	La fuentecilla encantada. (Die kleine verzauberte Quelle; The small enchanted fountain.) Jll.: María Tallián. Caracas: Instituto Nacional de Cultura y Bellas Artes 1968.

Nazoa, Aquiles	Aniversario del color. (Jahrestag der Farbe; Anniversary of the color.) Caracas: Tipografía Garrido 1943.	YV

Paz Castillo, Fernando — La huerta de Doñana. (Der Garten von *Doñana* = Frau-Anna; The garden of *Doñana* = Mrs.-Anna.) Jll.: Alfredo Rodríguez. Caracas: Ministerio de Educación 1970.

Rosas Marcano, Jesús — La ciudad. (Die Stadt; The city.) Caracas: Edición Poesía de Venezuela 1968.

Rugeles, Manuel — Canta Pirulero. (Sing, *Pirulero.*) Jll. Caracas: Comandancia de Marina 1950;1969.

Subero, Efraín — Matarile. Poesía para niños 1952—1956. (*Matarile.* Gedichte für Kinder 1952—1956; *Matarile.* Poetry for children 1952—1956.) Jll.: Alirio Rodríguez. Caracas: Ministerio de Educación 1964;1968.

Tejada Hernández, Luís Arnaldo — El alba de una flor. (Der Tagesanbruch einer Blume; The dawn of a flower.) Jll.: Edgar Longart. Turmero: Centro de Capacitación Docente El Mácaro 1974.

Urdaneta, Josefina — Una historia de perros. (Eine Geschichte von Hunden; A history of dogs.) Jll.: Tonya Carrasco de Vera; Kindermalerei. Maracaibo: Ediciones C.I.B.C.M.A. 1964.

10 — 12

Bencomo, Carmen Delia — Cocuyos de cristal. (Leuchtkäfer aus Kristall; Glowworms of crystal.) Jll.: Carlos Arévalo. Caracas: Gráficas Ediciones de Arte 1965.

Díaz Solís, Gustavo — Cachalo. Un cuento. (*Cachalo.* Eine Erzählung; *Cachalo.* A story.) Caracas: Imprenta Universitaria 1965.

Egui, Luís Eduardo — Aventuras de tío Conejo y otros animales. (Abenteuer von Onkel *Kaninchen* und anderen Tieren; Adventures of Uncle *Rabbit* and other animals.) Jll. Caracas: Ávila Gráfica 1950.

Egui, Luís Eduardo — Yo, Pepe Bilunga. (Ich, *Pepe Bilunga;* Me, *Pepe Bilunga.*) Jll. Caracas: Mediterráneo 1965.

Nazoa, Aquiles — Poesía para colorear. (Poesie zum Ausmalen; Poetry for colouring.) Jll.: María Tallían. Caracas: Dirección de Cultura y Bellas Artes 1958.

Rivero Oramas, Rafael — La danta blanca. (Der weisse Tapir; The white Tapir.) Jll.: Teodoro Delgado, Virgilio Trómpiz. Caracas: Ministerio de Educación 1965.

Schön, Elizabeth — El abuelo, la cesta y el mar. (Der Grossvater, der Korb und das Meer; The grandfather, the basket and the sea.) Caracas: Monte Ávila 1965;1968.

Febres Cordero, Tulio	Mitos y tradiciones. (Mythen und Überlieferungen; Myths and traditions.) Caracas: Dirección de Cultura y Bellas Artes 1952.
Key Ayala, Santiago	Vida ejemplar de Simón Bolívar. (*Simón Bolívars* beispielhaftes Leben; *Simón Bolívar's* exemplary life.) Caracas: Edime.
Massiani, Felipe	Geografía espiritual. (Geistige Geografie; Spiritual geography.) Caracas: Imprenta Nacional 1949.
Mendoza Sagarzazu, Beatriz	Viaje en un barco de papel. (Die Reise in einem Papierschiffchen; The voyage in a paper boat.) Jll.: María Tallían. Caracas: Jaime Villegas 1956.
Palacios, Lucila (d.i. Mercedes Carvajal de Arocha)	El mundo en miniatura. (Die Welt im kleinen; The world in miniature.) Jll.: Dora Hersen. Caracas: Instituto Nacional de Cultura y Bellas Artes 1968.

Edgar Longart in L. A. Tejada Hernández: el alba de una flor

In englischer Sprache / In English language

10 – 12

Ankrah, Efua	Mutinta goes hunting. (*Mutinta* geht auf die Jagd.) Jll.: Arnold Chimfwembe. Lusaka: National Educational Company of Zambia 1972.
Baptie, Robert	Ackson. (*Ackson*.) Jll. Lusaka: National Educational Company of Zambia 1974.
Cooke, R.A.	Stephen and the animals. (*Stefan* und die Tiere.) Jll.: Arnold Chimfwembe. Lusaka: National Educational Company of Zambia 1971.
Sherfield, P.	Laika and the elephants. (*Laika* und die Elefanten.) Jll.: Gabriel Elison. Lusaka: Zambia Publications Bureau 1965.
Storrs, Adrian	Antics. A story for children. (Grimassen. Eine Geschichte für Kinder.) Jll.: Joan Blakeney. Lusaka: National Educational Company of Zambia 1972.
Storrs, Adrian	The magic tortoise. (Die Zauber-Schildkröte.) Jll.: Joan Blakeney. Lusaka: National Educational Company of Zambia 1970;1974.
Storrs, Adrian	The tortoise dreams. (Die Schildkröten-Träume.) Jll.: Margaret Loutit. Lusaka: National Educational Company of Zambia 1969;1973.

SÜDAFRIKANISCHE REPUBLIK
SOUTH AFRICAN REPUBLIC

In Afrikaans / In Afrikaans

3 – 6

Bouwer, Alba	'n Hennetjie met kuikens. (Eine kleine Henne mit Küken; A little hen with chickens.) Jll.: Katrine Harries. Kapstadt: Tafelberg 1971;1973.
Du Plessis, Francois	Rympieboek vir kinders. (Reimbüchlein für Kinder; Rhyme book for children.) Jll.: Katrine Harries. Kapstadt: Tafelberg 1966.
Grobbelaar, Pieter Willem	Die maanklip. (Der Mondstein; The moon stone.) Jll.: Danie van Niekerk. Kapstadt: Human & Rousseau 1970.
Grobbelaar, Pieter Willem	Trippe trappe trone. (*Trippe trappe trone.*) Jll.: Danie van Niekerk. Kapstadt: Tafelberg 1969;1970.
Heese, Hester	Wat is daai – hè Pappa? (Was ist das – na Papi? What is that – hey Daddy?) Jll.: Katrin Schürmann. Kapstadt: Kinderpers 1972.
Hok, otjie, hok!	Hok, otjie, hok! (Stall, Schweinchen, Stall!; Pen, little pig, pen!) Jll.: Katrine Harries. Kapstadt: Human & Rousseau 1966.
Linde, Freda	Botter-aas. (Butterköder; Butter bait.) Jll.: Günther Komnick. Kapstadt: Malherbe 1966.
Linde, Freda	Jos en die bok. (*Jos* und die Ziege; *Jos* and the goat.) Jll.: Marjorie Wallace. Kapstadt: Malherbe 1972.
Linde, Freda	Die kraai wat Jantjie was. (Die Krähe die eifersüchtig war; The jealous crow.) Jll.: Eleanor Esmonde-White. Kapstadt: Malherbe 1973.
Linde, Freda	Maraaia Primadonna. (*Maraaia Primadonna.*) Jll.: Marjorie Wallace. Kapstadt: Malherbe 1970.
Linde, Freda	Stadsmuis en veldmuis. (Stadtmaus und Feldmaus; Town-mouse and field-mouse.) Jll.: Günther Komnick. Kapstadt: Malherbe 1968.
Linde, Freda	Die stadsmusikante. (Die Stadtmusikanten; The town musicians.) Jll.: Günther Komnick. Kapstadt: Malherbe 1967.
Opperman, Diederik Johannes	Kleuterverseboek. (Kinderreimbuch; Book of nursery rhymes.) Jll. Kapstadt: Tafelberg 1957;1971.

Bouwer, Alba	Abdoltjie. (*Abdoltjie.*) Jll.: Katrine Harries. Kapstadt: Tafelberg 1958;1968.
Bouwer, Alba	Dirkie van Driekuil. (*Dirkie* von *Driekuil; Dirkie* from *Driekuil.*) Jll.: Katrine Harries. Kapstadt: Tafelberg 1966;1973
Bouwer, Alba	Katrientjie van Keerweder. (*Katrientjie* von *Keerweder; Katrientjie* from *Keerweder.*) Jll.: Katrine Harries. Kapstadt: Tafelberg 1961.
Grobbelaar, Pieter Willem	Die mooiste Afrikaanse sprokies. (Die schönsten afrikanischen Volksmärchen; The most beautiful Afrikaans folk tales.) Jll.: Katrine Harries. Kapstadt: Human & Rousseau 1968;1969.
Heese, Hester	En daar is lig. (Und es gibt Licht; And there is light.) Jll.: Brian Wildsmith. Kapstadt: Kinderpers 1971.
Heese, Hester	Hierdie lente. (Dieser Frühling; This spring.) Jll.: Ellalou Ritter. Kapstadt: Tafelberg 1969;1971.
Heese, Hester	Die huis op pale. (Das Haus auf Pfählen; The house on piles.) Jll.: Katrin Schürmann. Kapstadt: Tafelberg 1973.
Linde, Freda	Dakkuiken. (Dachküken; Roof chicken.) Jll.: Günther Komnick. Kapstadt: Malherbe 1965.
Linde, Freda	Snoet-alleen. (*Snoet*-allein; *Snoet*-alone.) Jll.: Peter Clarke. Kapstadt: Malherbe 1964.
Niekerk, Abraham Adam Josef van	Piet Piekelaai. (*Piet Piekelaai.*) Jll.: Ellalou O'Meara. Kapstadt: Kinderpers 1972.
Visser, Andries Gerhardus	Kinderkeur uit A.G. Visser. (Kinder-Auswahl aus *A.G. Visser;* A selection from *A.G. Visser* for children.) Hrsg.: Diederik Johannes Opperman. Jll.: Katrine Harries. Pretoria: Van Schaik 1967.

10 – 12

Bouwer, Alba	Stories van Bergplaas. (Geschichten von *Bergplaas;* Stories of *Bergplaas.*) Jll.: Katrine Harries. Kapstadt: Tafelberg 1967.
Heese, Hester	Ek en jy, grootbroer. (Ich und du, grosser Bruder; You and I, big brother.) Jll.: Ellalou Ritter. Kapstadt: Tafelberg 1970;1973.
Heese, Hester	Miekel, die koerantjoggie. (*Miekel,* der Zeitungsjunge; *Miekel,* the newspaper boy.) Kapstadt: Tafelberg 1967;1974.
Linde, Freda	As jy kan fluit op hierdie maat. (Wenn du zu diesem Takt pfeifen kannst; When you can whistle on that tone.) Jll.: · Eleanor Esmonde-White. Kapstadt: Malherbe 1964.

Linde, Freda	Ken jy die Kierangbos. (Kennst du den Betrugsbusch; Do you know the tricking wood.) Jll.: Peter Clarke. Kapstadt: Malherbe 1967.
Nortje, Peter Henry	Die groen ghoen. (Die grüne Hauptmurmel; The green main marble.) Kapstadt: Tafelberg 1961.
Rothmann, Maria Elizabeth	Die tweeling trek saam. (Die Zwillinge ziehen mit; The twins move along too.) Jll.: Katrine Harries. Kapstadt: Tafelberg 1961.

13 – 15

Bouwer, Alba	Nuwe stories van Rivierplaas. (Neue Geschichten von *Rivierplaas;* New stories of *Rivierplaas.*) Jll.: Katrine Harries. Kapstadt: Tafelberg 1956.
Bouwer, Alba	Stories van Rivierplaas. (Geschichten von *Rivierplaas;* Stories of *Rivierplaas.*) Jll.: Katrine Harries. Kapstadt: Nasionale Boekhandel 1955;1967.
Bouwer, Alba	Stories van Ruyswyck. (Geschichten von *Ruyswyck;* Stories of *Ruyswyck.*) Kapstadt: Tafelberg 1970.
Heese, Hester	Die klein pasella. (Das kleine Geschenk; The little gift.) Kapstadt: Tafelberg 1968;1974.
Linde, Freda	Die singende gras. (Das singende Gras; The singing grass.) Jll.: Ursula Zuidema. Kapstadt: Tafelberg 1973.
Nortje, Peter Henry	Donkerwater. (Dunkles Wasser; Dark water.) Jll.: Willem Jordaan. Kapstadt: Tafelberg 1964;1972.
Reenen, Rykie van	Heldin uit die vreemde. (Heldin aus der Fremde; Heroine from a foreign country.) Jll. Kapstadt: Tafelberg 1972.
Rothmann, Anna	Klaasneus-hulle. (Spitzmaus und Kompanie; Shrew mouse and company.) Jll.: C.T. Astley Maberly. Kapstadt: Tafelberg 1971.
Rothmann, Anna	Kraai-hulle. (Krähe und Kompanie; Crow and company.) Jll.: C.T. Astley Maberly. Kapstadt: Tafelberg 1965.

In Bantu-Sprachen / In Bantu languages

In Nord-Sotho (Nord-Sesuto) / In North Sotho language (North Sesuto)

Cillié, Hettie	Congolene Nazimbali. (*Congolene Nazimbali* = Eigenname eines Elefanten; = proper name of an elephant.) JII.: J.D. Noko Ngoepe. Pretoria: Van Schaik 1946.
Boerop, L.J.	Doea o ya Kxolexong.(*Doea* geht ins Gefängnis; *Doea* goes to jail.) JII.: J.D. Noko Ngoepe. Pretoria: Van Schaik 1946.

In Xosa (Kafir) / In Xosa language (Kafir)

O'Connell, Agar R.M.	IIntsomi. (Volksmärchen der Bantu; Bantu folk tales.) JII.: G.M. Pemba. Lovedale: Lovedale Press 1961.

In Zulu / In Zulu language

Ardizzone, Edward	Ujani umenzi wekilogo. (*Johann,* der Uhrmacher; *Jonny* the clockmaker.) JII.: Edward Ardizzone. Mandini: Qualitas 1974.
Chapman, Gaynor	Umncintiswano Wokugxuma. (Das Springspiel; The jumping match.) JII.: Gaynor Chapman. Mandini: Qualitas 1974.
Reeves, James	Ingelosi nembongolo. (Der Engel und der Esel; The angel and the donkey.) JII.: Edward Ardizzone. Mandini: Qualitas 1974.

Register

A.B.N.	Bv, NL	dänisch	DK
afrikaans	ZA	Dalmatien	YU
Ägypten	ET	deutsch	A, Bd, CH, D,
Algemeen be-			DDR, ILd, L,
schaafd Neder-			Rd
lands	Bv, NL	Deutsche Demokra-	DDR, DDRp,
arabisch	ET, HKJ, IRK,	tische Republik	DDRs
	SUD, SYR	Deutschland	D, DDR
Argentinien	RA		
Australien	AUS		
		Eesti	SUest
		Eesti Nōukogude	
Badiotta	Ilad	Sotsialistlik	
Bahasa Indonesia	RI	Vabariik	SUest
Bantu	ZAb	Eire	EIR, EIRe
baskisch	Eb	Ekuador	EC
Belgien	B, Bd, Bv	Ellas	GR
Bharat	IND, INDe,	El Salvador	ELS
	INDm	Engadin	CHlad
Birma	BUR	engadinisch	CHlad
birmesisch	BUR	englisch	AUS, BRG, CA,
Bosnien	YU		CLe, EAKe,
Brasilien	BR		EIRe, GB, GHe,
BSSR	SUbe		INDe, JA, NZ,
Bulgarien	BG		PAKe, SGPe, TT,
bulgarisch	BG		WAN, USA,
Bundesrepublik			USAna, Z
Deutschland	D, Dp	Erse	EIR
Burma	BUR	eskimoisch	DKgr
		ESSR	SUest
		Estland	SUest
Castellano	CO, E. EC, ELS,	estnisch	SUest
	PE, RA, RCH,	Faerøer	DKfa
	U, YV	färingisch	DKfa
Ceylon	CL., CLe, CLt	finnisch	SF
Chile	RCH	Finnland	SF, SFs, SFsa
chinesisch	HK	flämisch	Bv
ČSSR	CS, CSs	Frankreich	F, Fp
Cymru	GBw	französisch	B, CAf, CHf,
Dänemark	DK, DKfa,		F, NIGf, SNf
	DKgr	Frasch	NLfri

friaulisch	Ifr	japanisch	JAP
Friesland	NLfri	Jordanien	HKJ
friesisch	NLfri	Jugoslawien	YU, YUm, YUs
Galaxia	Eg	Kafir	ZAb
gallego	Eg	Kanada	CA, CAf
galicisch	Eg	Katalanien	Ek
Ghana	GHe	katalanisch	Ek
Graubünden	CHlad, CHsurm, CHsurs, CHsuts	keltisch	EIR, GBw
		Kenia	EAK, EAKe
Griechenland	GR	Ki-Swahili	EAK
griechisch	GR	Kolumbien	CO
Grönland	DKgr	Korea	K
grönländisch	DKgr	koreanisch	K
Grossbritannien	GB, GBw	Kroatien	YU
Guyana	BRG	kroatisch	YU
		kymrisch	GBw
Haschemitisches Königreich Jordanien	HKJ	ladinisch	CHlad
		Langue d'Oc	Fp
hebräisch	IL	lappisch	Nsa, Ssa, SFsa
Hindi	IND	Lemozí	Fp
hinterrheinisch	CHsuts	lettisch	SUla
Hong Kong	HK	Lettland	SUla
		lëtzebuergesch	L
		Litauen	SUli
Indien	IND, INDe, INDm	litauisch	SUli
		LSSR	SUla
Indonesien	RI	LSSR	SUli
Irak	IRK	Luanda	EAU
Iran	IR	Lu-Ganda	EAU
Irland	EIR, EIRe	Luxemburg	L
irisch	EIR	luxemburgisch	L
isländisch	IS		
Island	IS		
Israel	IL, ILd	Madagaskar	RM
Italien	I, Ifr	madagassisch	RM
italienisch	I	magyar	H, Rh
Iwrit	IL	makedonisch	YUm
		Malagassi	RM
		malaiisch	PTM, RI
Jamaika	JA	Malaysia	PTM
Japan	JAP	Malta	M

maltesisch	M	rätoromanisch	CHlad, CHsurm,
Maori	NZm		CHsurs, CHsuts,
Marathi	INDm		Ifr, Ilad
Mazedonien	YUm	Republik Korea	K
mazedonisch	YUm	Riksmål	N
Moldau	SUr	Rumänien	R, Rd, Rh
Montenegro	YU	rumänisch	R, SUr
MSSR	SUr	Runyoro-Rutoro	EAUr
		russisch	SU
Navajo	USAna		
neunorwegisch	Nn	Sambia	Z
Neuseeland	NZ	samisch	Nsa, Ssa, SFsa
Niederlande	NL, NLfri	Schweden	S, Ssa
niederdeutsch	Dp, DDRp	schwedisch	S, SFs
niederländisch	Bv, NL	Schweiz	CH, CHf,
Niger	NIG		CHlad, CHsurm,
Nigeria	WAN		CHsurs, CHsuts
Nihon-go	JAP	Senegal	SNf
Nippon	JAP	Serbien	YU
Nord-Sesuto	ZAb	serbokroatisch	YU
Nord-Sotho	ZAb	Siam	T
Norwegen	N, Nn, Nsa	Singapur	SGPe
norwegisch	N, Nn	singhalesisch	CL
Nynorsk	Nn	Sinhala	CL
		Slowakei	CSs
		slowakisch	CSs
Oberengadinisch	CHlad	Slowenien	YUs
oberhalbsteinisch	CHsurm	slowenisch	YUs
Österreich	A	sorbisch	DDRs
Okzitanien	Fp	Sowjet-Union	SU, SUbe,
okzitanisch	Fp		SUest, SUla,
Pakistan	PAK, PAKe		SUli, SUr,
Persien	IR		SUu
persisch	IR	Spanien	E, Eg, Ek
Peru	PE	spanisch	CO, E, EC,
plattdeutsch	Dp, DDRp		ELS, PE, RA,
Polen	PL		RCH, U, YV
polnisch	PL	Sri Lanka	CL, CLe, CLt
Portugal	P	SSSR	SU, SUbe, SUla,
portugiesisch	BR, P		SUli, SUr, SUu
provençalisch	Fp	Suahili	EAK
Puter	CHlad	Sudan	SUD
		Südafrikanische Re-	
		publik	ZA, ZAb

Suomi	SF, SFs, SFsa	Uruguay	U
Surmiran	CHsurm	USA	USA, USAna
surselvisch	CHsurs	USSR	SUu
sutselvisch	CHsuts		
Syrien	SYR		
		Vallader	CHlad
		Venezuela	YV
Tamil	CLt	Vereinigte Staaten	
tamulisch	CL	von Amerika	USA, USAna
Thai	T	Vietnam	VN
Thailand	T	vietnamesisch	VN
Tobago	TT	vorderrheinisch	CHsurs
Trinidad und			
Tobago	TT		
tschechisch	CS	Wales	GBw
Tschechoslowakei	CS, CSs	walisisch	GBw
Türkei	TR	weissrussisch	SUbe
türkisch	TR	Weissrussland	SUbe
		wendisch	DDRs
Uganda	EAU		
Ukraine	SUu	Xosa	ZAb
Ungarn	H		
ungarisch	H, Rh	Zulu	ZAb
unterengadinisch	CHlad		
Urdu	PAK		

Index

A.B.N.	Bv, NL	Croatia	YU
Afrikaans	ZA	Croatian	YU
Algemeen be-		Cymru	GBw
schaafd Neder-		Czech	CS
lands	Bv, NL	Czechoslovakia	CS, CSs
Arabic	ET, HKJ, IRK,		
	SUD, SYR		
Argentina	RA	Dalmatia	YU
Austria	A	Danish	DK
Australia	AUS	Denmark	DK, DKfa, DKgr
		Dutch	Bv, NL
Badiotta	Ilad		
Bahasa Indonesia	RI	Ecuador	EC
Bantu	ZAb	Eesti	SUest
Basque	Eb	Eesti Nõukogude	
Belgium	B, Bd, Bv	Sotsialistlik Vaba-	
Bharat	IND, INDe	riik	SUest
	INDm	Egypt	ET
Bosnia	YU	Eire	EIR, EIRe
Brazil	BR	Ellas	GR
BSSR	SUbe	El Salvador	ELS
Bulgaria	BG	Engadin	CHlad
Bulgarian	BG	English	AUS, BRG, CA,
Burma	BUR		CLe, EAKe,
Burmese	BUR		EIRe, GB, GHe,
			INDe, JA, NZ,
			PAKe, SGPe,
Cambrian	GBw		TT, USA, USAna,
Canada	CA, CAf		WAN, Z
Castellano	CO, E, EC, ELS,	Erse	EIR
	PE, RA, RCH,	Eskimo	DKgr
	U, YV	ESSR	SUest
Catalan	Ek	Estonia	SUest
Catalonia	Ek	Estonian	SUest
Celtic	EIR, GBw		
Ceylon	CL, CLe, CLt		
ČSSR	CS, CSs	Faeroe Islands	DKfa
Chile	RCH	Faroese	DKfa
Chinese	HK	Finland	SF, SFs, SFsa
Colombia	CO	Finnish	SF

Flemish	Bv	Indonesia	RI
France	F, Fp	Iran	IR
Frasch	NLfri	Iraq	IRK
French	B, CAf, CHf, F,	Ireland	EIR, EIRe
	NIGf, SNf	Irish	EIR
Frisia	NLfri	Israel	IL, ILd
Frisian	NLfri	Italian	I
Friulish	Ifr	Italy	I, Ifr
		Iwrit	IL
Galaxia	Eg		
Galician	Eg	Jamaica	JA
Gallego	Eg	Japan	JAP
German	A, Bd, CH, D,	Japanese	JAP
	DDR, ILd,	Jordan	HKJ
	L, Rd		
German Democra-	DDR, DDRp,		
tic Republic	DDRs	Kafir	ZAb
German Federal		Keltic	EIR, GBw
Republic	D, Dp	Kenya	EAK, EAKe
Germany	D, DDR	Ki-Swahili	EAK
Ghana	GHe	Korea	K
Great Britain	GB, GBw	Korean	K
Greece	GR		
Greek	GR		
Greenland	DKgr	Ladinish	CHlad
Greenlandish	DKgr	Langue d'Oc	Fp
Grisons	CHlad, CHsurm,	Lappish	Nsa, Ssa, SFsa
	CHsurs, CHsuts	Latvia	SUla
Guyana	BRG	Latvian	SUla
		Lemozí	Fp
		Lëtzebuergesch	L
Hashemite King-		Lithuania	SUli
dom of Jordan	HKJ	Lithuanian	SUli
Hebrew	IL	Low Engadin	CHlad
Hindi	IND	Low German	Dp, DDRp
Hong Kong	HK	LSSR	SUla
Hungarian	H, Rh	LSSR	SUli
Hungary	H	Luanda	EAU
		Luganda	EAU
		Luxembourg	L
Iceland	IS	Luxembourgian	L
Icelandic	IS		
India	IND, INDe,		
	INDm	Macedonia	YUm

Macedonian	YUm	Republic of Korea	K
Madagascan	RM	Rhaeto-Romanic	CHlad, CHsurm,
Madagascar	RM		CHsurs, CHsuts,
Magyar	H, Rh		Ifr, Ilad
Malagassi	RM	Riksmål	N
Malay	PTM, RI	Rumania	R, Rd, Rh
Malaysia	PTM	Rumanian	R, SUr
Malta	M	Runyoro-Rutoro	EAUr
Maltese	M	Russian	SU
Maori	NZm		
Marathi	INDm		
Moldau	SUr	Senegal	SNf
Montenegro	YU	Serbia	YU
MSSR	SUr	Serbo-croatian	YU
		Siam	T
		Singapore	SGPe
Navajo	USAna	Singhalese	CL
Netherlands	NL, NLfri	Sinhala	CL
New Norwegian	Nn	Slovak	CSs
New Zealand	NZ	Slovakia	CSs
Niger	NIG	Slovenia	YUs
Nigeria	WAN	Slovenian	YUs
Nihon-go	JAP	Sorbian	DDRs
Nippon	JAP	South African	
North Sesuto	ZAb	Republic	ZA, ZAb
North Sotho	ZAb	Soviet Union	SU, SUbe, SUest,
Norway	N, Nn, Nsa		SUla, SUli, SUr,
Norwegian	N, Nn		SUu
Nynorsk	Nn	Spain	E, Eg, Ek
		Spanish	CO, E, EC, ELS,
			PE, RA, RCH, U,
Occitan	Fp		YV
Occitania	Fp	Sri Lanka	CL, CLe, CLt
		SSSR	SU, SUbe, SUla,
Pakistan	PAK, PAKe		SUli, SUr, SUu
Persia	IR	Suomi	SF, SFs, SFsa
Persian	IR	Surmiran	CHsurm
Peru	PE	Surselvish	CHsurs
Poland	PL	Sutselvish	CHsuts
Polish	PL	Swahili	EAK
Portugal	P	Sweden	S, Ssa
Portuguese	BR, P	Swedish	S, SFs
Provençal	Fp	Switzerland	CH, CHf, CHlad,
Puter	CHlad		CHsurm, CHsurs,
			CHsuts

Sudan	SUD	USA	USA, USAna
Syria	SYR	USSR	SUu
Tamil	CLt	Vallader	CHlad
Thai	T	Venezuela	YV
Thailand	T	Vietnam	VN
Tobago	TT	Vietnamese	VN
Trinidad and			
Tobago	TT		
Turkey	TR	Wales	GBw
Turkish	TR	Welsh	GBw
		Wendish	DDRs
		White Russia	SUbe
Uganda	EAU	White Russian	SUbe
Ukraine	SUu		
United Kingdom	GB, GBw	Xhosa	ZAb
United States of			
America	USA, USAna	Yugoslavia	YU, YUm, YUs
Upper Engadin	CHlad		
Urdu	PAK	Zambia	Z
Uruguay	U	Zulu	ZAb

Katrin Schürmann in H. Heese: Wat is daai — hè Pappa?